Datenanalyse mit R

Fortgeschrittene Verfahren

Markus Burkhardt
Johannes Titz
Peter Sedlmeier

Pearson

Bibliografische Information der Deutschen Nationalbibliothek

Die Deutsche Nationalbibliothek verzeichnet diese Publikation in der Deutschen Nationalbibliografie; detaillierte bibliografische Daten sind im Internet über http://dnb.dnb.de abrufbar.

Der Umwelt zuliebe verzichten wir auf Einschweißfolie.

10 9 8 7 6 5 4 3 2 1

26 25 24 23 22

ISBN 978-3-86894-413-6 (Buch)
ISBN 978-3-86326-308-9 (E-Book)

St.-Martin-Straße 82, D-81541 München

www.pearson.de
A part of Pearson plc worldwide

Programmleitung: Kristina Mladenovic, kristina.mladenovic@pearson.com
Lektorat: Markus Stahmann, markus.stahmann@pearson.com
Korrektorat: Korrektorat: Christian Schneider, Traunstein
Coverabbildung: ©TarikVision, Shutterstock
Herstellung: Claudia Bäurle, cbaeurle@pearson.de
Satz: Gerhard Alfes, mediaService, Siegen (www.mediaservice.tv)
Druck und Verarbeitung: Drukkerij Wilco, Amersfoort

Printed in the Netherlands

Inhaltsverzeichnis

Vorwort

Dieses Buch soll Ihnen den Einstieg in wichtige Themenfelder der fortgeschrittenen Datenanalyse bieten. Wir gehen davon aus, dass Sie schon über Grundwissen in der Statistik verfügen, das in etwa dem Stoff in einem psychologischen oder sozialwissenschaftlichen Bachelorstudiengang entspricht. Außerdem ist es von Vorteil, wenn Sie schon etwas mit R vertraut sind. Wenn Sie sich noch in R einarbeiten möchten, empfehlen wir Ihnen einen entsprechenden Einführungskurs oder auch unser Einführungsbuch dazu (Sedlmeier und Burkhardt, 2021).

Es geht in diesem Buch nicht in erster Linie um das „Was" (also das Erklären statistischer Sachverhalte und Gesetzmäßigkeiten), sondern um das „Wie" (die Durchführung von Statistikverfahren mit R). Unsere Kapitel erinnern daher eher an ein „Kochbuch", in dem Sie „Rezepte" für die Datenanalyse finden. Mit einfachen Beispielen und vielen Grafiken führen wir schrittweise in die Verfahren ein, um die jeweilige Grundidee nachvollziehbar zu machen. Anschließend zeigen wir ein realitätsnahes Datenbeispiel (oder erweitern das einführende Beispel), was Ihnen eine Vorstellung davon geben soll, wie vielfältig und komplex die jeweilige Analyse werden kann. Besonders wichtig ist uns die Besprechung der R-Ausgaben, denn die Anwendung der Verfahren ist meist gar nicht so schwierig. Die Entscheidung, welche Kennwerte relevant sind oder welche Schlüsse aus einem Ergebnis zu ziehen sind, ist meist viel herausfordernder. Wir können (und wollen) Ihnen diese Entscheidungen nicht abnehmen, können aber anhand unserer Beispiele gute Gründe für bestimmte Entscheidungen geben.

In dem Lehrbuch erwarten Sie zehn eigenständige Kapitel zu den Themen: Fehlende Werte, Metaanalyse, Resampling-Verfahren, Pfadanalyse, Strukturgleichungsmodelle, Mehrebenenanalyse, Conjoint-Analyse, multidimensionale Skalierung, Einzelfallanalyse und Monte-Carlo-Simulationen. Wenn Sie an einem bestimmten Thema interessiert sind, können Sie ohne Probleme ein einzelnes Kapitel durcharbeiten. Wir stellen aber auch Querbezüge her und vermitteln in Exkursen Detailwissen für die interessierten Leser*innen. Unsere „Rezepte" sind eine Ergänzung zum Lehrbuch „Forschungsmethoden und Statistik" von Sedlmeier und Renkewitz (2018). Darüber hinaus geben wir nach jedem Kapitel spezifische Literatur zur Vertiefung an.

Wir haben beim Erstellen der Kapitel sehr von den Rückmeldungen von Studierenden und Kolleg*innen profitiert. Insbesondere möchten wir Leonie Lude, Laura Fine Fink, Diana Decker, Nick Hübenthal und Isabell Winkler für ihre hilfreichen Anmerkungen danken. Dank verdienen auch unsere Ansprechpartner*innen beim Pearson Verlag, Kristina Mladenovic, Doris Knuff, Markus Stahmann und Wolfgang Achatz für ihre Unterstützung und die stets angenehme Arbeitsatmosphäre.

Last not least unsere Aufforderung an die Leser*innen: Obwohl wir den R-Code und die Inhalte natürlich mehrfach überprüft und getestet haben, können sich bei so einem Buch Fehler einschleichen. Wenn Sie welche finden – bitte lassen Sie es uns wissen!

Chemnitz
Markus Burkhardt, Johannes Titz & Peter Sedlmeier

Zur Arbeit mit diesem Buch

Bevor wir in die Datenanalyse einsteigen, gibt es an dieser Stelle noch eine kurze Erklärung, wie Sie unsere Datensätze und Skripten erhalten können und was bei der Auswahl der benutzten Pakete und der R-Ausgaben zu beachten ist.

Datensätze

Wir verwenden in jedem Kapitel Datensätze, um die Verfahren zu demonstrieren. Diese Daten können als *csv*-Datei von der Website des Verlags heruntergeladen werden:

https://www.pearson.de/fortgeschritten_r/[Datensatz].csv

Dafür muss jedem Datensatz noch das Dateiformat *csv* angehängt werden. Wenn Sie beispielsweise den Datensatz *FW_mcar* aus *Kapitel 1* herunterladen möchten, ist dieser unter

https://www.pearson.de/fortgeschritten_r/FW_mcar.csv

abrufbar. Auf diese Weise sind Ihnen alle im Buch besprochenen Datensätze zugänglich. Sie können die Datensätze auch direkt in R mit der Funktion `read.csv` einlesen:

```
FW_mcar <-  read.csv("https://www.pearson.de/fortgeschritten_r/FW_mcar.csv")
```

Das Einlesen von Daten haben wir detailliert in unserem ersten Band (Sedlmeier und Burkhardt, 2021) beschrieben. Als Alternative (für Eilige) stellen wir das Datenpaket *bts* über Git zur Verfügung. Git ist ein frei zugänglicher Onlinedienst zur Verwaltung von Software. Das ist besonders komfortabel, weil Sie aus R heraus alle Daten (automatisch) einlesen und dann direkt mit der Analyse beginnen können. Wir benutzen dazu das Paket *librarian* (Quintans, 2021), weil damit der entsprechende Pfad in Git gelesen wird. Zunächst installieren wir das Paket:

```
install.packages("librarian")
```

Mit folgendem Befehlen erhalten Sie das Datenpaket *bts* (und laden es auch gleichzeitig in den Workspace, was sonst mit dem Befehl `library` separat gemacht wird):

```
librarian::shelf(johannes-titz/bts)
```

Damit sind alle Datensätze zugänglich und können durch einen einfachen Aufruf benutzt werden. Um den Datensatz direkt im Arbeitsspeicher sichtbar zu machen, können Sie diesen mit dem Befehl `data` laden:

```
data(FW_mcar)
```

R-Skripte

Für ganz Eilige stellen wir auch den gesamten R-Code aller Kapitel zur Verfügung. Diese sind abrufbar unter:

https://www.pearson.de/datenanalyse-mit-r-fortgeschrittene-verfahren-9783868944136

Ein Skript kann einfach in R ausgeführt werden und Sie erhalten sofort die Ergebnisse, die im Buch beschrieben sind. So können Sie den Code schnell und unkompliziert ausprobieren. Wenn Sie eine Qualifikations- oder Forschungsarbeit planen, empfehlen wir, den Code für die entsprechenden Analysen Stück für Stück durchzuarbeiten, die Hilfe zu verwenden und vor allem verschiedene Einstellungsmöglichkeiten der R-Funktionen auszuprobieren. Denn in diesem Fall geht oft Probieren über Studieren.

Pakete und Aktualisierung

Wir haben unsere Analysen mit der R-Version 4.1.0 und den aktuellen Paketen (Stand: Dezember 2021) durchgeführt. Bei der Paketauswahl haben wir weitgehend auf etablierte Pakete gesetzt, was aber nicht heißt, dass es nicht gute Alternativen gibt. Außerdem entwickeln sich R und die Pakete (glücklicherweise) ständig weiter, sodass neue Funktionalitäten hinzukommen können oder Ausgaben und Grafiken modifiziert werden. Lassen Sie sich nicht irritieren, wenn Ihre Ausgabe nicht exakt so aussieht wie unsere. Sollte eine Berechnung nicht (mehr) wie in der beschriebenen Weise funktionieren, bemühen wir uns, das R-Skript des jeweiligen Kapitels aktuell zu halten.

Fehlende Werte

1

ÜBERBLICK

Lernziele

In diesem Kapitel sollen Sie lernen mit fehlenden Werten umzugehen. Insbesondere sollen Sie nach dem Durcharbeiten des Texts in der Lage sein,

- begründete Entscheidungen zur Systematik fehlender Werte zu treffen,
- geeignete Algorithmen zur Imputation fehlender Werte auswählen und anwenden zu können und
- Imputation grafisch zu beurteilen.

Unter fehlenden Werten sind in der empirischen Sozialforschung unvollständige Angaben bzw. Messungen oder das Fehlen ganzer Untersuchungseinheiten, wie beispielsweise das Fehlen von älteren Personen in Onlinestudien zu verstehen. In klassischen Befragungsstudien, die noch mit einem Stift auf Papier ausgefüllt wurden, spielten unvollständige Angaben eine größere Rolle als heute. Durch Onlinebefragungen kann man Nutzer gezielt darauf hinweisen, dass nicht alle Angaben vorhanden sind. Das Übersehen von Fragen ist dadurch nahezu ausgeschlossen. Allerdings gibt es bei Onlinebefragungen weitere Phänomene, die mit fehlenden Werten einhergehen. Zum einen geben Personen unplausible Werte an, die wir dann wie einzelne fehlende Werte behandeln. Ein prototypisches Beispiel für diese Art von Werten ist die Altersangabe in einer studentischen Stichprobe. Hier kommt es vor, dass Studierende beispielsweise ein Alter von 10 Jahren angeben, was mit hoher Wahrscheinlichkeit ein „Ausrutscher“ auf der Tastatur ist (zumindest, wenn alle anderen Antworten plausibel sind). Das Alter dieser Person bleibt unbekannt und wird nachträglich als fehlender Wert klassifiziert. Zum anderen gibt es fehlende Werte durch den Abbruch einer Befragung oder einer Studie. Je nachdem wie die Befragung konzipiert ist und wie hoch der Anteil fehlender Werte bei der Untersuchungseinheit ist, führt dies entweder zum Ausschluss der Proband*innen oder zum Vorhandensein fehlender Werte. Des Weiteren spielen fehlende Werte bei langfristigen Untersuchungen mit Mehrfachmessungen, wie sie beispielsweise in der Klinischen Psychologie und in der Persönlichkeitspsychologie durchgeführt werden, eine Rolle. Dabei werden Studienteilnehmer*innen über Zeiträume von Monaten oder Jahren wiederholt befragt. Häufig kommt es vor, dass Teilnehmer*innen zu einem bestimmten Zeitpunkt nicht erreichbar sind, aber beim nächsten Follow-up wieder teilnehmen. Besonders in solchen sehr aufwendig gestalteten Studien ist es sinnvoll, Techniken zu kennen, wie mit fehlenden Werten umgegangen werden kann.

In diesem Kapitel werden wir uns mit der Diagnostik fehlender Werte beschäftigen. Diese ist elementar für die nachfolgende Bewertung und den Umgang mit fehlenden Werten. Wenn Werte zufällig fehlen, können diese Imputationsverfahren ersetzt werden. Wir zeigen eine kleine Auswahl an Imputationstechniken und diskutieren Einschränkungen und Probleme dieser Verfahren. Abschließend validieren wir die ersetzten Werte grafisch.

1.1 Sind fehlende Werte überhaupt ein Problem?

In der Forschungspraxis sind unvollständige Datensätze und fehlende Werte eher die Regel als die Ausnahme. Fehlende Werte sind aus drei Gründen problematisch. Erstens sinkt dadurch die Reliabilität, also die Genauigkeit der Schätzung für die Population. Damit werden die Rückschlüsse auf die Population unsicherer. Zum Zweiten kann die Schätzung nicht nur unsicherer werden, sondern sogar systematisch verzerrt werden (z. B. wenn eine bestimmte Personengruppe eine Angabe verweigert). Insbesondere der Abbruch von Befragungen kann hierfür ein Indiz sein. Möglicherweise sind Menschen mit wenig Zeit, viel Stress oder geringer Geduld dazu geneigt, längere Untersuchungen vorzeitig abzubrechen. Ein drittes Problem tritt bei bestimmten statistischen Verfahren auf. Beispielsweise sind Strukturgleichungsmodelle auf große Stichproben angewiesen und Signifikanztests haben bei geringerer Stichprobengröße eine niedrigere Power. Aus diesen Gründen ist es wichtig, vor der statistischen Datenanalyse den Anteil fehlender Werte in einem Datensatz zu ermitteln.

Sind bei einer Befragung von 30 Personen ein oder zwei unvollständige Datensätze vorhanden, ist es in den meisten Fällen kein Problem, diese Fälle zu entfernen. Handelt es sich lediglich um das Fehlen demografischer Angaben oder um eine explorative Variable, kann der Fall auch beibehalten werden, ist aber entsprechend zu dokumentieren. Die beste Möglichkeit mit unvollständigen Daten umzugehen ist es, die fehlenden Werte entweder nachträglich zu erfassen oder weitere Fälle zu erheben. Tatsächlich ist eine Nacherhebung meist schwierig. Die Anonymisierung von Daten führt dazu, dass Sie keinen Zugriff auf die Person mit fehlendem Wert haben. Auch wenn die Befragung an einen bestimmten Zeitpunkt gebunden ist, ist eine Nacherhebung schwierig. Außerdem kann es inhaltlich ungünstig sein, einer Person Items oder Aufgaben erneut vorzulegen, da eine vorangegangene Bearbeitung das Ergebnis verfälschen kann (zum Beispiel, weil Lösungen bekannt sind). Scheidet eine Nacherhebung aus, gilt es zunächst das Ausmaß der fehlenden Werte und deren Systematik zu beurteilen.

1.2 Systematik fehlender Werte

Nach Little und Rubin (2019) lassen sich drei Arten fehlender Werte systematisieren. Zunächst einmal Werte, die ganz zufällig fehlen: Missing Completely at Random (MCAR). Fehlen Werte rein zufällig, das heißt unabhängig von einer anderen Variablen, dann ist dies nur hinsichtlich der Fallzahlen, also der Reliabilität und der Power problematisch. Statistische Kennwerte wie Lage- und Streuungsmaße können immer geschätzt werden. MCAR ist somit der „günstigste“ Fall fehlender Werte.

Eine andere Möglichkeit ist, dass Werte in Abhängigkeit einer weiteren Variable fehlen, das Fehlen aber trotzdem innerhalb der entsprechenden Variablen-Ausprägung zufällig ist. Dies wird als Missing at Random (MAR) bezeichnet. Beispielsweise könnten in einer Befragung zur Lebenszufriedenheit einige Angaben der Lebenszufriedenheit von Personen mit einer geringeren Intelligenz fehlen. Die Werte sind dann nicht mehr vollständig („completely“) zufällig. Das Fehlen einiger Lebenszufriedenheitswerte innerhalb der Ausprägung (geringer IQ) hingegen ist zufällig. Während Verfahren wie

Regressionen oder Lage- und Streuungsmaße für entsprechende Teilstichproben korrekt geschätzt werden können, sind Schlussfolgerungen für die gesamte Population möglicherweise verzerrt. Dieser Fall ist also „weniger günstig“ als MCAR.

Schließlich gibt es noch den Fall, dass Werte systematisch fehlen. Dies wird als Not Missing at Random (NMAR) bezeichnet. Beispielsweise könnten Personen ohne Ausbildung die Angaben des monatlichen Einkommens verweigern. NMAR ist der denkbar ungünstigste Fall, denn unter diesen Umständen gibt es keine Möglichkeiten im Nachhinein gegenzusteuern. Die berechneten Kennwerte sind dann mit hoher Wahrscheinlichkeit verzerrt und die Schlussfolgerungen falsch.

1.3 Diagnose fehlender Werte

Um die Diagnose fehlender Werte zu demonstrieren, nutzen wir drei fiktive Datensätze. Der Datensatz *FW_mcar* enthält fehlende Werte im Sinne von MCAR. Der Datensatz *FW_mar* enthält fehlende Werte im Sinne von MAR und der Datensatz *FW_abbrecher* enthält Werte von Personen, die zu einem bestimmten Zeitpunkt die sequenziell aufgebaute Befragung abgebrochen haben. Alle Datensätze enthalten die Werte von 100 Personen auf den Variablen *IQ*, *Alter*, Lebenszufriedenheit (*LZ*) und Besitz eines Kraftfahrzeugs (*KFZ*). Um fehlende Werte zu diagnostizieren, empfiehlt sich ein Vorgehen in vier Schritten.

1.3.1 Ausmaß fehlender Werte bestimmen

Zu Beginn untersuchen wir, ob es überhaupt fehlende Werte gibt. Hierbei bietet sich die Funktion `anyNA` an. Diese Funktion kann mit Datensätzen und allen gängigen Formen von Variablen umgehen. Ist dieser Befund positiv, sollten wir zunächst untersuchen, wie viele Werte fehlen. Hierfür nutzen wir die Funktion `is.NA` und lassen uns die Häufigkeitstabelle mit `table` direkt in Abhängigkeit der Variablen im Datensatz anzeigen. Bei Datensätzen mit wenigen Variablen, wie in unserem Beispiel, bieten sich darüber hinaus die grafischen und semigrafischen Verfahren an, die wir bereits in unserem ersten Band (Sedlmeier & Burkhardt, 2021) beschrieben haben (z. B. ▶*Abbildung 1.1*).

```
anyNA(FW_mcar)

   TRUE

length(which(is.na(FW_mcar)))

   30

Diagn_FW_mcar <- sapply(FW_mcar, function(x) prop.table(table(is.na(x))))

Diagn_FW_mcar

            IQ Alter   LZ  KFZ
   FALSE 0.92  0.91 0.95 0.92
   TRUE  0.08  0.09 0.05 0.08

barplot(Diagn_FW_mcar, beside = T)
```

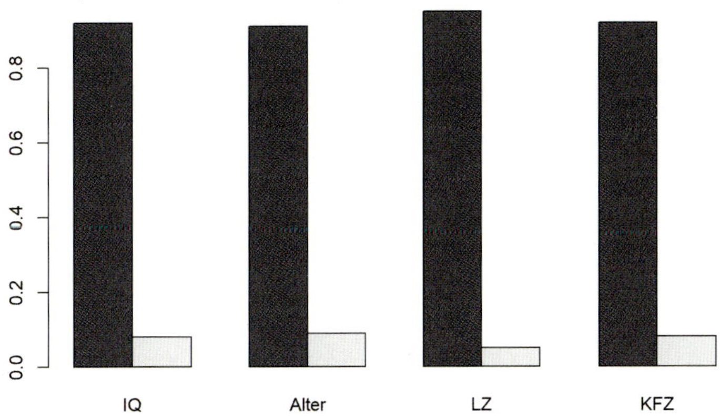

Abbildung 1.1: Balkendiagramm für den Anteil fehlender Werte (grau).

Neben diesem einfachen Vorgehen existieren in R mittlerweile vielfältige Pakete zur Diagnostik (und Imputation, also Schätzung) fehlender Werte. Dabei hängt die Wahl des Paketes immer auch von der Komplexität des Datensatzes ab. Eine interessante Möglichkeit für Diagnose und Darstellung fehlender Werte bietet das Package *mice* (van Buren et al., 2011). Die Funktion `md.patterns` erstellt eine Matrix, welche die Anzahl fehlender Werte in Abhängigkeit der Variablen darstellt. Zusätzlich wird eine entsprechende Grafik ausgegeben (▶*Abbildung 1.2*).

```
library(mice)

md.pattern(FW_mcar)

   LZ IQ KFZ Alter
75  1  1   1     1  0
6   1  1   1     0  1
6   1  1   0     1  1
5   1  0   1     1  1
3   1  0   1     0  2
3   0  1   1     1  1
2   0  1   0     1  2
    5  8   8     9 30
```

Betrachten wir zunächst die Ausgabe in R. Die Matrix besitzt 4 Spalten mit den Überschriften zur jeweiligen Variablen. Diese Spalten enthalten entweder den Wert 1 oder den Wert 0. Der Wert 1 repräsentiert einen vollständigen Fall (also eine vollständige Zeile im Datensatz). Der Wert 0 entspricht fehlenden Werten. Die erste Zeile der Matrix beginnt mit dem Wert 75. Dieser gibt an, wie viele vollständige Fälle vorhanden sind (die nächsten vier Werte der Zeilen charakterisieren mit dem Wert 1 die vollständigen Fälle). Der letzte Wert der Zeile gibt an, wie viele Variablen fehlende Werte enthalten. Für unseren Beispieldatensatz sind das im ersten Fall logischerweise keine. Die nächste Zeile zeigt uns 6 Fälle, für die die Altersangabe (und nur die Altersangabe) fehlt (denn hier besitzt die Spalte des Alters den Wert 0 für fehlend). Die letzte Zeile hingegen zeigt uns 2 Fälle, bei denen sowohl die Angabe des Besitzes eines Kraftfahrzeugs (*KFZ*) als auch die Angabe der Lebenszufriedenheit (*LZ*) fehlt.

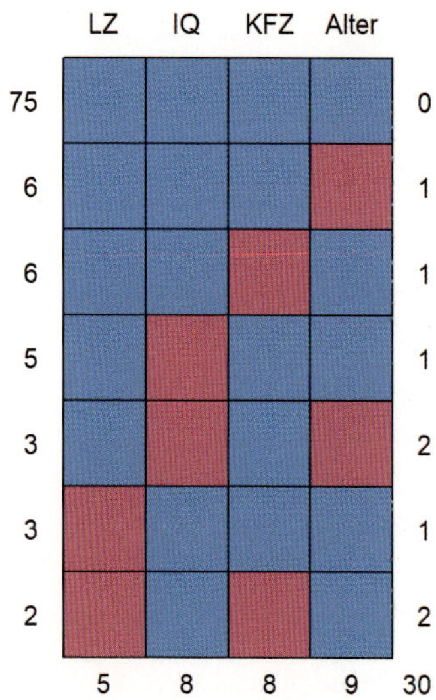

Abbildung 1.2: Darstellung fehlender Werte eines Datensatzes.

Betrachten wir nun ▶*Abbildung 1.2*. Diese Grafik ist äquivalent zur Matrix und markiert fehlende Fälle (rote Fläche) und vorhandene Fälle (blaue Fläche) farblich. Es lässt sich schnell erkennen, ob bestimmte Häufungen fehlender Werte in Kombination mit anderen Variablen vorkommen oder ob Werte einer bestimmten Variable besonders häufig fehlen. Während die ▶*Abbildung 1.2* ein unauffälliges Muster unseres Datensatzes zeigt, untersuchen wir den Datensatz *FW_abbrecher* zum Vergleich (▶*Abbildung 1.3*). Hier ist ein systematisches Muster erkennbar. Wenn Werte beim *IQ* fehlen, dann fehlen auch Werte für die Variable Alter. Fehlen Werte für das Alter, dann fehlen auch Werte für die Lebenszufriedenheit und so weiter. Dieses oder ähnliche Muster treten häufig bei Onlinebefragungen auf, wenn Versuchsteilnehmer*innen an einem bestimmten Punkt die gesamte Befragung abbrechen, die abgegebenen Antworten aber bis zu diesem Zeitpunkt gespeichert wurden.

```
md.pattern(FW_abbrecher)

   IQ Alter LZ KFZ
79 1     1  1   1  0
6  1     1  1   0  1
6  1     1  0   0  2
5  1     0  0   0  3
4  0     0  0   0  4
   4     9 15  21 49
```

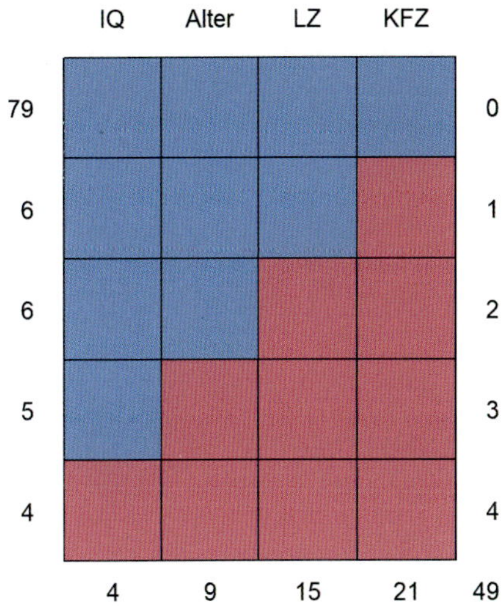

Abbildung 1.3: Systematisches Muster fehlender Werte durch Abbruch einer Befragung zu verschiedenen Zeitpunkten.

1.3.2 Exploration von Zusammenhängen zwischen Variablen und fehlenden Werten

Für die bisherige Diagnostik haben wir uns ausschließlich den gesamten Datensatz angeschaut und einen Eindruck über das Ausmaß fehlender Werte bekommen. Nun gehen wir auch auf die Ebene von Variablen. Dabei ist zu klären, ob MCAR, MAR oder NMAR vorliegt. Um es vorwegzunehmen, eine zu 100 Prozent sichere Antwort kann es darauf nicht geben. Es gibt aber Möglichkeiten, die Entscheidung bezüglich fehlender Werte zu begründen. Wir werden zunächst auf weitere grafische Darstellungen eingehen und nutzen dazu das Paket *VIM* (Kowarik & Templ, 2016) und die Funktion `matrixplot`. Wir zeigen eine Darstellung (▶*Abbildung 1.4*) aller Variablen, die mit dem Argument `sortby` nach dem Kriterium IQ aufsteigend sortiert wurden. Hier können Sie untersuchen, ob die Werte einer Variablen in Abhängigkeit der Ausprägungen einer anderen Variable fehlen. Die verschieden starken Graustufen zeigen die Stärke der Ausprägung (schwarz steht für einen maximalen IQ in der Stichprobe, weiß repräsentiert einen minimalen IQ in der Stichprobe). Ein roter Strich repräsentiert einen fehlenden Wert.

```
library(VIM)

matrixplot(FW_mcar, sortby = "IQ")
```

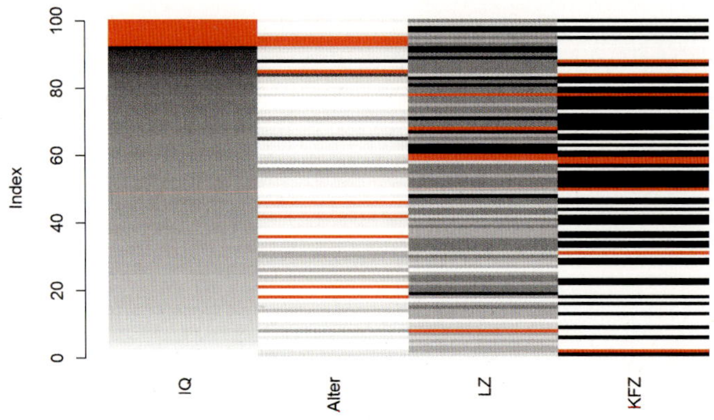

Abbildung 1.4: Matrixplot sortiert nach IQ.

In dieser Grafik untersuchen wir, ob das Fehlen der Daten sortiert nach *IQ* eine Auffälligkeit bei den anderen Variablen zeigt. Wir gehen also der Frage nach: Ist bei den roten Strichen der Variablen Alter, Lebenszufriedenheit oder Besitz eines Kraftfahrzeugs eine Systematik zu erkennen? Unser Datensatz zeigt dabei keine Auffälligkeiten. Anschließend erstellen wir einen weiteren Matrixplot und sortieren diesen nach der nächsten Variable (z. B. dem Alter, hier nicht abgebildet). Damit Sie einen Eindruck gewinnen, wie ein systematisches Fehlen in der Grafik aussieht, haben wir in ▶*Abbildung 1.5* den Datensatz *FW_mar* genutzt. Hier fehlen die Angaben der Lebenszufriedenheit (*LZ*) in Abhängigkeit des *IQ*, was MAR nahelegt.

```
matrixplot(FW_mar, sortby =  "IQ")
```

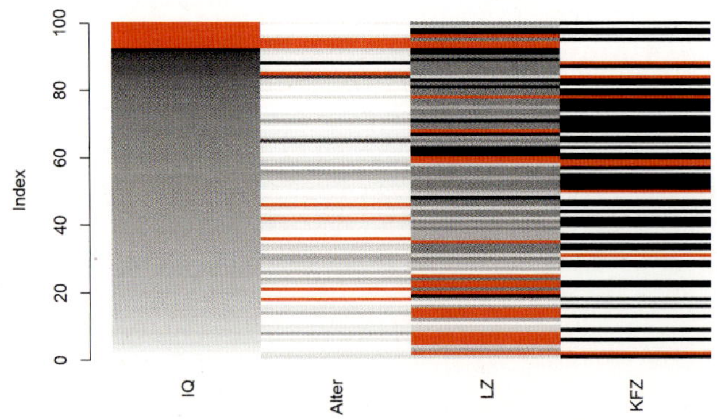

Abbildung 1.5: Matrixplot sortiert nach IQ. Auffällig sind die fehlenden Werte der Variable LZ, da diese besonders bei niedrigen IQ-Werten (weiß bis hellgrau) auftreten.

Wenn Sie die Werte eines Kriteriums (z. B. in einer multiplen Regression) hypothesengeleitet vorhersagen, bietet es sich an, die Wirkung der fehlenden Werte auf das

Kriterium zu untersuchen. Dazu nutzen wir die Funktion `pbox` aus dem Paket *VIM*. Diese Funktion gibt uns Boxplots für die Kriteriumsvariable an. Diese werden in zwei Gruppen unterteilt, in vorhandene und fehlende Werte eines Prädiktors. Liegen kaum Unterschiede zwischen den beiden Boxplots einer Variable vor, spricht dies eher für MCAR. In unserem Datensatz sei exemplarisch das Alter das Kriterium, daher wird diese Variable im Datensatz als erste Spalte eingefügt (▶*Abbildung 1.6*).

```
pbox(FW_mar[, c("Alter", "LZ", "IQ", "KFZ")])
```

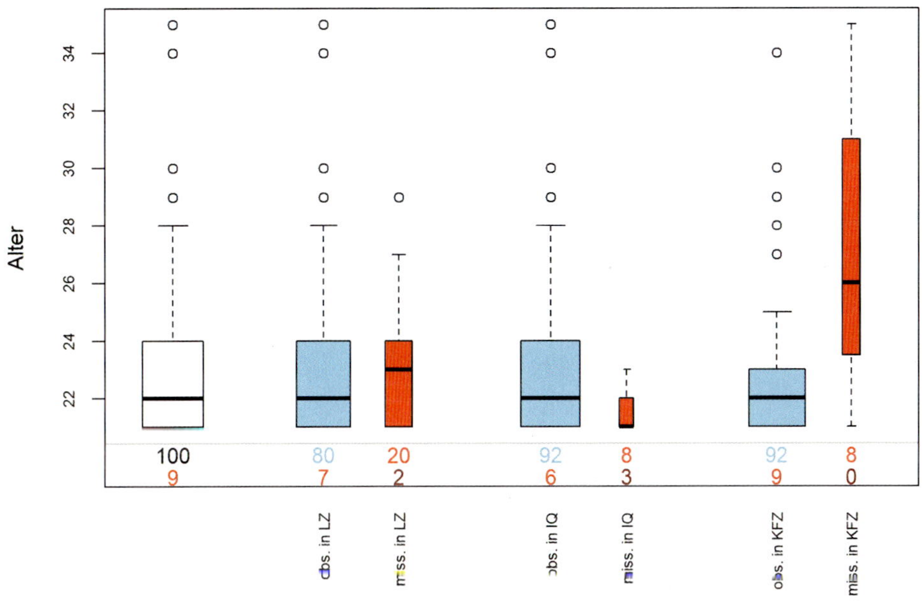

Abbildung 1.6: Diagnostik fehlender Werte mit Boxplots. Das Alter wird in Abhängigkeit von vorhandenen und fehlenden Werten einer Prädiktorvariable dargestellt.

Auffällig sind die beiden Boxplots der Variable *KFZ* ganz rechts in ▶*Abbildung 1.6*. Der erste Eindruck legt nahe, dass bei älteren Befragten die Angabe zum Besitz eines Kraftfahrzeugs eher fehlt (der rote Boxplot bei *miss. in KFZ*). Dies kann ein Hinweis auf MAR oder NMAR sein. Die Breite der Boxplots entlang der horizontalen Achse repräsentiert die Häufigkeit der fehlenden Werte. Die Boxplots der anderen Prädiktoren sind unauffällig und sprechen eher für MCAR. Gegebenenfalls könnten nun weitere Boxplots erzeugt werden, wobei ein anderes Kriterium gewählt werden kann.

Eine weitere Möglichkeit, Zusammenhänge von zwei intervallskalierten Variablen und den fehlenden Werten darzustellen, bietet die Funktion `marginplot` im Paket *VIM*. Der Marginplot (▶*Abbildung 1.7*) ist ein Streudiagramm, in dem zusätzliche Informationen zu fehlenden Werten in den Rändern der Abbildung dargestellt sind. Wir konzentrieren uns hier auf den Zusammenhang von *IQ* und Lebenszufriedenheit (*LZ*), den wir in ▶*Abbildung 1.5* und im Datensatz *FW_mar* bereits als auffällig diagnostiziert haben. Für eine bessere Lesbarkeit haben wir die Farbgebung mit `col` leicht modifiziert.

```
marginplot(FW_mar[, c("LZ", "IQ")], col = c("blue", "red"))
```

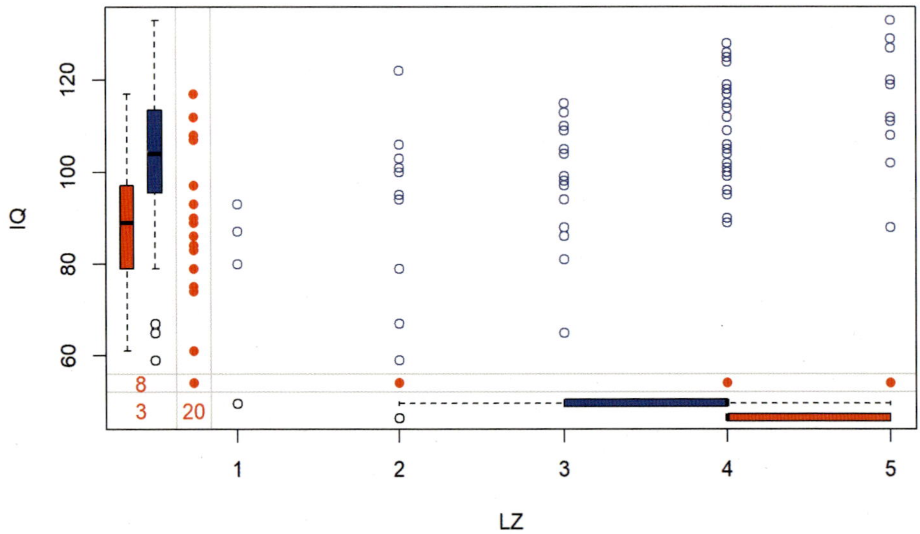

Abbildung 1.7: Marginplot für die Variablen *IQ* und *Lebenszufriedenheit*. Die Ränder der Abbildung enthalten Informationen zu den fehlenden Werten (Einzelheiten im Text).

Die blauen Punkte des Streudiagramms zeigen einen positiven Zusammenhang basierend auf allen vorhandenen Werten beider Variablen. Die roten Punkte in den Rändern der Grafik zeigen fehlende Werte. Entlang der y-Achse sehen Sie die IQ-Punkte für die fehlenden Werte in der Lebenszufriedenheit. Zusätzlich wird die Verteilung der Punkte in dem roten Boxplot entlang der y-Achse dargestellt. Beide Boxplots unterscheiden sich deutlich, ein Hinweis auf MAR oder NMAR. Die roten Punkte entlang der x-Achse zeigen fehlende Werte der Lebenszufriedenheit in Abhängigkeit der IQ-Punkte. Obwohl Sie nur 3 Punkte sehen, gibt es 5 fehlende Werte, die aber direkt übereinanderliegen, sodass nur drei Punkte sichtbar sind.[1] Der Boxplot gibt einen Hinweis auf das Overplotting. Sie sehen, dass die fehlenden IQ-Werte eher im Bereich einer höheren Lebenszufriedenheit liegen. Der Wert links unten, die Zahl 3, zeigt die Anzahl an Fällen, bei denen Werte beider Variablen fehlen. Der Wert 20 repräsentiert die Anzahl der fehlenden Werte der x-Variable, hier die Lebenszufriedenheit. Der Wert 8 repräsentiert die Anzahl der fehlenden Werte in der Variable IQ. Die ▶*Abbildung 1.7* zeigt nochmals, was wir in ▶*Abbildung 1.5* bereits diagnostiziert haben. Allerdings erhalten wir nun auch einen Eindruck über den Zusammenhang beider Variablen durch das Streudiagramm. Da in diesem Beispiel massiv Werte im Bereich niedriger Intelligenz fehlen, könnte der beobachtbare Zusammenhang nicht den Tatsachen entsprechen.[2]

1 Diese Information lässt sich nicht direkt aus der Grafik ablesen. Allerdings kennen Sie typischerweise die Anzahl der fehlenden Werte aufgrund der vorangegangenen Analyseschritte.

2 Eine interessante Ergänzung zum Marginplot stellt die Marginplot-Matrix mit `marginmatrix` dar.

Eine weitere Variante, die Verteilung fehlender Werte zu explorieren, ist die Funktion `barMiss`, ebenfalls aus *VIM*. Diese Funktion stellt das Histogramm des Kriteriums dar, in dem die Verteilung der fehlenden Werte hinsichtlich einer anderen Variable abgetragen wird (▶*Abbildung 1.8*). Auch hier ist deutlich zu erkennen, dass fehlende Werte bei der Lebenszufriedenheit vorwiegend bei niedrigem IQ auftreten (MAR oder NMAR). Im rechten Teil der ▶*Abbildung 1.8* ist das Verhältnis von fehlenden und vorhandenen Werten der Variable Lebenszufriedenheit dargestellt.

```
barMiss(FW_mar[, c("IQ", "LZ")], only.miss = T)
```

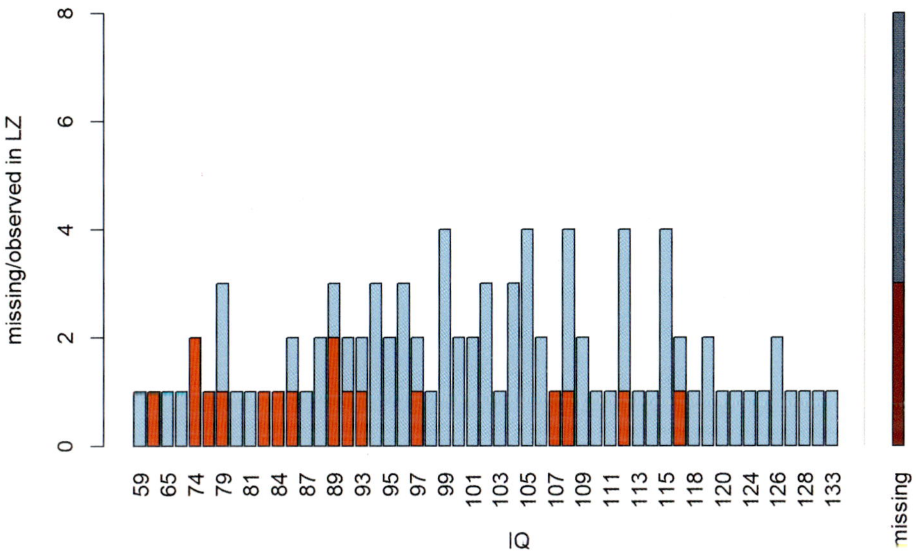

Abbildung 1.8: Ein Histogramm mit fehlenden Werten der Lebenszufriedenheit in Abhängigkeit vom IQ.

Das Paket *VIM* bietet noch eine ganze Reihe weiterer grafischer Verfahren, die eine gute Hilfe zur Diagnostik fehlender Werte darstellen. Wir verweisen an dieser Stelle auf die Vignetten des Pakets (Templ et al., 2021).

1.3.3 Inferenzstatistische Exploration fehlender Werte

Neben der grafischen Diagnose kann auch die Inferenzstatistik zur Diagnose fehlender Werte zum Einsatz kommen. Hierbei werden Signifikanztests genutzt, um Unterschiede zwischen fehlenden und vorhandenen Daten in Bezug auf eine Variable zu identifizieren. Dieses Vorgehen ist mit einigen Problemen verbunden, weshalb wir es nur als Ergänzung zu den grafischen Verfahren darstellen.

Wir benutzen das Paket *finalfit* (Harrison et al., 2020) und die Funktion `missing_compare`, um den Kruskal-Wallis-Test für kontinuierliche Variablen und den Chi-Quadrat-Test für kategoriale Variablen zu berechnen. Die Wahl des Testverfahrens wird anhand der Variablenklasse automatisch festgelegt. Diese können Sie mit der Funktion `class` kontrollieren. Signifikante Unterschiede zwischen den fehlenden und vorhandenen Daten weisen dann auf systematisches Fehlen (MAR und NMAR) hin.

```
sapply(FW_mar, class)

         IQ       Alter          LZ         KFZ
  "integer"   "integer"   "integer" "character"

library(finalfit)

missing_compare(FW_mar, dependent = "IQ",
               explanatory = c("Alter", "LZ", "KFZ"))

  Missing data analysis: IQ          Not missing    Missing     p
                     Alter Mean (SD)  23.3 (3.1) 21.6 (0.9) 0.233
                        LZ Mean (SD)   3.5 (1.1)  4.0 (1.2) 0.346
                       KFZ        Ja   39 (90.7)    4 (9.3) 1.000
                                Nein   45 (91.8)    4 (8.2)
  Warnmeldung:
  In chisq.test(KFZ, IQ) : Chi-squared approximation may be incorrect
```

In unserem Datensatz zeigen sich keine signifikanten Unterschiede, was eher für MCAR spricht. Allerdings zeigt sich hier die Problematik der inferenzstatistischen Vorgehensweise. Im Zuge der visuellen Inspektion hatten wir bereits Auffälligkeiten fehlender Werte bei Lebenszufriedenheit und IQ diagnostiziert. Die Inferenzstatistik zeigt dies allerdings nicht. Das liegt daran, dass Signifikanztests immer abhängig von der Stichprobengröße sind. Besonders die Fallzahlen der fehlenden Werte sind in unserer Ausgabe sehr gering. Das ist grundsätzlich positiv, denn je weniger Werte fehlen, umso besser. Andererseits ist dadurch die Testung von Unterschieden deutlich unsicherer. Auf diesen Umstand weist auch die Warnmeldung der Ausgabe in der R-Konsole hin. Aber auch die andere Richtung kann problematisch sein. Wenn Sie eine sehr große Stichprobe erhoben haben und entsprechend viele fehlende Werte in Ihren Daten vorhanden sind, können auch kleinste Unterschiede signifikant sein und Daten fälschlich als NMAR klassifiziert werden. Aus diesen Gründen sind die Entscheidungen über fehlende Werte auf Basis statistischer Tests immer mit großer Vorsicht zu behandeln und es ist eine visuelle Exploration vorzuziehen.

1.4 Imputationsverfahren

Nachdem die Art der fehlenden Werte bestimmt wurde, schließt sich die Frage an, wie die Datenanalyse weitergeht. Dabei kommen Imputationsverfahren zum Einsatz. Darunter sind Techniken zu verstehen, um fehlende Werte zu ersetzen. Allerdings können Sie Imputationsverfahren nur anwenden, wenn Werte im Sinne von MCAR vorliegen. Bei MAR führen Imputationen sehr wahrscheinlich zu falschen Schlussfolgerungen und bei NMAR ist ganz davon abzuraten. Daher ist eine Diagnostik der fehlenden Werte unerlässlich.

Mittlerweile existiert eine Vielzahl an Imputationstechniken und wir werden hier lediglich eine kleine Auswahl der Verfahren darstellen. Dabei lassen sich deterministische und zufallsbasierte Verfahren unterscheiden. Die deterministischen Imputationsverfahren sind Algorithmen, die bei mehrmaliger Wiederholung immer wieder das gleiche Ergebnis liefern (Mittelwerts- und regressionsbasierte Imputation, Abschnitt 1.4.1). Bei zufallsbasierten Techniken hingegen wird die Varianz der vorhergesagten Werte durch Zufallsprozesse vergrößert, um Verzerrungen vorzubeugen. Das führt dazu, dass bei mehrmaliger Anwendung (leicht) unterschiedliche Ergebnisse erzeugt werden (Abschnitte 1.4.2 bis 1.4.6).

Wir nutzen zur Imputation, mit Ausnahme des Expectation-Maximization Algorithmus, die Funktionen aus dem Paket *mice*. Diese sind einfach anzuwenden und gut dokumentiert. Die Formeln der Algorithmen sind bei van Buuren (2018) angegeben.

1.4.1 Mittelwerts- und regressionsbasierte Imputation

Ein sehr bekanntes und einfaches Imputationsverfahren ist die Mittelwertsimputation, die in der Funktion `mice` mit `method = "mean"` aufgerufen wird. Dabei wird für jeden fehlenden Wert der Mittelwert der entsprechenden Variable eingesetzt. Die Funktion `mice` enthält auch das Argument `m` für die Anzahl der Imputionsdurchläufe. Bei deterministischen Verfahren kann dieses Argument auf den Wert `m = 1` gesetzt werden (es macht aber auch nichts, wenn Sie die Standardeinstellung bei `m = 5` belassen). Mit `complete` erhalten wir den Datensatz mit imputierten Werten. Für dieses erste Beispiel verzichten wir auf die Variable *KFZ*, da für kategoriale Variablen keine Mittelwertsimputation durchgeführt werden kann. Wir zeigen an dieser Stelle nur einen Ausschnitt des Datensatzes. Zunächst zeigen wir die Ausgangsdaten und zum Vergleich anschließend den imputierten Datensatz. Sie können erkennen, dass ein fehlender Wert in der 4. Zeile für die Variable Alter und ein fehlender Wert in der 6. Zeile für die Lebenszufriedenheit ersetzt wurde.

```
mw_imput <- mice(FW_mcar[, c("IQ", "Alter", "LZ")], m = 1, method = "mean")

FW_mcar_imp_mean <- complete(mw_imput)

head(FW_mcar[, c("IQ", "Alter", "LZ")])
```

```
   IQ Alter LZ
1  NA    NA  4
2  NA    NA  3
3  NA    NA  4
4  NA    23  3
5 124    NA  4
6  75    21  3
```

```
head(FW_mcar_imp_mean)
```

```
        IQ    Alter LZ
1 100.8043 23.20879  4
2 100.8043 23.20879  3
3 100.8043 23.20879  4
4 100.8043 23.00000  3
5 124.0000 23.20879  4
6  75.0000 21.00000  3
```

Ein weiteres deterministisches Verfahren ist die regressionsbasierte Imputation, die in der Funktion `mice` mit `method = "norm.predict"` für kontinuierliche Variablen angewandt werden kann. Hierbei wird für jeden fehlenden Wert einer Variablen die regressionsanalytische Vorhersage aufgrund der vorhandenen Variablen benutzt. Wir verzichten hier auf Code und Ausgabe, denn generell werden deterministische Verfahren nicht empfohlen, da dabei die Varianzen der Variablen nach der Imputation systematisch unterschätzt werden. Zudem werden die Zusammenhänge und Effekte überschätzt (Sedlmeier & Renkewitz, 2018). Van Buuren (2018) merkt dazu an: „Regression imputation is a recipe for false positive and spurious relations." Allerdings ist es sinnvoll, diese Verfahren zu kennen, denn dadurch lassen sich die Grundgedanken von multiplen zufallsbasierten Imputationsverfahren besser verstehen.

1.4.2 Multiple Imputation mit Regression ohne Parameterunsicherheit

Dieses zufallsbasierte Imputationsverfahren basiert auf der regressionsbasierten Imputation. Allerdings wird anschließend ein Residualwert der Regression zufällig ausgewählt und zum vorhergesagten Wert hinzuaddiert. Dieser neu entstandene Wert wird dann imputiert. Da die Residualwerte zufällig positiv oder negativ sind und den Mittelwert von null besitzen, verändern sich die Regressionskoeffizienten nach der Imputation kaum. Die Varianz der vorhergesagten Werte wird aber vergrößert. In R können wir diese Imputation mit der Funktion `mice` und dem Argument `method = "norm.nob"` (nob für non-Bayesian) für kontinuierliche Variablen durchführen. Da es sich hierbei um einen Zufallsprozess handelt, ist die Wahl der Anzahl an multiplen Imputationen, z. B. mit der Standardeinstellung `m = 5`, hier gerechtfertigt. Außerdem setzen wir mit `seed` den Zufallsprozess fest, damit Sie die von uns abgebildeten Ergebnisse erhalten. Da wir 5 Durchläufe erzeugt haben, erhalten wir auch 5 verschiedene Datensätze mit Imputation. Um den „neuen" Datensatz mit den imputierten Werten auszugeben, nutzen wir wieder die Funktion `complete`. Mit dem Argument `action` können wir einen bestimmten Durchlauf der Imputation auswählen. Wir haben in unserem Code den 5. Durchlauf gewählt.

```
norm.nob_imput <- mice(FW_mcar[, c("IQ", "Alter", "LZ")], m = 5,
                       method = "norm.nob", seed = 10)

FW_mcar_norm.nob_imp <- complete(norm.nob_imput, action = 5)

head(FW_mcar_norm.nob_imp)

         IQ    Alter LZ
1 111.51380 21.23424  4
2 106.30771 21.18683  3
3  88.43522 22.98200  4
4 103.48268 23.00000  3
5 124.00000 21.57001  4
6  75.00000 21.00000  3
```

Die multiple regressionsbasierte Imputation ohne Paramaterunsicherheit ist nicht unumstritten. Die Regressionskonstante oder der Anstieg der Regression könnten durch die fehlenden Werte verzerrt sein und eine etwaige Verzerrung setzt sich dann in der Imputation fort.

1.4.3 Imputation mit bayesianischer linearer Regression

Eine Erweiterung der Regression ohne Parameterunsicherheit besteht darin, die Unsicherheit der Parameterschätzung einzubeziehen. Dies geschieht mit einem bayesianischen Vorgehen. Der Anstieg einer einfachen Regression (β_1) besitzt unter den gegebenen Daten bestimmte Auftretenswahrscheinlichkeiten, die durch eine Wahrscheinlichkeitsverteilung (Posteriorverteilung) dargestellt werden können. Für die Imputation werden nun Anstiegskoeffizienten aus der Posteriorverteilung zufällig (und mit der entsprechenden Wahrscheinlichkeit) gezogen und als Prädiktor für die fehlenden Werte genutzt. Anschließend wird, wie bei der Regression ohne Parameterunsicherheit, ein zufälliger Fehler zum vorhergesagten Wert addiert. In dem Paket *mice* kann diese bayesianische lineare Regression mit `method = "norm"` angewendet werden. Allerdings ist dieses Verfahren auf intervallskalierte Variablen beschränkt. Um auch kategoriale und dichotome Variablen einzubeziehen, kann anstelle der linearen eine logistische Regression mit `method = "logreg"` genutzt werden. Im Paket *mice* werden *character*-Variablen nicht automatisch in *factor*-Variablen umgewandelt. Damit auch die kategorialen Variablen wie *KFZ* vorhergesagt werden, müssen diese zunächst in einen *factor* konvertiert werden. Wir geben dann das Argument `method` in der Reihenfolge unserer Variablen in die Funktion ein und prüfen anschließend die Ersetzung aller Werte.

```
FW_mcar$KFZ <- as.factor(FW_mcar$KFZ)

norm_imput <- mice(FW_mcar, m = 5,
                   method = c("norm", "norm", "norm", "logreg"), seed = 20)

FW_mcar_norm_imp <- complete(norm_imput, action = 1)

head(FW_mcar_norm_imp)

         IQ    Alter LZ  KFZ
  1 123.42960 24.46861  4   Ja
  2  91.26889 23.58088  3   Ja
  3  94.32532 23.06932  4 Nein
  4 122.84788 23.00000  3   Ja
  5 124.00000 24.71282  4   Ja
  6  75.00000 21.00000  3   Ja
```

1.4.4 Imputation mit Bootstrapping Regression

Eine andere Möglichkeit, die Unsicherheit der Parameterschätzung abzubilden, bietet das Bootstrapping (*Kapitel 3*). Dabei wird eine Stichprobe aus den Ausgangsdaten mit Zurücklegen gezogen und die Koeffizienten dieser Stichprobe werden ermittelt. Diese Imputation ähnelt dem Bootstrapping, allerdings hat man hier lediglich eine einmalige Stichprobenziehung. Ähnlich wie bei der bayesianischen Ergänzung entsteht durch dieses Vorgehen zusätzliche Varianz für die Vorhersage fehlender Werte. Ein Vorteil ist dabei, dass keine Vorannahmen bezüglich der Verteilung der Regressionskoeffizienten benötigt werden. In R können Sie die Imputation mit den Argumenten `method = "norm.boot"` bzw. `logreg.boot` (dem logistischen Pendant für dichotome Variablen) durchführen. Auch hier wird vor der Imputation noch ein Fehler zum vorhergesagten Wert hinzugefügt.

```
boot_imput <- mice(FW_mcar[, c("IQ", "Alter", "LZ")], m = 5,
                   method = "norm.boot", seed = 30)

FW_mcar_boot_imp <- complete(norm.nob_imput, action = 5)

head(FW_mcar_boot_imp)

         IQ    Alter LZ
1 111.51380 21.23424  4
2 106.30771 21.18683  3
3  88.43522 22.98200  4
4 103.48268 23.00000  3
5 124.00000 21.57001  4
6  75.00000 21.00000  3
```

1.4.5 Predictive Mean Matching

Predictive Mean Matching (PMM) ist ein einfacher, schneller und recht wirkungsvoller zufallsbasierter Imputationsalgorithmus (eine ausführliche Beschreibung zum Algorithmus gibt Vink et al., 2014). Um fehlende Werte zu ersetzen, werden zunächst Fälle im Datensatz gesucht, die dem zu ersetzenden hinsichtlich der vorhandenen Variablen ähnlich sind. Die Ähnlichkeit wird auf Basis der bayesianischen linearen Regression bestimmt. Damit ist bereits bei der Ähnlichkeitsbestimmung eine Zufallskomponente enthalten. Werden beispielsweise 5 ähnliche Fälle gefunden, wird ein Wert dieser Fälle zufällig ausgewählt und ersetzt den fehlenden Wert. Dieser Algorithmus besitzt den Vorteil, dass die imputierten Werte plausibel sind. Es kommt beispielsweise kein unrealistischer IQ-Wert von 50 vor, da dieser auch nicht im Datensatz vorhanden ist. Das ist insbesondere bei diskreten Variablen ein Vorteil, wie in unserem Beispieldatensatz, und auch für nominale und ordinale Variablen kann der Algorithmus eingesetzt werden. In der Funktion `mice` ist dieser Algorithmus mit dem Argument `method = "pmm"` auszuführen. Sie erkennen den zufallsbasierten Anteil unmittelbar daran, dass die wiederholte Durchführung der Prozedur eine andere Imputation liefert (in diesem Fall bleibt das Argument `seed = NA`).

```
pmm_imput <- mice(FW_mcar, m = 1, method = "pmm", seed = 40)

FW_mcar_pmm_imp <- complete(pmm_imput, action = 1)

head(FW_mcar_pmm_imp)

   IQ Alter LZ  KFZ
1 105    22  4   Ja
2  89    21  3   Ja
3 119    22  4 Nein
4  94    23  3   Ja
5 124    28  4   Ja
6  75    21  3   Ja
```

1.4.6 EM Algorithmus

Der Expectation-Maximization (EM) Algorithmus ist eine generelle Technik, um Maximum-Likelihood-Schätzwerte zu erhalten, wenn in einem statistischen Modell nicht alle Informationen verfügbar sind, beispielsweise aufgrund fehlender Werte. Der Algorithmus kann Mittelwerte und Varianzen für fehlende Werte schätzen, wenn die Anzahl der fehlenden Werten definiert ist (und die Anzahl fehlender Werte ist immer durch die vorhandenen Werte auf den anderen Variablen definiert). EM bietet damit eine analytische Lösung für die Vorhersage fehlender Werte. Bei einer stochastischen Version des Algorithmus wird die Varianz der vorhergesagten Werte durch Addition eines Fehlers erhöht. Die Fehlerwerte stammen aus einer Normalverteilung mit dem Mittelwert null und der Varianz der fehlenden Werte. Um EM anzuwenden, müssen die Variablen multivariat normalverteilt sein.[3] In R existieren vielfältige Pakete zur Imputation fehlender Werte mit EM. Wir nutzen hier das Paket *norm2* mit der Funktion `impNorm`, welches aus einer vorangegangenen EM Parameterschätzung (mit `emNorm`) fehlende Werte imputiert. Der Algorithmus ist allerdings nur für Variablen mit Intervallskalenniveau sinnvoll. Eine detaillierte Beschreibung von EM mit Beispielen finden Sie bei Schafer (1997).

```
library(norm2)
em_param <- emNorm(FW_mcar[, c("IQ", "Alter", "LZ")])
set.seed(146)
head(
  impNorm(em_param)
  )
```

```
            IQ    Alter LZ
[1,] 119.46820 23.80820  4
[2,]  80.05815 28.92061  3
[3,] 113.91476 22.88283  4
[4,]  98.79921 23.00000  3
[5,] 124.00000 20.25332  4
[6,]  75.00000 21.00000  3
```

1.5 Grafische Validierung der Datenimputation

Für die Imputationsverfahren gibt es in der praktischen Anwendung kaum Validierungsmöglichkeiten (denn die fehlenden Werte sind unbekannt). Eine sinnvolle Ergänzung im Anschluss an die Imputation ist die Visualisierung der ersetzten Werte. Damit können Sie erkennen, ob imputierte Werte außerhalb des theoretisch sinnvollen Wertebereichs liegen oder ob andere Auffälligkeiten bestehen. Diese können zum einen auf die Besonderheit des fehlenden Falls hinweisen, was möglicherweise ein Grund für das Fehlen eines Wertes im Datensatz ist. Zum anderen können Sie aber auch ihre diagnostischen Entscheidungen überprüfen. Im Paket *mice* können wir mit der Funktion `xyplot` Streudiagramme erzeugen, welche die vorhandenen und imputierten Werte darstellen. Dazu muss das Ergebnis der Funktion `mice` als Objekt in die Funktion ein-

3 Eine Möglichkeit zur Prüfung dieser Annahme zeigen wir in *Kapitel 5 Strukturgleichungsmodelle*. Allerdings ist eine Prüfung der multivariaten Normalverteilung bei fehlenden Werten naturgemäß schwierig.

gesetzt werden. Außerdem muss das Argument `data` definiert werden. Dieses enthält keinen Datensatz, sondern die Formel einer Regression. Im *Abschnitt 1.4.4* haben wir eine zufallsbasierte multiple Imputation mit Bootstrap durchgeführt, die wir an dieser Stelle grafisch veranschaulichen. Mit der Funktion `xyplot` erhalten wir die Imputationen aller Durchläufe. Da wir für den Bootstrap mit `m = 5` insgesamt 5 Durchläufe gewählt haben, sehen wir entsprechend viele Imputationen. Die Lebenszufriedenheit enthält die meisten fehlenden Werte und ist daher besonders anschaulich, weshalb wir diese Variable als Kriterium wählen (▶*Abbildung 1.9*).

```
xyplot(boot_imput, data = LZ ~ IQ + Alter, pch = 19)
```

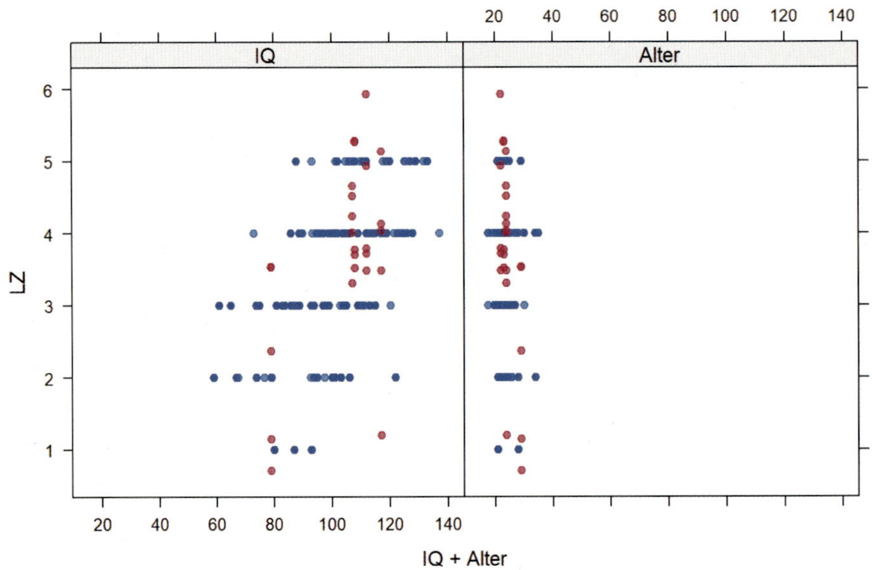

Abbildung 1.9: Streudiagramme mit vorhandenen (blau) und imputierten Werten (rot) mit Bootstrap. Das Kriterium Lebenszufriedenheit (*LZ*) ist auf der y-Achse dargestellt.

Wir sehen, dass die Schätzwerte im Sinne einer Regression entlang der Variable Lebenszufriedenheit (*LZ*) geschätzt werden. Dabei können Dezimalzahlen imputiert werden, auch wenn die ursprüngliche Skala nur ganze Zahlen zulässt. Außerdem sehen wir mit einer Lebenszufriedenheit vom Wert 6 eine Imputation, die außerhalb des Wertebereiches (1 bis 5) liegt. An dieser Stelle sollten wir uns aber an das Ziel dieses Imputationsverfahrens erinnern. Die Varianz der Variable sollte möglichst korrekt abgebildet werden und die Überschätzung des Zusammenhangs vermieden werden. Beide Ziele werden hier augenscheinlich erfüllt. Zum Vergleich zeigen wir noch eine Imputation mit PMM (*Abschnitt 1.4.5*) aus dem Paket *mice* (▶*Abbildung 1.10*). Sie sehen nun, dass sich die imputierten Werte direkt an dem vorhandenen Wertebereich orientieren. (Da wir im *Abschnitt 1.4.5* nur einen Durchlauf `m = 1` gewählt haben, sehen wir hier die Ersetzung vom imputierten Datensatz.)

```
xyplot(pmm_imput, data = LZ ~ IQ + Alter, pch = 19)
```

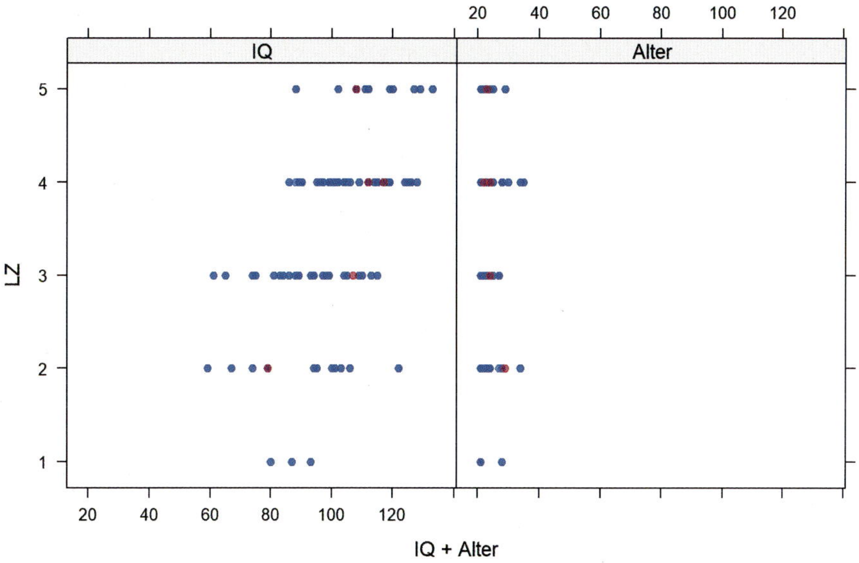

Abbildung 1.10: Streudiagramme mit vorhandenen (blau) und imputierten Werten (rot) mit Predictive Mean Matching (PMM).

Welches Imputationsverfahren Sie benutzen möchten, müssen Sie auf Basis Ihrer Datenstruktur und Zielstellung abwägen. Wenn es um die Analyse von Zusammenhängen oder die Interpolation fehlender Werte geht, spricht bei Vorliegen von MCAR und den entsprechenden statistischen Voraussetzungen nichts gegen die weitverbreiteten multiplen regressionsbasierten Verfahren oder den EM Algorithmus. Wenn es um das Ersetzen von einzelnen fehlenden Werten auf der Ebene von Fällen geht, ist Predictive Mean Matching eine gute Alternative. Hinsichtlich der statistischen Voraussetzungen stellt das Bootstrapping die geringsten Anforderungen an die Datenanalyse.

Wir haben uns in diesem Kapitel vorrangig den Paketen *VIM* und *mice* gewidmet, da diese sehr einsteigerfreundlich sind, aber auch eine große Anzahl an Optionen enthalten. Eine Übersicht zu allen R-Paketen die sich mit dem Thema fehlender Werte beschäftigen, finden Sie hier: *https://CRAN.R-project.org/view=MissingData.*

Zusammenfassung

Fehlende Werte stellen keine Ausnahme, sondern die Regel in vielen Bereichen der sozialwissenschaftlichen Forschung dar. Ist das Ausmaß fehlender Werte gering, können diese ignoriert werden. Handelt es sich um ein größeres Problem, sollten zunächst Nacherhebungen in Erwägung gezogen werden. Ist dies nicht möglich, sollte eine Diagnostik der fehlenden Werte erfolgen, um zu begründen, ob die Werte zufällig oder systematisch fehlen. Hierfür können grafische und statistische Verfahren zum Einsatz kommen. Fehlen die Werte zufällig, können Imputationsverfahren genutzt werden, wobei eine Vielzahl von Algorithmen „auf dem Markt" vorhanden ist. Mithilfe von grafischen Verfahren lassen sich die imputierten Werte nachträglich überprüfen.

Die R-Funktionen in diesem Kapitel

In diesem Kasten stellen wir Ihnen die Funktionen, die wir in diesem Kapitel benutzt haben, noch einmal zusammen. Wenn Funktionen nicht schon vorinstalliert sind, werden sie zusammen mit dem Paket, aus dem sie stammen, aufgelistet (`Paket::Funktion`).

Funktion	Kurze Beschreibung
`finalfit::missing_compare`	Durchführung statistischer Signifikanztests zwischen fehlenden und vorhandenen Daten
`mice::md.pattern`	Matrixdarstellung mit Grafik zu fehlenden Werten eines Datensatzes
`mice::mice`	Imputation fehlender Werte in einem Datensatz
`missMethods::impute_EM`	Imputation fehlender Werte mit EM Algorithmus
`VIM::barMiss`	Histogramm von vorhandenen und fehlenden Werten hinsichtlich eines Kriteriums
`VIM::marginplot`	Streudiagramm für zwei Variablen mit vorhandenen und fehlenden Werten hinsichtlich eines Kriteriums
`VIM::matrixplot`	Streifendiagramm von vorhandenen und fehlenden Werten hinsichtlich eines Kriteriums
`VIM::pbox`	Boxplot von vorhandenen und fehlenden Werten hinsichtlich eines Kriteriums

Ergänzende und weiterführende Literatur

Kapitel 29 in Sedlmeier und Renkewitz (2018)
Zusammenfassung der theoretischen Grundlagen

van Buuren, S. (2018). *Flexible imputation of missing data.* CRC press.
Empfehlenswertes Buch zur Vertiefung des Pakets mice mit vielen Beispielen

Metaanalysen

2

ÜBERBLICK

Lernziele

In diesem Kapitel sollen Sie lernen, wie Sie eine Metaanalyse durchführen. Insbesondere sollen Sie nach dem Durcharbeiten des Texts in der Lage sein,

- Daten für die Metaanalyse vorzubereiten,
- Fixed-Effects und Random-Effects-Metaanalysen durchzuführen,
- Ergebnisse mit Forest-Plots zu visualisieren und
- einen Publikationsbias zu diagnostizieren und zu bewerten.

Um ein sozialwissenschaftliches Phänomen zu untersuchen, wird häufig nicht nur eine einzige Studie durchgeführt, sondern es wird eine ganze Reihe wissenschaftlicher Untersuchungen vorgenommen. Bei einer Metaanalyse werden die Studienergebnisse mehrerer Studien zusammengefasst und es wird ein studienübergreifender Effekt berechnet. Dieser Effekt sollte dann eine genauere Schätzung des entsprechenden Populationskennwerts ermöglichen als eine einzelne Studie. Grundsätzlich könnte jeder Effekt, der von Interesse ist, zum Gegenstand einer Metaanalyse werden. Tatsächlich findet man jedoch in der Praxis nahezu ausschließlich die „klassischen Effektstärken". Dazu zählen Abstände von Mittelwerten (Mittelwertunterschiede oder mittlere Veränderungsmaße), Zusammenhangsmaße (z. B. Korrelationen) oder Verhältnismaße (Odds Ratios). Effektstärken haben zwei Vorteile. Erstens sind sie standardisiert und damit unabhängig von dem genutzten Messinstrument und zweitens sind Effektstärken unabhängig von der Stichprobengröße und können damit auch über Studien mit unterschiedlichen Stichprobengrößen vergleichsweise einfach aggregiert werden. Je nach theoretischer Grundannahme haben sich verschiedene Arten von Metaanalysen etabliert. Wir werden in diesem Kapitel zunächst eine etwas vereinfachte Fixed-Effects-Metaanalyse vorstellen, um das Grundprinzip zu illustrieren. Danach erläutern, visualisieren und interpretieren wir die psychometrische Metaanalyse und schließlich das H-O Modell an einfachen Beispielen. Abschließend gehen wir noch auf einige Probleme und Einschränkungen bei der Interpretation ein.

2.1 Bestimmung von Effekten

Für eine Metaanalyse suchen Sie zunächst alle Studien, die für Ihre Fragestellung relevant sind. Im Anschluss müssen Sie sich für eine Effektstärke entscheiden, denn in den allermeisten Fällen wird es so sein, dass verschiedene Fachartikel unterschiedliche Methoden und statistische Informationen berichten. Meist bekommen Sie anhand der gesichteten Fachartikel bereits eine Idee davon, welche Effektstärke sich anbietet (z. B. welche Maße häufig genutzt werden). Manchmal werden aber auch keine Effektstärken, sondern ausschließlich Signifikanztestergebnisse berichtet (vor allem in älteren Studien). Die gute Nachricht ist, dass nahezu alle Artikel genügend Informationen bereitstellen, um Effektstärken auch nachträglich zu berechnen, denn Effektgrößen lassen sich aus Mittelwerten und Standardabweichungen, anderen Effektgrößen oder auch aus Signifikanztestergebnissen berechnen.

2.1.1 Effekte aus Mittelwerten und Standardabweichungen berechnen

In ▶ *Tabelle 2.1* haben wir exemplarisch Mittelwerte, Standardabweichungen und Stichprobengrößen von zwei unabhängig untersuchten Gruppen angegeben.

Gruppe	Mittelwert (MW)	Standardabweichung (SD)	Stichprobengröße (N)
Kontrollgruppe	3.05	1.03	36
Experimentalgruppe	3.51	0.98	39

Tabelle 2.1: Deskriptive Statistik einer fiktiven Studie

Mit der Funktion `esc_mean_sd` aus dem Paket *esc* (Lüdecke, 2019) lassen sich verschiedene Effektgrößen mit dem Argument *es.type* berechnen. Wir berechnen hier die Effektgröße *d*.

```
library(esc)

esc_mean_sd(grp1m = 3.05, grp1sd = 1.03, grp1n = 36,
            grp2m = 3.51, grp2sd = 0.98, grp2n = 39,
            es.type = "d")

    Conversion: mean and sd to effect size d
   Effect Size:  -0.4580
Standard Error:   0.2341
      Variance:   0.0548
      Lower CI:  -0.9169
      Upper CI:   0.0009
        Weight:  18.2424
```

Neben der Effektgröße von $d = -0.46$ erhalten wir auch die Varianz und den Standardfehler des Effekts sowie die 95 %-Konfidenzintervalle (*CI*). Außerdem erhalten wir den Gewichtungsfaktor *W* (*Weight*). Diese Maße werden wir uns im *Abschnitt 2.4* noch etwas genauer anschauen.

2.1.2 Effekte aus Signifikanztestergebnissen berechnen

Effekte lassen sich auch aus Signifikanztests bestimmen. Auf Basis von Tabelle 2.1 ergibt sich $t(73) = -1.98$, $p = 0.05$. Mit der Funktion `esc_t` erhalten wir die Effektgröße. Zur Abwechslung berechnen wie dieses Mal *r*.

```
esc_t(t = -1.98, p = 0.05, grp1n = 36, grp2n = 39, es.type = "r")

    Conversion: t-value to effect size correlation
   Effect Size:  -0.2258
Standard Error:   0.1179
      Variance:   0.0139
```

```
   Lower CI:  -0.4307
   Upper CI:   0.0013
     Weight:  72.0000
Fisher's z:  -0.2297
  Lower CIz:  -0.4607
  Upper CIz:   0.0013
```

Die Ausgabe enthält auch die Fisher z-Transformation zur Bestimmung der Konfidenzintervalle (siehe *Exkurs*).

Exkurs: Konfidenzintervalle für Effektgrößen

Die Konfidenzintervalle von Effektgrößen basieren auf deren Stichprobenverteilungen. Für den Korrelationskoeffizienten r ist diese Verteilung aber nicht ohne Weiteres ableitbar. Im Gegensatz zur t-Verteilung besitzt der Korrelationskoeffizient einen eingeschränkten Wertebereich von $-1 \leq r \leq 1$. Damit ist die Verteilung nach oben und unten begrenzt. Zur Bestimmung der Konfidenzintervalle haben sich zwei Verfahren etabliert. Zum einen kann mit Bootstrapping die Stichprobenverteilung erstellt werden (siehe *Kapitel 3*). Dabei werden zufällig Wertepaare mit Zurücklegen gezogen. Zum anderen kann die Fisher z-Transformation genutzt werden, eine logarithmische Transformation, die für $-1 < r < 1$ definiert ist. Die Stichprobenverteilung der Fisher z-Werte entspricht annähernd einer Normalverteilung und daher sind auch die Grenzen von Konfidenzintervallen bestimmbar. Die Pakete, die wir in diesem Kapitel zur Berechnung von Effektgrößen anwenden, führen diese Transformation im Hintergrund durch. Eine detaillierte Beschreibung der Fisher z-Transformation geben Sedlmeier und Renkewitz (2018).

Auch für die Effektgrößen d bzw. g lassen sich die Stichprobenverteilungen mit Bootstrapping bestimmen. Für Abstandsmaße gibt es aber auch eine „exakte“ Bestimmung der Konfidenzintervalle unter Zuhilfenahme von nonzentralen t-Verteilungen (Goulet-Pelletier & Cousineau, 2018). War diese Prozedur in der Vergangenheit sehr rechenintensiv und aufwendig, sind die Berechnungen durch entsprechende Programmpakete, beispielsweise das Paket *MBESS* (Kelley, 2020), mittlerweile unproblematisch.

2.1.3 Effekte aus anderen Effektgrößen

Mit dem Paket *compute.es* (Del Re, 2013) lassen sich auch Effektgrößen konvertieren. Wir berechnen r aus d.

```
library(compute.es)

des(d = -0.458, n.1 = 36, n.2 = 39, dig = 4)

   Correlation ES:
```

```
r [ 95 %CI] = -0.2231 [ -0.4283 , 0.0041 ]
 var(r) = 0.0117
 p-value(r) = 0.0581
```

Auch dabei lassen sich zwischen den Paketen leichte Abweichungen beobachten. Zum einen, weil die Werte gerundet werden, zum anderen, weil verschiedene Vorgehensweisen zur Transformation von Effektgrößen in der Literatur vorgeschlagen werden (einen Überblick gibt Pustejovsky, 2014). Die Unterschiede sind allerdings so gering, dass sie in den meisten Fällen vernachlässigbar sind.

Die Umrechnung aller Studienergebnisse in einheitliche Effektgrößen ist der erste Berechnungsschritt einer Metaanalyse. Sie sollten bereits an dieser Stelle die Stichprobengröße (bei Gruppenvergleichen auch die Größe der jeweiligen Gruppe) und potenzielle Moderatoren (also die Variablen, die einen Einfluss auf die Effekte haben) erfassen. Typischerweise entsteht dann eine Tabelle, die der ▶*Tabelle 2.2* in Grundzügen sehr ähnlich ist. Natürlich kann es vorkommen, dass verschiedene Studiendesigns vorliegen und Effektstärken nicht eins zu eins in andere umgerechnet werden können. In diesen Fällen muss meist ein begründeter Kompromiss für die Ermittlung der Effektgröße gefunden werden. In R existieren viele weitere Pakete, die Ihnen dabei helfen, vergleichbare Effektgrößen zu ermitteln. Betrachten wir nun die Metaanalyse im Speziellen.

2.2 Eine simple Metaanalyse – das Fixed-Effects-Modell

Der Datensatz *Meditation* enthält die Daten von sechs Studien zur Wirkung von Meditation auf das Stresserleben. Diese Daten sind der Metaanalyse von Sedlmeier et al. (2018) entnommen und werden benutzt, um die Grundprinzipien der Metaanalyse zu erläutern (▶*Tabelle 2.2*). Bei der Auswahl der Studien sind wir selektiv vorgegangen, um einige Phänomene für Metaanalysen zu demonstrieren. Daher unterscheiden sich auch die hier berechneten Effekte von den Effekten in der Publikation. Alle dargestellten Studien wurden mit Kontrollgruppen durchgeführt und die Effektgröße r stellt die Veränderung des Stressempfindens im Vergleich zur Kontrollgruppe dar. Eine positive Korrelation entspricht einem geringeren Stresserleben.

Studie	Effekt r	N	AV (abhängige Variable)
Geary, C. & Rosenthal, S. (2011)	0.32	108	Fragebogen
Carissoli, C. et al. (2015)	-0.05	38	Fragebogen
Kang, Y. et al. (2014)	0.18	68	Fragebogen
Shearer, A. et al. (2016)	0.50	53	Heart Rate Variability
Shearer, A. et al. (2016)	0.39	47	Heart Rate Variability
Greeson, J. M. et al. (2014)	0.22	90	Fragebogen

Tabelle 2.2: Überblick über 6 Studien zur Wirkung von Meditation auf das Stresserleben

Bei der Betrachtung der ▶*Tabelle 2.2* fällt Ihnen sicher auf, dass nicht alle Studien die gleiche Effektstärke *r* besitzen. Dies liegt daran, dass bei zufälliger Stichprobenziehung eine Effektstärke allein durch Zufall von dem Populationsparameter abweichen kann (sog. Stichprobenfehler). Deshalb ist bei der Durchführung einer Metaanalyse zu erwarten, dass sich die Effektstärken verschiedener Studien unterscheiden. Es wäre sogar äußerst merkwürdig, wenn sie das nicht tun würden. Diese Idee der Zufallsvariation von Studienergebnissen ist Ihnen vermutlich schon vertraut: In der klassischen Inferenzstatistik (Signifikanztests und Konfidenzintervalle) geht es immer um die theoretisch zu erwartende Verteilung von Kennwerten: die Stichprobenverteilung.

Auch bei der Metaanalyse spielt die Idee der Stichprobenverteilung eine zentrale Rolle. Nur handelt es sich hier nicht um eine theoretische, sondern eine empirische Stichprobenverteilung, die aufgrund der vorliegenden empirischen Ergebnisse erstellt werden kann. Die Standardabweichung der empirischen Effektstärken kann dabei als Standardfehler betrachtet werden. Für unsere kleine Metaanalyse könnten wir zunächst auf die Idee kommen, den Mittelwert der Effekte zu bestimmen ($\bar{r} = 0.26$).

```
mean(Meditation$Effekt_r)

  0.26
```

Allerdings würden wir bei diesem Vorgehen jeder Studie die gleiche „Wertigkeit" beimessen. Dies ist ungünstig, denn den Ergebnissen großer Studien können wir mehr vertrauen als denen aus kleinen Studien (Repräsentativität der Stichprobe vorausgesetzt). Deshalb wird bei der Metaanalyse eine Gewichtung durchgeführt. Im einfachsten Fall kann man Effektgrößen an der Stichprobengröße gewichten.[1] Wir benutzen dafür die Funktion `weighted.mean`.

$$r_{Mittel} = \frac{\sum_{i=1}^{k} N_i * r_i}{\sum_{i=1}^{k} N_i}$$

```
r_mittel <- weighted.mean(x = Meditation$Effekt_r, w = Meditation$N)

r_mittel

  0.2711139
```

Die Unterschiede sind in unserem Fall gering. Dennoch ist der gewichtete Mittelwert genauer als der ungewichtete Mittelwert. Wir können diese simple Metaanalyse mit dem Paket *psychmeta* (Dahlke & Wiernik, 2019) und der Funktion `ma_r` ausführen (für eine Metaanalyse mit der Effektgröße *d* nutzen Sie die Funktion `ma_d`). Des Weiteren definieren wir `ma_method = "bb"` für die Bare-Bones-Metaanalyse (die einfachste Form

1 Einige Autoren (z. B. Borenstein et al., 2010) empfehlen vor der Analyse von Korrelationskoeffizienten eine Fisher *z*-Transformation durchzuführen. In diesem Fall wird für *r* jeweils der Fisher *z*-Wert eingesetzt und nach der Berechnung zurücktransformiert. Wir halten uns hier an die Vorgehensweise von Hunter und Schmidt (2004).

der Metaanalyse) und mit `wt_type = "sample_size"` wird die Gewichtung definiert. Außerdem verzichten wir auf voreingestellte Korrekturen.[2]

```
library(psychmeta)

fe1 <- ma_r(Effekt_r, n = N, ma_method = "bb", wt_type = "sample_size",
         sample_id = Studie, correct_bias = F, var_unbiased = F,
         data = Meditation)

summary(fe1)

  Bare-bones meta-analysis results
  ---------------------------------------------------------------------

    analysis_id pair_id construct_x construct_y analysis_type k   N mean_r  sd_r
              1       1           X           Y       Overall 6 404  0.271 0.144
       se_r sd_res CI_LL_95 CI_UL_95 CR_LL_80 CR_UL_80
    0.0589 0.0887     0.12    0.423     0.14    0.402
```

Die Ausgabe enthält die Anzahl der Studien (*k*), die Gesamtstichprobengröße (*N*) und den mittleren gewichteten *r*-Wert, den Sie bereits kennen. Darüber hinaus erhalten wir einige Streuungsmaße (*sd_r*, *se_r* und *sd_res*), die wir bei der psychometrischen Metaanalyse im nächsten Abschnitt genauer besprechen. Das 95 %-Konfidenzintervall (*CI*) von 0.12 bis 0.42 überdeckt den wahren Effekt in der Population mit der Wahrscheinlichkeit von 95 %. Das Glaubwürdigkeitsintervall (*CR*) hingegen entstammt der bayesianischen Statistik und gibt hier an, dass der Populationsparameter mit einer Wahrscheinlichkeit von 80 % zwischen 0.14 und 0.40 liegt. Eine kurze Einführung zu Glaubwürdigkeitsintervallen geben Bortz und Döring (1995).

Die Fixed-Effects-Metaanalyse geht von der Grundannahme aus, dass ein einziger Populationseffekt allen in der Metaanalyse zusammengefassten Studien zugrunde liegt. Es gibt somit einen „festen" Effekt, den wir mit der Metaanalyse schätzen können. Diese Annahme ist allerdings häufig nicht plausibel, denn Studien unterscheiden sich in vielerlei Hinsicht. Beispielsweise werden Studien in verschiedenen Ländern der Welt, in unterschiedlichen Jahren oder mit Proband*innen verschiedenen Alters durchgeführt. Die Annahme, dass den Studien unterschiedliche Populationseffekte zugrunde liegen, bezeichnet man als *Random-Effects-Metaanalyse*, und diese Annahme ist mittlerweile die Ausgangsbasis für die Durchführung der meisten Metaanalysen. Das liegt nicht zuletzt daran, dass eine Random-Effects-Metaanalyse meist auch dann sinnvoll durchgeführt werden kann, wenn nur ein einziger Populationseffekt zugrunde liegt. Dennoch sollte die Entscheidung darüber, welche Metaanalyse durchgeführt wird, immer theoretisch begründet werden. Für die Random-Effects-Metaanalyse haben sich in der Psychologie zwei Ansätze etabliert: die psychometrische Metaanalyse nach Hunter und Schmidt (2004) und das H-O Modell, so bezeichnet nach ihren Urhebern (Hedges & Olkin, 1985).

2 Gerade bei kleinen Stichproben sind die Standardeinstellungen mit `correct_bias = TRUE` eher wünschenswert und `var_unbiased = FALSE` nutzt die Maximum-Likelihood-Schätzung für die Varianzbestimmung. Wir wählen hier Einstellungen, die die Vorgehensweise von Hunter und Schmidt (2004) repräsentieren.

2.3 Die psychometrische Metaanalyse

Kommen wir wieder auf die Effekte in Tabelle 2.2 zurück. Wir haben bereits festgestellt, dass die Studien in der Tabelle unterschiedliche Effektgrößen haben. Eine mögliche Erklärung für diese Variation könnte der Stichprobenfehler sein. Wenn wir allerdings Grund zu der Annahme haben, dass die Stichprobenwerte nicht aus derselben Population stammen, könnte dies eine weitere Ursache für die Variation der Effektgrößen sein. Das heißt, die Varianz von $r\left(\sigma_r^2\right)$ geht auf zwei Quellen zurück: den Stichprobenfehler $\left(\sigma_p^2\right)$ und unterschiedliche Populationseffekte $\left(\sigma_p^2\right)$.

$$\sigma_r^2 = \sigma_\rho^2 + \sigma_e^2$$

Das Ausmaß des Stichprobenfehlers kann, genau wie die Varianz unserer Effektgrößen $r\left(\sigma_r^2\right)$ mit den Informationen aus Tabelle 2.2 ausgerechnet werden. Dadurch erhalten wir eine Idee vom Ausmaß der Variation der Effekte zwischen verschiedenen Populationen $\left(\sigma_p^2\right)$. Wir berechnen hier die psychometrische Metaanalyse für die Werte der Tabelle 2.2 zunächst Schritt für Schritt und anschließend mit dem Paket *psychmeta*. Die entsprechenden Formeln sind von Hunter und Schmidt (2004) übernommen.

$$\sigma_r^2 = \frac{\sum_{i=1}^{k}\left[N_i\left(r_i - r_{Mittel}\right)^2\right]}{\sum_{i=1}^{k} N_i} \quad \text{und} \quad \sigma_e^2 = \frac{\left(1 - r_{Mittel}^2\right)^2}{\bar{N} - 1}$$

Wir berechnen diese Kennwerte zunächst mit R.

```
sigma2_e <- (1 - (r_mittel^2))^2 / (mean(Meditation$N) - 1)

sigma2_e

  0.01294066

sigma2_r <- sum(Meditation$N * ((Meditation$Effekt_r - r_mittel)^2)) /

sum(Meditation$N)

sigma2_r

  0.02083416

sigma2_rho <- sigma2_r - sigma2_e

sigma2_rho

  0.007893494
```

Nachdem wir die Varianz der Populationseffekte $\left(\sigma_p^2\right)$berechnet haben, gibt es zwei mögliche Interpretationen. Wenn der Wert für σ_p^2 nahe dem Wert 0 ist, gibt es keine Variation auf Basis verschiedener Populationen und wir können die gemittelte Effektgröße im Sinne einer Fixed-Effects-Metaanalyse interpretieren. Da die Varianz der Populationseffekte in diesem Fall als Differenz zwischen der Varianz der empirischen Effektgrößen und dem Standardfehler konzipiert ist, kann es auch vorkommen, dass sie negativ wird. Dieses Ergebnis wird üblicherweise wie der Wert 0 interpretiert. Ist der Wert allerdings deutlich größer als 0, stammen die Effekte mit hoher Wahrscheinlichkeit aus unterschiedlichen Populationen. In diesem Fall sollten anhand theoretischer Überlegungen die Variablen herausgefunden werden, die unterschiedliche Populationen charakterisieren. Hunter und Schmidt (2004) schlagen zudem vor, den Anteil der Varianz zu bestimmen ($Rel_{(r)}$), der nicht auf den Stichprobenfehler zurückgeht. Dieses Maß kann ebenfalls genutzt werden, um zu entscheiden, ob unterschiedliche Populationseffekte vorliegen oder nur ein einziger. Die Interpretation der entsprechenden Prozentwerte fällt oft leichter als die Entscheidung darüber, ob eine bestimmte Abweichung von 0 für σ_ρ^2 schon auf unterschiedliche Populationseffekte schließen lässt.

$$Rel_{(r)} = \frac{\sigma_\rho^2}{\sigma_r^2}$$

```
Rel_r <- sigma2_rho / sigma2_r
Rel_r
  0.3788728
```

Wir erhalten für unsere kleine Metaanalyse einen $Rel_{(r)} = 0.38$. Das bedeutet, dass 38 % der Variation in den Effekten nicht durch den zufälligen Stichprobenfehler erklärt werden können. Wir sollten also davon ausgehen, dass unseren Effekten unterschiedliche Populationen zugrunde liegen. An dieser Stelle kehren wir noch einmal zur Ausgabe unserer Fixed-Effects-Metaanalyse in *Abschnitt 2.2* zurück. Wir hatten dort die Interpretation einiger Streuungsmaße noch offengelassen. Die Standardabweichung des Effekts (*sd_r* = 0.144) ergibt sich als Wurzel der Varianz.

```
sqrt(sigma2_r)
  0.1443404
```

Der Standardfehler der Effekte (*se_r* = 0.0589) bezieht die Anzahl der Studien (in unserem Fall $k = 6$) ein.

```
sqrt(sigma2_r / 6)
  0.05892672
```

Die Standardabweichung der Residuen (*sd_res* = 0.0887) ist die Standardabweichung die übrig bleibt, nachdem die Varianz des Standardfehlers abgezogen wurde,[3] also die Standardabweichung der Populationseffekte (σ_ρ).

```
sqrt(sigma2_rho)
  0.05892673
```

Wir haben somit in unserer Metaanalyse festgestellt, dass ein gewisser Teil an Varianz nicht durch den Stichprobenfehler erklärt werden kann. Wenn der Stichprobenfehler die Gesamtvariation der gefundenen Effektgrößen erklären könnte, müsste die Varianz (und damit auch die Standardabweichung) der Populationseffekte ja 0 sein.

3 Tatsächlich wird im Paket *psychmeta* der Stichprobenfehler (σ_e^2) etwas anders berechnet, als bei Hunter und Schmidt (2004) angegeben. In *psychmeta* wird der Stichprobenfehler zusätzlich an der Größe jeder einzelnen Studie gewichtet, was streng genommen etwas genauer ist.

Um einen aggregierten Effekt für die Metaanalyse anzugeben, müssen wir nun überlegen, was die unterschiedlichen Populationen charakterisiert. Was könnte die Ursache dafür sein, dass die Varianz der Effekte in unseren Studien größer ist, als es durch das Wirken des Zufalls zu erwarten wäre? ▶*Tabelle 2.2* liefert uns einen Hinweis. Es wurden unterschiedliche Messungen für die AV vorgenommen. Vier Studien nutzten einen Fragebogen und zwei Studien[4] maßen die Herz-Raten-Variabilität physiologisch. Möglicherweise charakterisieren unterschiedliche Messungen unterschiedliche (Populations-)Effekte. Demzufolge kategorisieren wir unsere Effekte hinsichtlich der abhängigen Variable mit `moderators = AV` und führen erneut die Metaanalyse durch. Anschließend berechnen wir zudem $Rel_{(r)}$.

```
pm1 <- ma_r(Effekt_r, n = N, ma_method = "bb", wt_type = "sample_size",
            correct_bias = F, var_unbiased = F, moderators = AV,
            data = Meditation)

summary(pm1)
```

```
   Bare-bones meta-analysis results
   ---------------------------------------------------------------------
   analysis_type                          AV k   N mean_r   sd_r   se_r sd_res
   Overall                        All Levels 6 404  0.271 0.1443 0.0589 0.0887
   Simple Moderator               Fragebogen 4 304  0.213 0.1139 0.0569 0.0281
   Simple Moderator Heart Rate Variablity 2 100  0.448 0.0549 0.0388 0.0000
```

```
pm1_tab <- get_metatab(pm1)

pm1_tab$var_res / pm1_tab$var_r
```

```
   0.37754170  0.06099662 -3.32315226
```

Wir sehen, dass der Anteil an Varianz, der nicht auf den Stichprobenfehler zurückgeht, nun deutlich kleiner ist. Die Werte für $Rel_{(r)}$ sind in der Reihenfolge der Zeilen angegeben. Mit ca. 6 % für die Fragebogen und praktisch 0 % für die Herzratenvariabilität sind die Varianzen so gering, dass der gemittelte Schätzwert von $r = 0.21$ bzw. $r = 0.45$ als aggregierter Wert für den Effekt von Meditation auf das Stresserleben (in Abhängigkeit der Messmethode) betrachtet werden kann.

Wir haben an dieser Stelle nur die Grundidee und einen kleinen Ausschnitt der psychometrischen Metaanalyse vermittelt. Es gibt vielfältige Erweiterungen dieser Analyse. Beispielsweise kann die Reliabilität der Messmethode direkt einbezogen werden, wenn die entsprechenden Werte in der Literatur vorhanden sind. Auch verschiedenste Korrekturverfahren, die bei Hunter und Schmidt (2004) erläutert werden, sind möglich. Dahlke und Wiernik (2019) geben eine Einführung in die vielfältigen Möglichkeiten der Metaanalyse mit *psychmeta*.

4 Eine Metaanalyse mit lediglich zwei Studien durchzuführen ist in der Praxis natürlich zu wenig. Wir verwenden diese kleine Auswahl lediglich zur Demonstration.

2.4 Das H-O Modell

Mit dem H-O Modell kann man sowohl die Fixed-Effects-Metaanalyse als auch die Random-Effects-Metaanalyse durchführen. Wir konzentrieren uns hier auf die zweite Möglichkeit. Dabei ist die zentrale Annahme, dass es nicht nur einen einzigen wahren Effekt gibt, sondern eine Normalverteilung von wahren Effekten. Diese Verteilung wird auch als Superpopulation bezeichnet. Das Ziel einer (Random-Effects-)Metaanalyse nach dem H-O Modell ist die Schätzung des Mittelwerts μ und der Varianz τ^2 dieser Superpopulation.[5] Folglich setzt sich das empirisch gefundene Ergebnis T_i einer Studie (z. B. der Korrelationskoeffizient einer Studie) aus drei Quellen zusammen: dem Mittelwert der Superpopulation μ, der Abweichung von der Superpopulation ε_i und der Abweichung von der Population e_i.

$$T_i = \mu + \varepsilon_i + e_i$$

Es gibt also im H-O Modell zwei Arten von Variationen. Zum einen die Varianz τ^2 der Superpopulation (charakterisiert durch Heterogenität zwischen verschiedenen Studien) und zum anderen die Varianz V, die den Stichprobenfehler innerhalb einer Studie charakterisiert. In Abhängigkeit dieser beiden Varianzquellen soll nun der gemittelte Effekt berechnet werden. Die Logik dahinter kennen Sie schon von den gewichteten Mittelwerten: Große Studien haben einen vergleichsweise kleinen Stichprobenfehler und sollten mehr Gewicht erhalten. Zusätzlich wird auch die Varianz zwischen den Studien berücksichtigt. Ist diese sehr klein, sollte die Wirkung großer Stichproben nochmals stärker gewichtet werden, denn alle Werte der Superpopulation liegen dann nahe beieinander. Der Gewichtungsfaktor berechnet sich mit:

$$W_i^* = \frac{1}{V_i + \tau^2}$$

Die Formeln zur Berechnung der Varianzen finden sie in Borenstein et al. (2010), Sedlmeier und Renkewitz (2018) oder in unserem R-Code. Zunächst bestimmen wir die Varianzen der Effekte der einzelnen Studien (V_i).

```
Vi <- ((1 - (Meditation$Effekt_r^2))^2) / (Meditation$N - 1)

round(Vi, 4)

  0.0075 0.0269 0.0140 0.0108 0.0156 0.0102
```

Alternativ können wir auch die Funktionen für Effektgrößen (*Abschnitt 2.1*) nutzen. Hier ermitteln wir die Varianz von r für die erste Studie mit $r = 0.32$ und $N = 108$.

```
res(0.32, n = 108, dig = 4)

  r [ 95 %CI] = 0.32 [ 0.1395 , 0.48 ]
    var(r) = 0.0075
    p-value(r) = 0.001
```

5 Wir folgen bei den Bezeichnungen im H-O Modell Borenstein et al. (2010).

Nun muss noch die Varianz der Superpopulation τ^2 bestimmt werden.

```
W <- 1 / Vi
Q <- sum(W * (Meditation$Effekt_r^2)) -
  (((sum(W * Meditation$Effekt_r))^2) / sum(W))
C <- sum(W) - (sum(W^2) / sum(W))
df <- length(Meditation$Effekt_r) - 1
Tau2 <- (Q - df) / C
Tau2
```

```
0.01358557
```

Abschließend berechnen wir die Gewichtung und den Mittelwert.

```
W_i_stern <- 1 / (Vi + Tau2)
weighted.mean(x = Meditation$Effekt_r, w = W_i_stern)
```

```
0.2816332
```

Der Mittelwert der Superpopulation beträgt $r = 0.28$. Alternativ können wir die Funktion `rma` aus dem Paket *metafor* (Viechtbauer, 2010) nutzen. Diese Funktion ist sehr flexibel und kann an die zur Verfügung stehenden Daten angepasst werden. Mit `measure = "COR"` definieren wir unsere Effektgröße, mit `ri` übergeben wir die Effektgrößen und `ni` bzw. `vi` wird zur Berechnung der Gewichtung benötigt. Um unser Beispiel exakt zu reproduzieren, muss das Argument `method = "DL"` definiert werden. Damit wird die Varianz der Superpopulation (τ^2) nach DerSimonian und Laird (1986) bestimmt.[6]

```
library(metafor)
ho_mod1 <- rma(measure = "COR", ri = Effekt_r, ni = N, method = "DL",
               data = Meditation)
ho_mod1
```

```
Random-Effects Model (k = 6; tau^2 estimator: DL)

tau^2 (estimated amount of total heterogeneity): 0.0136 (SE = 0.0167)
tau (square root of estimated tau^2 value):      0.1166
I^2 (total heterogeneity / total variability):   52.25%
H^2 (total variability / sampling variability):  2.09

Test for Heterogeneity:
Q(df = 5) = 10.4707, p-val = 0.0629

Model Results:

estimate      se    zval    pval   ci.lb   ci.ub
  0.2816  0.0666  4.2305  <.0001  0.1512  0.4121  ***
```

Die Ausgabe gibt uns zunächst die Merkmale der Metaanalyse an. Mit τ^2 und τ erhalten wir die Varianz bzw. Standardabweichung der Superpopulation. Das Heterogenitäts-

6 In der Literatur existieren diverse Formeln, um die Varianz der Superpopulation zu schätzen. Eine Übersicht gibt Viechtbauer et al. (2015).

maß I^2 zeigt an, dass ca. 52 % der Variation in den Effekten (der analysierten Studien) auf unterschiedliche Effekte zurückgehen, was auf eine große Streuung der Superpopulation deutet. Das Heterogenitätsmaß Q (wir haben es bereits oben berechnet) kann mit einem X^2-Test geprüft werden (H0: Alle Studien haben den gleichen Effekt.). Bei einer Irrtumswahrscheinlichkeit von 5 % ist der Test in unserem Beispiel nicht signifikant. Allerdings ist die Aussagekraft des Tests umstritten. Bei kleinen Metaanalysen, die in der Praxis die Regel und nicht die Ausnahme sind, zeigt dieser Test eine zu geringe Power. Das Hauptaugenmerk der Interpretation liegt neben der Heterogenität auf der gemittelten Effektstärke (hier $r = 0.28$). Auch diese kann auf Signifikanz geprüft werden bzw. mit dem 95 %-Konfidenzintervall von 0.15 bis 0.41 interpretiert werden. In unserem Fall zeigt sich ein recht großes Konfidenzintervall bei einer großen Heterogenität der Studien, aber einem Effekt, der von 0 verschieden ist (bei $\alpha = 5$ %).

Bei der psychometrischen Metaanalyse haben wir festgestellt, dass die AV eine moderierende Variable darstellt (*Abschnitt 2.3*). Im Paket *metafor* können wir Moderatoren mit dem Argument `mods` in die Analyse integrieren. Der Moderator wird wie bei einer Regression mit der Tilde (~) in die Funktion einbezogen.

```
ho_mod2 <- rma(measure = "COR", ri = Effekt_r, ni = N, method = "DL",
               mods = ~ AV, data = Meditation)

ho_mod2
  Mixed-Effects Model (k = 6; tau^2 estimator: DL)

  tau^2 (estimated amount of residual heterogeneity):     0.0019 (SE = 0.0103)
  tau (square root of estimated tau^2 value):             0.0440
  I^2 (residual heterogeneity / unaccounted variability): 13.24%
  H^2 (unaccounted variability / sampling variability):   1.15
  R^2 (amount of heterogeneity accounted for):            85.78%

  Test for Residual Heterogeneity:
  QE(df = 4) = 4.6105, p-val = 0.3296

  Test of Moderators (coefficient 2):
  QM(df = 1) = 5.2181, p-val = 0.0224

  Model Results:

                           estimate      se    zval    pval   ci.lb   ci.ub
  intrcpt                    0.2154  0.0591  3.6419  0.0003  0.0995  0.3313  ***
  AVHeart Rate Variablity    0.2383  0.1043  2.2843  0.0224  0.0338  0.4428    *
```

Wir erkennen sofort, dass die Heterogenität aufgrund des Moderators abnimmt. Das belegt auch die neue Zeile für R^2, die besagt, dass fast 86 % der Varianz durch die AV aufgeklärt werden. Die Effekte werden nun wie eine Regression mit Dummykodierung (Sedlmeier und Burkhardt, 2021) interpretiert. Der aggregierte Effekt für die Fragebogenstudien beträgt $r = 0.22$ und der Effekt für die Herzratenvariabilität $r = 0.22 + 0.24 = 0.46$. Im Vergleich mit der psychometrischen Metaanalyse zeigen sich nahezu identische Ergebnisse. Sowohl die psychometrische Metaanalyse als auch das H-O Modell bieten gute Möglichkeiten, den Einfluss weiterer Drittvariablen zu kontrollieren und Varianz aufzudecken, die über den Stichprobenfehler hinausgeht.

2.5 Visualisierung von Metaanalysen – der Forest-Plot

Typischerweise finden Sie in publizierten Metaanalysen eine grafische Aufbereitung der Ergebnisse in Form eines Forest-Plots. Im Forest-Plot werden die Effekte und deren Varianz bzw. Konfidenzintervalle in Abhängigkeit von der jeweiligen Studie dargestellt. Darüber hinaus wird die aggregierte Effektgröße mit dem entsprechenden Konfidenzintervall visualisiert.

2.5.1 Forest-Plots mit *psychmeta*

Um für die psychometrische Metaanalyse mit *psychmeta* einen Forest-Plot zu erzeugen, müssen wir die Funktion `plot_forest` auf das Ergebnis der Metaanalyse anwenden. Damit werden die notwendigen grafischen Parameter berechnet. Anschließend können wir mit `get_plots` die Grafik erzeugen. Wir führen dies nun für die psychometrische Metaanalyse mit Moderator durch (▶*Abbildung 2.1*). Beachten Sie, dass dabei mehrere Grafiken erzeugt werden und wir hier die erste dieser Grafiken angeben, die in Abhängigkeit des Moderators die Studienergebnisse darstellt. In R erhalten Sie außerdem die einzelnen Forest-Plots ohne Wirkung des Moderators.

```
pm1 <- plot_forest(pm1)

get_plots(pm1)$forest
```

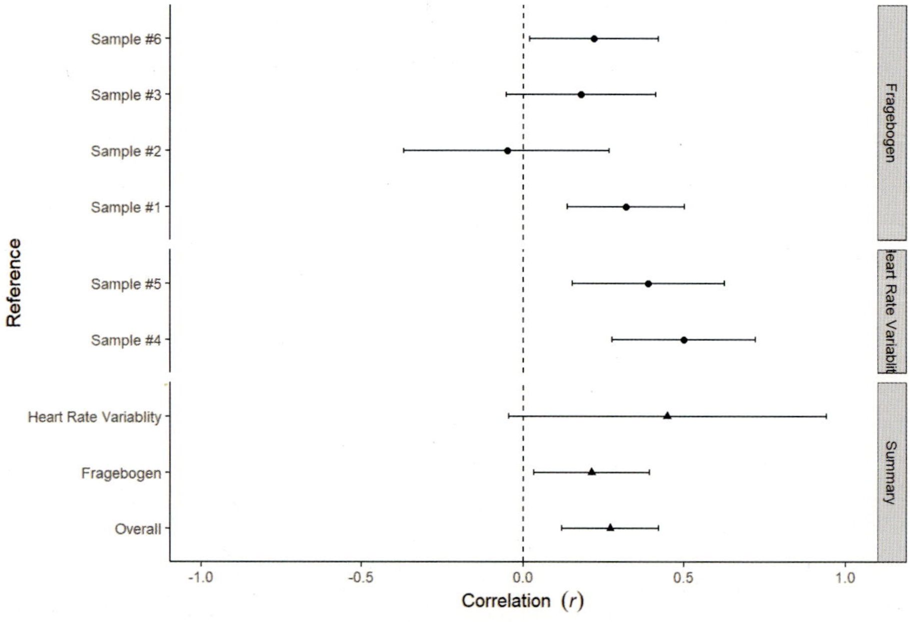

Abbildung 2.1: Forest-Plot der psychometrischen Metaanalyse mit 95 %-Konfidenzintervallen.

2.5.2 Forest-Plots mit *metafor*

Auch für das H-O Modell können Sie den Forest-Plot mit der Funktion `forest` aus dem Paket *metafor* zeichnen lassen. Diese Grafik enthält auch die Grenzen der 95 %-Konfidenzintervalle. Hier ist der jeweilige Effekt des Moderators grau unterlegt (▶*Abbildung 2.2*).

```
forest(ho_mod2, slab = Meditation$Studie)
```

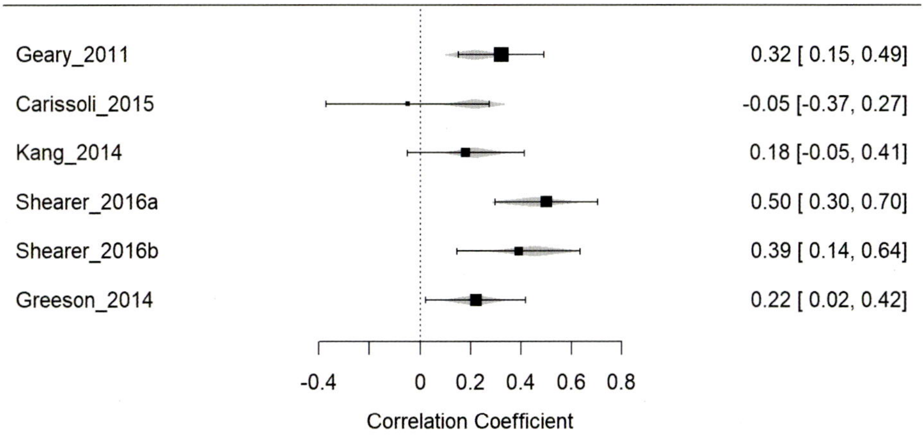

Abbildung 2.2: Forest-Plot der Metaanalyse mit dem H-O Modell mit 95 %-Konfidenzintervallen.

2.6 Umgang mit dem Publikationsbias

Metaanalysen basieren auf den ausgewerteten Studienergebnissen. Dabei können systematische Probleme auftreten. Besonders prominent ist der Publikationsbias. Darunter versteht man eine Verzerrung des Ergebnisses, wenn vor allem Studien mit signifikanten Effekten publiziert werden. In den Datenbanken für wissenschaftliche Artikel finden Sie dann auch nur diese Studien. Die unveröffentlichten Arbeiten (eher Arbeiten mit einem kleinen oder keinem Effekt) sind dagegen nicht in den Datenbanken und sind demnach auch kein Bestandteil Ihrer Analyse. Das verzerrt die Schlussfolgerungen und der Effekt der Metaanalyse wird typischerweise überschätzt. Mittlerweile hat sich in der Psychologie eine große Diskussion darüber entfaltet, wie dem Publikationsbias entgegengewirkt werden kann. Zum einen kann mit konzeptionellen Veränderungen wie der Präregistrierung von Studien oder der Veröffentlichung von Datenmaterial versucht werden, den Publikationsbias zu verhindern. Zum anderen wird mit statistischen Methoden versucht, das Ausmaß des Bias zu diagnostizieren und ggf. gegenzusteuern (eine ausführliche Diskussion ist bei Sedlmeier und Renkewitz, 2018 dargestellt). Für Letzteres zeigen wir hier einige Diagnosemöglichkeiten. Dafür haben wir zwei prototypische Datensätze erstellt: *pub_bias0* (ohne Publikationsbias) und *pub_bias1* (mit Publikationsbias, hier wurden alle nicht signifikanten Ergebnisse entfernt), um die Wirkung zu demonstrieren. Die gemittelten gewichteten Effekte einer Fixed-Effects-Metaanalyse verdeutlichen die Verzerrung durch den Publikationsbias.

```
weighted.mean(pub_bias0$r, pub_bias0$N)
  0.2372677
weighted.mean(pub_bias1$r, pub_bias1$N)
  0.291641
```

2.6.1 Funnel-Plot

Eine Möglichkeit zur Überprüfung des Vorliegens eines Publikationsbias ist der Funnel-Plot. Bei dieser grafischen Methode wird die Effektgröße auf der x-Achse dargestellt und der Standardfehler auf der y-Achse (manchmal werden auch andere, mit der Stichprobengröße korrespondierende Kennwerte genutzt). Wenn keine Verzerrung vorliegt, sollte sich um den gemittelten Effekt eine symmetrische, trichterförmige (funnel) Verteilung der einzelnen Studien bilden. Das systematische Fehlen kleiner Studien mit kleinem Effekt hingegen deutet auf einen Publikationsbias hin. Wir erstellen zunächst den Funnel-Plot mit dem Paket *psychmeta* und `get_plots` für den Datensatz ohne Publikationsbias (▶*Abbildung 2.3*).

```
pb0_meta <- ma_r(r, n = N, ma_method = "bb", data = pub_bias0)
pb0_meta <- plot_funnel(pb0_meta)
get_plots(pb0_meta)$funnel
```

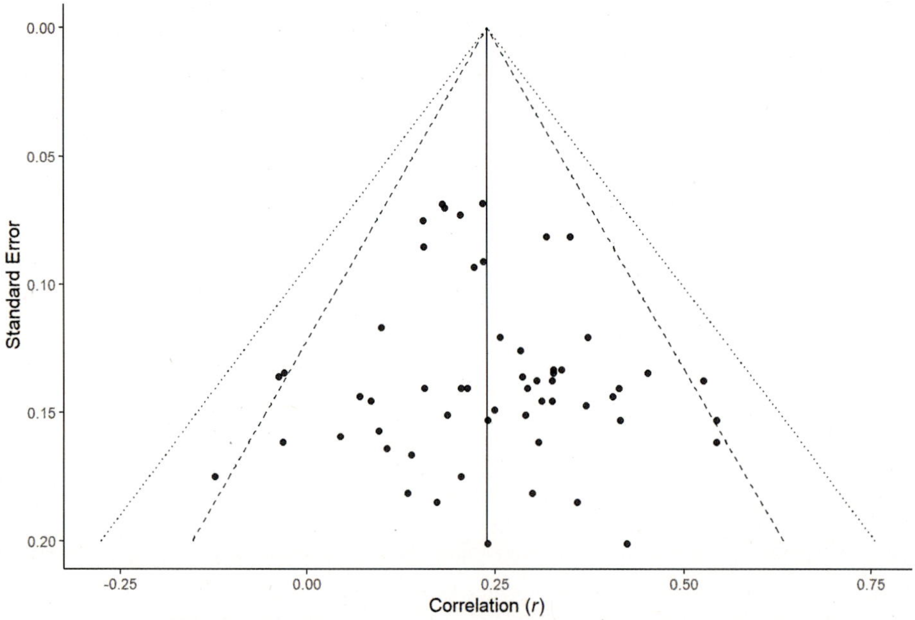

Abbildung 2.3: Funnel-Plot für 56 Korrelationskoeffizienten einer Metaanalyse. Die zufällige Verteilung innerhalb des Trichters deutet nicht auf einen Publikationsbias hin.

Für die Darstellung des Funnel-Plots für einen Datensatz mit Publikationsbias benutzen wir die Funktion `funnel` aus dem Paket *metafor*.

```
pbl_meta <-  rma(measure = "COR", ri = r, ni = N,
                 data = pub_bias1)

funnel(pbl_meta)
```

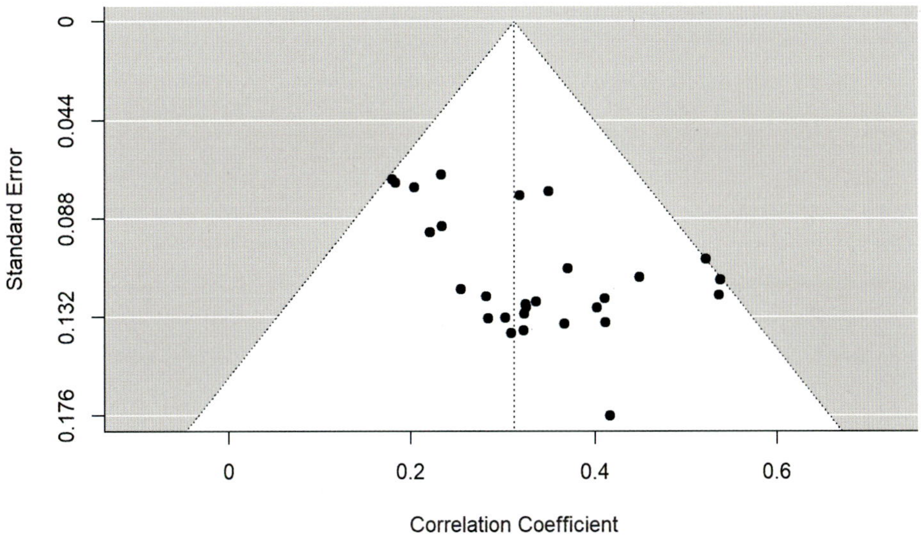

Abbildung 2.4: Funnel-Plot für 28 Korrelationskoeffizienten einer Metaanalyse. Im linken unteren Bereich des Trichters fehlen systematisch Studien. Ein deutlicher Hinweis auf einen Publikationsbias.

Wenn Sie eine Metaanalyse durchführen, sind die Daten meist nicht so prototypisch wie unsere. Entsprechend schwierig ist es, die Asymmetrie des Funnel-Plots zu bewerten. Egger et al. (1997) schlagen daher einen regressionsbasierten Test für die Asymmetrie vor. Dabei werden die standardisierten Effektstärken durch die Genauigkeit des Ergebnisses (der inverse Standardfehler) vorhergesagt. Die Regressionskonstante (Intercept) repräsentiert den Wert des Effekts, wenn die Genauigkeit der Studie 0 ist. Bei einer verzerrten Studienauswahl gibt es hingegen sehr viele kleine Studien mit großen Effekten. Das führt zu einer großen positiven Abweichung der Regressionskonstante von 0. Der Test lässt sich mit der Funktion `regtest` anwenden.

```
regtest(pbl_meta, model = "lm")

   Regression Test for Funnel Plot Asymmetry

   Model:     weighted regression with multiplicative dispersion
   Predictor: standard error

   Test for Funnel Plot Asymmetry: t = 3.6613, df = 26, p = 0.0011
   Limit Estimate (as sei -> 0):   b = 0.0833 (CI: -0.0462, 0.2128)
```

Der *Test for Funnel Plot Asymmetry* testet, ob die Konstante von dem Wert 0 abweicht (H0: Die Regressionskonstante $b_0 = 0$). Ein signifikantes und positives Ergebnis wie in unserem Beispiel deutet auf das Vorliegen einer Asymmetrie hin. Ergänzend wird auch noch der Anstieg der Regressionsgeraden $b = 0.08$ angegeben. Es existieren noch vielfältige Erweiterungen zum regressionsbasierten Ansatz, die wir an dieser Stelle aber nicht vertiefen können. Einen Überblick geben Macaskill et al. (2001).

2.6.2 Trim-and-fill

Liegt eine Asymmetrie vor, ist davon auszugehen, dass die Schätzungen der Metaanalyse falsch sind. Daher wurde als Erweiterung des Funnel-Plots die Trim-and-fill-Methode von Duwal und Tweedie (2000) vorgestellt. Dabei wird (vereinfacht gesagt) ein asymmetrischer Funnel-Plot so „aufgefüllt", dass dieser wieder symmetrisch ist. Auch diese Methode ist in *metafor* mit der Funktion `trimfill` implementiert. Zur Veranschaulichung geben wir den Funnel-Plot nach der Trim-and-fill-Methode an.

```
pb1_meta_tf <- trimfill(pb1_meta)

funnel(pb1_meta_tf)
```

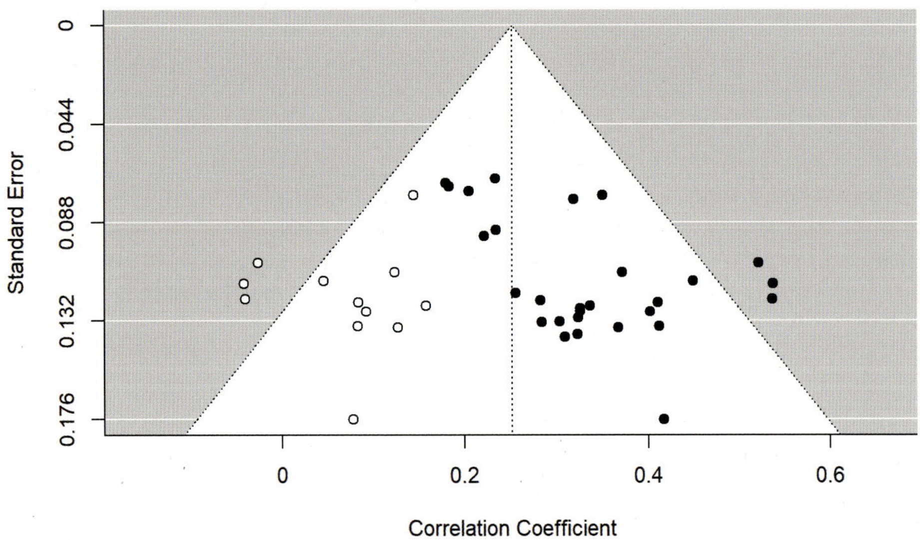

Abbildung 2.5: Funnel-Plot mit Trim-and-fill. Weiße Punkte sind nachträglich erzeugte Studien, um die Verzerrungen (Asymmetrie) zu reduzieren.

Die Funktion führt gleichzeitig eine Metaanalyse inklusive der „neu erzeugten" Studien durch. Wir sehen, dass die Schätzwerte für die Effekte von $r = 0.31$ (das Ergebnis der Random-Effects-Metaanalyse nach dem H-O Modell) auf $r = 0.25$ korrigiert wurden (wir geben hier nur *Model Results* an).

```
pb1_meta_tf

  Model Results:
  estimate      se     zval    pval   ci.lb   ci.ub
    0.2514  0.0232  10.8132  <.0001  0.2058  0.2969  ***
```

2.6.3 *p*-Uniform

Zwei neuere Verfahren gegen verzerrte Schätzungen sind *p*-Uniform und *p*-Curve. Da beide Verfahren derselben Logik folgen, werden wir uns hier nur *p*-Uniform widmen, welches ausführlich von Van Assen et al. (2015) vorgestellt wurde. Außerdem gibt es für das Verfahren eine direkte Implementierung in R mit dem Paket *puniform*. Das statistische Prinzip hinter *p*-Uniform ist die Gleichverteilung von *p*-Werten unter der Nullhypothese. Wir demonstrieren das mithilfe einer kleinen Monte-Carlo-Simulation von 1000 *t*-Tests mit einem Effekt von $d = 0$, also einer gültigen Nullhypothese (mehr dazu finden Sie in ▶*Kapitel 10*). Wir haben die dabei zufällig auftretenden *p*-Werte in einem Histogramm dargestellt und die Gleichverteilung ist gut erkennbar (▶*Abbildung 2.6*).

```
set.seed(61)

hist(
  replicate(1000, t.test(rnorm(30, 0, 1))$p.value),
  main = "p-Werte bei d = 0", xlab = "p-Wert"
  )
```

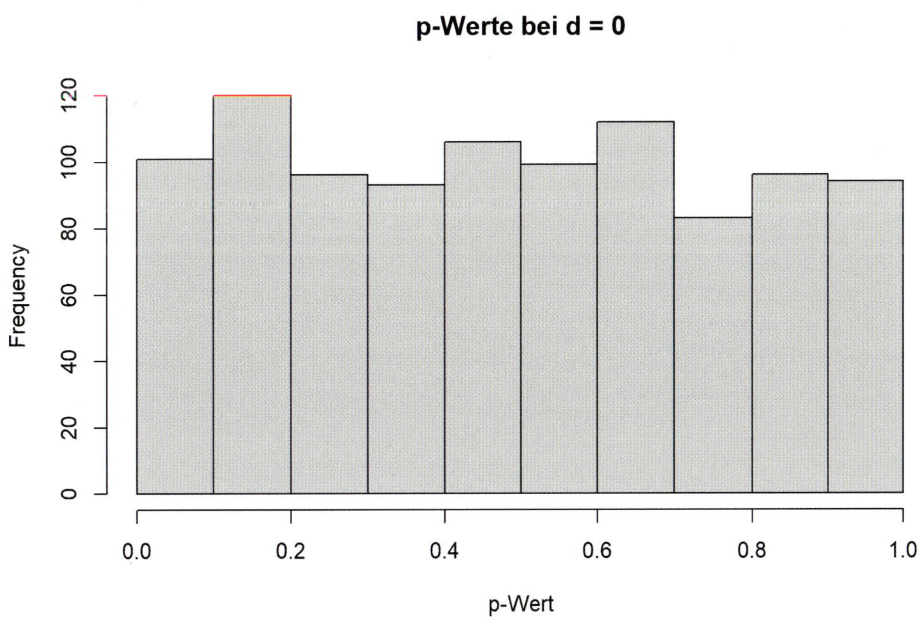

Abbildung 2.6: Gleichverteilung von 1000 zufälligen *p*-Werten bei d = 0.

In der Abbildung haben wir den gesamten Wertebereich benutzt. Sie können die Verteilung auch nur für die signifikanten *p*-Werte erzeugen (erhöhen Sie dafür ggf. die Anzahl der Tests), denn *p*-Uniform untersucht nur die mutmaßlich unverzerrte Verteilung der signifikanten *p*-Werte. Folgen die signifikanten *p*-Werte einer Gleichverteilung, liegt kein Effekt in der Population vor. In einer Metaanalyse ist das aber selten der Fall. Betrachten wir einmal die Verteilung der *p*-Werte des Datensatzes *pub_bias1* (▶*Abbildung 2.7*).

```
hist(pub_bias1$p)
```

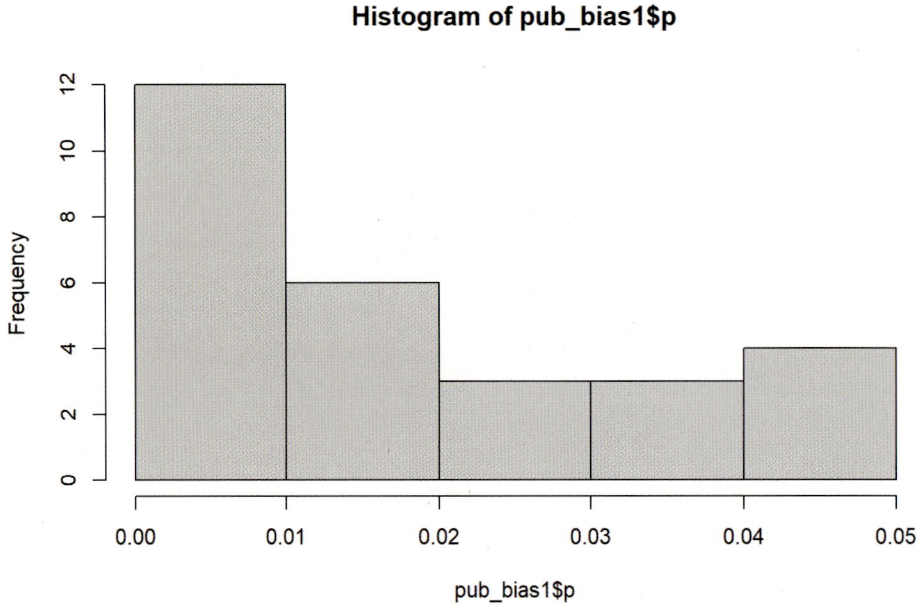

Abbildung 2.7: Histogramm der signifikanten *p*-Werte mit rechtsschiefer Verteilung.

Offensichtlich sind die signifikanten *p*-Werte nicht gleichverteilt. Rechtsschiefe Verteilungen treten dann auf, wenn der Populationseffekt größer als 0 ist (probieren Sie das mit einer kleinen Simulation aus). Mit der Funktion `punfirm` aus dem gleichnamigen Paket kann die zugrunde liegende Effektstärke aus der gefundenen Verteilung der signifikanten *p*-Werte geschätzt werden.

```
library(puniform)

puniform(ri = pub_bias1$r, ni = pub_bias1$N, side = "right")

  Method: P

  Effect size estimation p-uniform

        est     ci.lb     ci.ub       L.0      pval     ksig
     0.1778    0.0668    0.2636   -2.8016    0.0025      28
```

```
===

Publication bias test p-uniform

      L.pb      pval
    2.8554    0.0021

===

Fixed-effect meta-analysis

    est.fe     se.fe    zval.fe pval.fe  ci.lb.fe  ci.ub.fe     Qstat     Qpval
     0.302    0.0221    13.6925   <.001    0.2587    0.3452   23.5857    0.6532
```

Die Ausgabe zeigt uns unter *est* den neuen Schätzwert von $r = 0.18$ an. Dieser ist etwas kleiner als der tatsächliche Wert. Zum Vergleich können wir den Wert der Fixed-Effects-Metaanalyse $r = 0.30$ heranziehen. Der *Publication bias test* prüft die Nullhypothese, dass die *p*-Werte einer Gleichverteilung folgen. Im gleichen Paket findet sich auch die Funktion `p_unif_star`, die als Erweiterung der Methode neben den signifikanten auch nicht signifikante *p*-Werte in die Analyse einbezieht und damit zu besseren Schätzungen führt (van Aert & van Assen, 2020). Allerdings sind *p*-Uniform (und *p*-Curve) nicht ohne Widerspruch geblieben. So kann das Verfahren streng genommen z. B. nur bei geringer Heterogenität der Effekte (Fixed-Effects-Metaanalyse) genutzt werden (McShane et al. 2016).

Zusammenfassung

Eine Metaanalyse ist eine Zusammenfassung vieler einzelner Studien eines Gegenstandbereichs. Das Hauptergebnis ist eine gemittelte und gewichtete Effektgröße, die zuverlässiger sein sollte als das Ergebnis einer einzelnen Studie. Da die Studien nicht immer alle aus der gleichen Population stammen müssen, können Random-Effects-Metaanalysen durchgeführt werden. In R haben wir die psychometrische Metaanalyse (*psychmeta*) und das H-O Modell mit *metafor* vorgestellt. Auch Moderatoren können in die Analysen einbezogen werden und zur Erklärung der Effekte beitragen. Zur Ergebnisdarstellung bietet sich der Forest-Plot an, der direkt aus den Ergebnissen erzeugt werden kann. Mit dieser Grafik lässt sich sehr gut ein Eindruck über die Aggregation der einzelnen Studienergebnisse gewinnen. Die Vertrauenswürdigkeit einer Metaanalyse hängt nicht zuletzt von der Qualität und Vollständigkeit der einbezogenen Studien ab. Mit dem Funnel-Plot lassen sich Auffälligkeiten hinsichtlich des Publikationsbias diagnostizieren und mit den Methoden Trim-and-fill bzw. *p*-Uniform kann man diesem Phänomen (zumindest partiell) entgegenwirken.

Die R-Funktionen in diesem Kapitel

In diesem Kasten stellen wir Ihnen die Funktionen, die wir in diesem Kapitel benutzt haben, noch einmal zusammen. Wenn Funktionen nicht schon vorinstalliert sind, werden sie zusammen mit dem Paket, aus dem sie stammen, aufgelistet (`Paket::Funktion`). Funktionen, die Sie bereits aus früheren Kapiteln kennen, sind hier weggelassen.

Funktion	Kurze Beschreibung
`compute.es::des`	Berechnet alle Pfadkoeffizienten
`esc::esc_mead_sd`	Berechnet die konfirmatorische Faktorenanalyse
`esc::est_t`	Gibt die Gütemaße des Strukturgleichungsmodells aus
`metafor::rma`	Metaanalyse nach dem H-O Modell (Random-Effects-Metaanalyse)
`metafor::forest`	Forest-Plot für das Ergebnis einer Random-Effects-Metaanalyse
`metafor::funnel`	Funnel-Plot für das Ergebnis einer Random-Effects-Metaanalyse
`metafor::trimfill`	Auffüllen potenziell fehlender Studien
`metafor::regtest`	Eggers-Test auf Asymmetrie des Funnel-Plots
`psychmeta::ma_r`	Psychometrische Metaanalyse für die Effektgröße *r*
`psychmeta::get_metatab`	Hilfsfunktion, um weitere Informationen an das Ergebnis einer psychometrischen Metaanalyse anzubinden
`psychmeta::plot_forest`	Hilfsfunktion, um einen Forest-Plot für eine psychometrische Metaanalyse vorzubereiten
`psychmeta::plot_funnel`	Hilfsfunktion, um einen Funnel-Plot für eine psychometrische Metaanalyse vorzubereiten.
`puniform::puniform`	Schätzung der Effektgröße anhand der signifikanten *p*-Werte mit *p*-Uniform

Ergänzende und weiterführende Literatur

Borenstein, M., Hedges, L. V., Higgins, J. P., & Rothstein, H. R. (2010). A basic introduction to fixed-effect and random-effects models for meta-analysis. *Research synthesis methods, 1*(2), 97-111.

Grundlegende Einführung zur Random-Effects-Metaanalyse

Harrer, M., Cuijpers, P., Furukawa, T.A., & Ebert, D.D. (2021). *Doing Meta-Analysis with R: A Hands-On Guide.* Boca Raton, FL and London: Chapmann & Hall/CRC Press.

Ausführliche Erläuterungen zur Metaanalyse mit R mit weiteren Paketen und eigenen Skripten

Hunter, J. E., & Schmidt, F. L. (2004). *Methods of meta-analysis: Correcting error and bias in research findings.* Sage.

Grundlegende Einführung zur psychometrischen Metaanalyse

Sedlmeier, P. & Renkewitz, F. (2018). *Forschungsmethoden und Statistik: Ein Lehrbuch für Psychologen und Sozialwissenschaftler* (3. überarbeitete und erweiterte Auflage). Hallbergmoos: Pearson.

Allgemeine Einführung zur Metaanalyse

Resampling-Verfahren: Bootstrap und Randomisierungstests

3

ÜBERBLICK

Lernziele

Nach dem Durcharbeiten dieses Kapitels sollen Sie sowohl in der Lage sein, Resampling-Verfahren mit bereits vorhandenen R-Funktionen durchzuführen, also auch einfache Funktionen zu diesem Zweck selbst zu erstellen. Insbesondere sollen Sie

- die Funktion `boot` zur Durchführung der Bootstrap-Prozedur für beliebige Kennwerte benutzen können,
- die Funktionen `lmPerm` und `coin` für Randomisierungstest-Alternativen bekannter Testverfahren verwenden können und
- einfache eigene Funktionen für Bootstrap-Prozeduren und Randomisierungstests erstellen können.

Resampling-Verfahren sind eine Alternative zur herkömmlichen Inferenzstatistik, also zur Konstruktion von Konfidenzintervallen und zur Durchführung von Signifikanztests auf der Basis theoretisch hergeleiteter Stichprobenverteilungen. Im Gegensatz dazu werden bei Resampling-Verfahren Stichprobenverteilungen durch wiederholte Zufallsziehungen (Resampling) aus einer oder mehreren Stichproben empirisch erzeugt. Etwas vereinfacht könnte man sagen, dass dabei die Stichprobe wie die Population behandelt wird, aus der diese Stichprobe stammt. Das macht auch Sinn, wenn die Werte in der Stichprobe repräsentativ für die jeweilige Population sind, was man beispielsweise bei Zufallsstichproben erwarten kann.[1]

Resampling-Verfahren haben zwei entscheidende potenzielle Vorteile gegenüber der konventionellen Vorgehensweise. Zum einen sind sie nicht an bestimmte Voranahmen gebunden, wie beispielsweise die Annahme, dass die Werte, um die es geht, in der Population normalverteilt sind, oder dass die (Populations-)Varianzen der Gruppen, die verglichen werden sollen, gleich sind.[2] Das sind zentrale Annahmen bei parametrischen Verfahren, wie etwa *t*-Test und Varianzanalyse. Aber auch nonparametrische Tests sind in der Regel nicht frei von Vorannahmen (siehe z. B. Karch, 2021, für den Mann-Whitney *U*-Test). Der zweite Vorteil ist, dass mit Resampling-Verfahren beliebige Kenngrößen untersucht werden können – nicht nur die üblichen Mittelwerte, Mittelwertsunterschiede, Anteile oder Korrelationen, für die entsprechende theoretisch abgeleitete Stichprobenverteilungen vorliegen. Für Resampling-Verfahren ist eine solche Ableitung nicht notwendig: Die Stichprobenverteilungen werden empirisch durch Simulationen erzeugt.

1 Hinsichtlich der Annahme, dass eine Stichprobe repräsentativ für die Population ist, unterscheiden sich Resampling-Verfahren auch nicht von der herkömmlichen Inferenzstatistik.

2 Das stimmt allerdings nicht generell. Es gibt beispielsweise auch parametrische Versionen des Bootstrap, bei denen Annahmen über Populationsparameter eine Rolle spielen, und auch bei Randomisierungstests werden manchmal Zusatzannahmen getroffen. Mehr dazu weiter unten.

Wir werden uns hier auf den Bootstrap und Randomisierungstests beschränken (für Hintergrundinformationen und weitere Resampling-Verfahren siehe Good, 2006; Manly, 2018; Reimer, 2007; Rodgers, 1999). Üblicherweise werden Bootstrap-Verfahren für das Schätzen von Konfidenzintervallen benutzt und Randomisierungstests, wie der Name schon nahelegt, zum Signifikanztesten. Unser Eindruck ist, dass der Bootstrap weit häufiger benutzt wird als Randomisierungstests. Man findet Bootstrap-Verfahren als Bestandteile einiger R-Pakete, wie etwa für die Durchführung von Regressionsanalysen (Fox & Weisberg, 2019, Paket *car*), Mediatoranalysen (Tingley et al., 2014, Paket *mediation*), Metaanalysen (Viechtbauer, 2021, Paket *metafor*, siehe *Kapitel 2*) oder Strukturgleichungsanalysen (Rossseel, 2012; Paket *lavaan*). Auch Randomisierungstests finden sich vereinzelt, etwa im Rahmen des Pakets *SCRT* zur Einzelfallanalyse (Bulte et al, 2020).

Um Ihnen einen Eindruck von der Flexibilität der Resampling-Verfahren zu vermitteln, werden wir hier jedoch zunächst kurz erläutern, wie Sie selbst beliebige Resampling-Verfahren „per Hand" durchführen können. Danach illustrieren wir den Gebrauch von vordefinierten Funktionen für Bootstrap und Randomisierungstests.

3.1 Resampling „per Hand"

Um Resampling-Verfahren selbst zu programmieren, benötigen Sie Grundwissen zum Erstellen von Funktionen in R. Falls Sie schon Erfahrung damit haben, können Sie den folgenden Absatz überspringen. Für unsere anderen Leser*innen geben wir eine kurze Einführung anhand von Beispielen.

3.1.1 Funktionen erstellen in R

Alle R-Funktionen haben eine einheitliche Struktur und viele arbeiten mit Bedingungen und Schleifen. Wir sehen uns diese drei Aspekte (Struktur, Bedingungen und Schleifen) der Reihe nach an.

Die Struktur von Funktionen

R-Funktionen haben einen Namen, bekommen Argumente zugewiesen, führen eine oder mehrere Anweisungen durch und geben nach der Durchführung einen Wert zurück. Beginnen wir mit einem Beispiel: eine Funktion, die uns grüßen soll. Um die Sache etwas abwechslungsreicher zu gestalten, soll die Funktion den Gruß zufällig aus einer vorgegebenen Liste von Grüßen auswählen. Für die Zufallsauswahl benutzen wir die schon vordefinierte Funktion `sample` und illustrieren den Gebrauch von Kommentaren (alles, was hinter `#` steht).

```
Gruss <- function(Grussliste) {
  # mit '#' kann man Kommentare einfügen
  # das Funktionswort 'function' zeigt R an, dass es sich hier um eine
  # Funktionsdefinition handelt.
  # 'Grussliste' ist ein Argument, das der Funktion beim Aufruf übergeben wird
  # innerhalb der geschweiften Klammern stehen die Anweisungen (hier nur eine)
```

```
  sample(Grussliste, 1)
  # sample zieht zufällig einen Wert aus der Grussliste
}
```

Sehen wir uns an, was die Funktion `Gruss` macht. Dazu benötigen wir noch eine Liste von Grüßen.

```
Gruesse <- c("Halloe", "Servus", "Pfüaddi", "Babaa", "Moinsen", "Grüezi",
             "Habedere", "Adele", "Guds Nächdle", "Schleichdi",  "Hello",
             "Guten Morgen", "Bis später", "Hm", "Ach du schon wieder",
             "Güdn Dooch")
```

Die Funktion rufen wir mit ihrem Namen und dem oder den Argumenten auf (die Funktion `Gruss` hat nur ein Argument):

```
Gruss(Gruesse)

   "Bis später"
```

Und noch einmal (das Ergebnis wird bei Ihnen vermutlich anders aussehen – die Grüße werden ja zufällig ausgewählt):

```
Gruss(Gruesse)

   "Halloe"
```

Der Wert einer Funktion ist, falls kein gesonderter Ausgabebefehl benutzt wird, das Resultat der letzten Anweisung:

```
Gruss1 <- function(Grussliste) {
  sample(Grussliste, 1)
  1
}

Gruss1(Gruesse)

   1
```

Wenn die Funktion einen anderen (als den letzten) Wert liefern soll, geht das mit der voreingestellten Funktion `return`:

```
Gruss1_return <- function(Grussliste) {
  return(sample(Grussliste, 1))
  1
}

Gruss1_return(Gruesse)

   "Hm"
```

Bedingungen

Bislang differenziert unsere Funktion nicht zwischen Begrüßung und Verabschiedung (manche der Grüße in der Variable *Gruesse* können auch für beides benutzt werden). Wir modifizieren die Funktion so, dass sie je nach Argument entweder begrüßt oder verabschiedet – sie benutzt also eine einfache Bedingungsanalyse. Diesmal geben wir zur Abwechslung die möglichen Begrüßungs- und Verabschiedungsausdrücke *inner-*

halb der Funktion vor. Wir prüfen das Vorliegen einer bestimmten Bedingung – handelt es sich um a) eine Begrüßung, b) einen Abschied oder soll c) eine Begrüßungsformel benutzt werden, die für beides passt? – mittels der bedingten Anweisung `if` und zeigen gleich einen Fall mit mehr als zwei Bedingungen (mithilfe von `else`). Das `if` hat drei Argumente: 1. die Bedingung, die auf ihren Wahrheitsgehalt hin getestet wird, 2. den Wert, wenn die Bedingung zutrifft und 3. den Wert, wenn das nicht der Fall ist.

```
Gruss_bed <- function(Grussart) {
  Begruessen <- c("Halloe", "Moinsen", "Grüezi", "Guten Morgen", "Hello",
                  "Ach du schon wieder", "Güdn Dooch")
  Verabschieden <- c("Pfüaddi", "Babaa", "Habedere", "Adele", "Guds Nächdle",
                     "Schleichdi", "Bis später")
  Beides <- c("Servus", "Hm")
  if (Grussart == "Begruessung") {
    sample(Begruessen, 1)
  } else if (Grussart == "Abschied") {
    sample(Verabschieden, 1)
  } else if (Grussart == "egal") {
    sample(Beides, 1)
  } else {
    warning("Erlaubt sind nur 'Begruessung', 'Abschied' und 'egal'")
  }
}
```

Nun probieren wir unterschiedliche Argumente durch:

```
Gruss_bed("Begruessung")

Gruss_bed("Abschied")

Gruss_bed("egal")

Gruss_bed("was?")

  Warning message:
    In Gruss_bed("was?") : Erlaubt sind nur 'Begruessung', 'Abschied'
  und 'egal'
```

Schleifen

In Resampling-Prozeduren müssen bestimmte Anweisungen oft sehr häufig durchgeführt werden. Das geht mithilfe von sogenannten *Schleifen*. Die einfachste Möglichkeit ist die sogenannte `for`-Schleife (für ein Beispiel mit einer sogenannten `while`-Schleife siehe *Kapitel 10, Abschnitt 10.1.2*).[3]

```
# Schleifen

Gruss_multipel <- function(Grussliste, wie_oft) {
  Gruesse <- c()
  # Variablen, die in der Schleife wiederholt benutzt werden müssen zunächst
```

3 Manche Funktionen, wie etwa die Funktion `sample`, die wir in der folgenden Funktion wieder verwenden, haben gewissermaßen schon „eingebaute" Schleifen – man könnte die Funktion `Gruss_multipel` also auch etwas komprimieren. Hier geht es jedoch darum, die `for`-Schleife zu illustrieren.

```
  # "initialisiert" (mit einem Anfangswert versehen) werden - hier die
  # 'leere Liste'
  for (i in 1 : wie_oft) {
    # das 'i' ist die Laufvariable, das 'in' ist vorgegeben, danach folgt
    # eine Sequenz
    Gruesse[i] <- sample(Grussliste, 1)
  }
  Gruesse
}

Gruss_multipel(Gruesse, 5)

   "Halloe"        "Pfüaddi"       "Guds Nächdle" "Babaa"          "Schleichdi"
```

Und jetzt probieren wir eine Kombination von Schleife und Bedingungen. Die Funktion, die wir jetzt basteln, soll als Argument eine Liste von Grüßen bekommen und die Häufigkeitsverteilung von Grüßen herausfinden, die in die drei Kategorien „Begrüßung", „Verabschiedung" und „Beides" fallen. Dazu wird für jeden Gruß geprüft, in welche Kategorie er fällt, und der entsprechende Zähler um 1 erhöht. Mit der Funktion `cat` erstellen wir eine übersichtliche Ausgabe.

```
Gruss_analyse <- function(Grussliste) {
  Begruessen <- c("Halloe", "Moinsen", "Grüezi", "Guten Morgen", "Hello",
                  "Ach du schon wieder", "Güdn Dooch")
  Verabschieden <- c("Pfüaddi", "Babaa", "Habedere", "Adele", "Guds Nächdle",
                     "Schleichdi", "Bis später")
  Gruss_zaehler <- 0
  Abschied_zaehler <- 0
  Beides_zaehler <- 0
  for (i in 1 : length(Grussliste)) {
    Gruss <- Grussliste[i]
    if (is.element(Gruss, Begruessen)) {
      Gruss_zaehler <- Gruss_zaehler + 1
    } else if (is.element(Gruss, Verabschieden)) {
      Abschied_zaehler <- Abschied_zaehler + 1
    } else
      Beides_zaehler <- Beides_zaehler + 1
  }
  cat("Gesamtanzahl von Grüßen: ", i, "\n",
      "Begrüssungen: ", Gruss_zaehler, "\n",
      "Verabschiedungen: ", Abschied_zaehler, "\n",
      "Unklar: ", Beides_zaehler)
  # "\n" erzeugt einen Zeilenumbruch
}
```

Wir lassen die Funktion zufällig 100 Grüße (mit Zurücklegen) aus der Variable *Gruesse* (s. o.) auswählen (mit der Funktion `Gruss-multipel`) und sehen uns die Verteilung an. Sie sehen hier, dass das Ergebnis einer Funktion (`Gruss_multipel`) direkt als Argument einer anderen Funktion (`Gruss_analyse`) benutzt werden kann.

```
Gruss_analyse(Gruss_multipel(Gruesse, 100))

   Gesamtanzahl von Grüßen:  100
    Begrüssungen:  46
    Verabschiedungen:  40
    Unklar:  14
```

Nun wenden wir diese Grundkenntnisse zum Erstellen von Funktionen auf die Durchführung von Resampling-Verfahren „per Hand" an.

3.1.2 Bootstrap per Hand

In unserem Einführungsbuch (Sedlmeier & Burkhardt, 2021, 46) hatten wir uns einen (leicht modifizierten) Datensatz aus der Literatur angesehen (Pedersen et al., 2002). In dieser Studie ging es um die Frage, ob es einen evolutionär bedingten Geschlechtsunterschied hinsichtlich der Antworten auf die Frage gibt, wie viele Sexualpartner*innen sich Männer und Frauen innerhalb eines Zeitraums von 30 Jahren wünschen. Ein Vergleich der entsprechenden Verteilungsdiagramme (▶*Abbildung 3.1*) legt nahe, dass der Median der Antworten sich wohl nicht unterscheidet, wohl aber das Ausmaß der Asymmetrie (Rechtsschiefe) der Verteilungen.

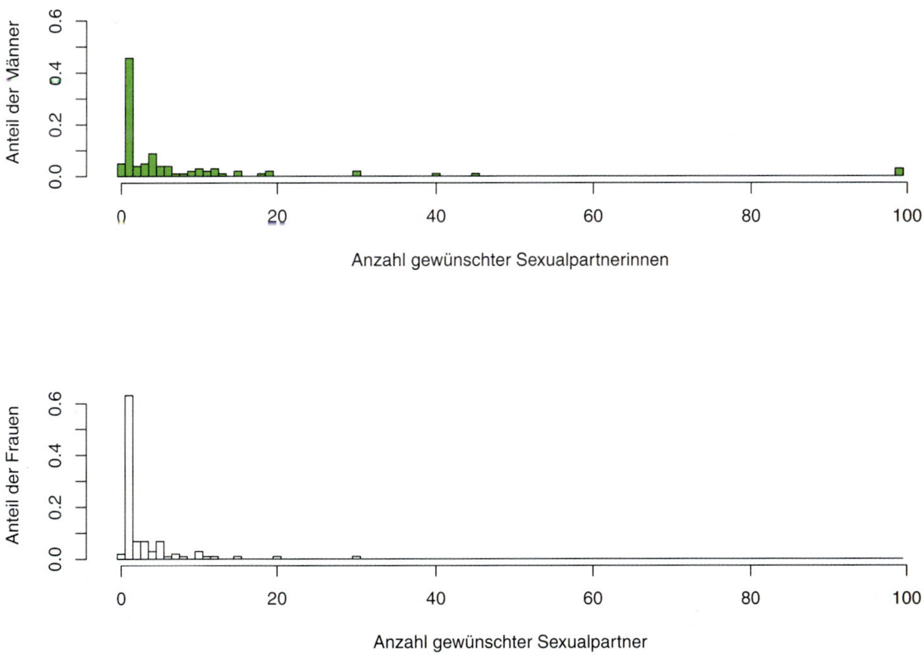

Abbildung 3.1: Verteilungen der Anteile der befragten Männer (oben) und Frauen (unten), die sich jeweils eine bestimmte Anzahl von Sexualpartner*innen in den nächsten 30 Jahren wünschen (Abbildung 2.4 aus Sedlmeier & Burkhardt, 2021).

Inhaltlich könnte man diese Asymmetrie so interpretieren, dass es trotz der deutlichen Mehrheit sowohl bei Männern als auch bei Frauen, die sich eine*n Sexualpartner*in in den nächsten 30 Jahren wünschen, doch zumindest einige Personen gibt, die damit nicht zufrieden wären. Ein erster visueller Vergleich ergibt den Eindruck, dass diese Asymmetrie bei den Männern ausgeprägter ist als bei den Frauen. Lässt sich dieser Eindruck inferenzstatistisch stützen?

Bootstrap-Prozedur

Um die Fragestellung zu untersuchen, ob die Asymmetrie bei den Männern stärker ausgeprägt ist als bei den Frauen, müssen wir zunächst überlegen, wie wir diesen Unterschied beschreiben können. Zur Wahl eines passenden Kennwerts gibt es bei Resampling-Verfahren deutlich weniger Einschränkungen als bei der konventionellen Vorgehensweise: Wir sind nicht daran gebunden, ob für den entsprechenden Kennwert eine bekannte Stichprobenverteilung (z. B. die *F*- oder die *t*-Verteilung) existiert oder nicht.

Wie könnte ein Kennwert aussehen, der den Unterschied in der Asymmetrie zwischen Männern und Frauen beschreibt? Sie wissen ja, dass der Median durch die Asymmetrie von Verteilungen weniger beeinflusst wird als der Mittelwert. Eine Möglichkeit, die Asymmetrie zu quantifizieren, wäre also, jeweils den Median vom Mittelwert abzuziehen. Und für diese Differenzen zwischen Mittelwert und Median müssten wir dann noch den Unterschied zwischen Männern und Frauen berechnen.

Sehen wir uns zunächst Mittelwerte und Mediane an. Der Datensatz *pedersen_2002* enthält die Daten für je 103 Männer und Frauen. Wir teilen die Variable *desired* in dieser Datei zunächst nach Männern und Frauen auf.

```
Desired_m <- pedersen_2002$desired[pedersen_2002$sex == "male"]

Desired_f <- pedersen_2002$desired[pedersen_2002$sex == "female"]

mean(Desired_m)

   7.883495

median(Desired_m)

   1

mean(Desired_f)

   2.84466

median(Desired_f)

   1
```

Wie schon vermutet, ist die Asymmetrie (Unterschied zwischen Mittelwert und Median) bei den Männern deutlich stärker ausgeprägt. Nennen wir die Differenz zwischen den Asymmetrien *Asymmetrie-Index (A_I)*:

$$A\_I = \left(\bar{X}_{M\ nner} - Median_{M\ nner}\right) - \left(\bar{X}_{Frauen} - Median_{Frauen}\right)$$

Wir definieren dazu die Funktion `asymmetrie_index`.

```
asymmetrie_index <- function(stichprobe1, stichprobe2) {
  (mean(stichprobe1) - median(stichprobe1)) -
    (mean(stichprobe2) - median(stichprobe2))
}
```

Wie sieht dieser Index für unser Beispiel aus?

```
asymmetrie_index(Desired_m, Desired_f)
```

```
   5.038835
```

Der Unterschied zwischen Median und Mittelwert ist also bei den Männern um 5.04 Einheiten (Sexualpartner*innen) größer als bei den Frauen. Nun sind wir bereit für die Bootstrap-Prozedur. In jedem einzelnen Schritt ziehen wir aus den vorliegenden Stichproben für Männer und Frauen Bootstrap-Stichproben und berechnen daraus den Asymmetrie-Index. Für jede Bootstrap-Stichprobe ziehen wir mit Zurücklegen so viele Werte aus der Stichprobe, wie sie groß ist, also jeweils 103-mal aus der Stichprobe der Studentinnen und der Stichprobe der Studenten.[4] Diese Prozedur wird sehr oft durchgeführt und ergibt die empirische Stichprobenverteilung der Asymmetrie-Indizes, die wir dann im nächsten Schritt für die Konstruktion des Bootstrap-Konfidenzintervalls benutzen werden. Das macht die Funktion `bootstrap.asymmetrie`, die wiederum die Funktion `asymmetrie.index` benutzt.

```
bootstrap.asymmetrie <- function(stichprobe1, stichprobe2, n_indices) {
  Index_liste <- c()
  n1 <- length(stichprobe1)
  n2 <- length(stichprobe2)
  for (i in 1 : n_indices) {
    boot_sp1 <- sample(stichprobe1, n1, replace = T)
    boot_sp2 <- sample(stichprobe2, n2, replace = T)
    Index_liste[i] <- asymmetrie_index(boot_sp1, boot_sp2)
  }
  Index_liste
}
```

Bootstrap-Konfidenzintervall

Die Bootstrap-Prozedur wird in der Regel zum Erstellen von Konfidenzintervallen benutzt. Diese erhält man auf einfache Weise dadurch, dass man links und rechts an der empirischen Stichprobenverteilung den entsprechenden Prozentsatz der Fläche abschneidet. Bei einem 90 %-Konfidenzintervall müsste man links und rechts 5 % der Fläche abschneiden, bei einem 95 %-Konfidenzintervall 2.5 % und bei einem 99 %-Konfidenzintervall jeweils 0.5 % der Fläche. Sehen wir uns gleich die extremste Vari-

4 Wenn die Stichproben ungleich wären, würde sich auch die Anzahl der Ziehungen für die Bootstrap-Stichproben unterscheiden. Würde die Größe der Bootstrap-Stichproben verkleinert oder vergrößert, hätte das eine Über- bzw. Unterschätzung der Länge des Bootstrap-Konfidenzintervalls zur Folge (siehe Sedlmeier & Renkewitz, 2018, 593).

ante an, ein 99 %-Konfidenzintervall. Die Enden des Intervalls erhalten wir mit der Funktion quantile.

Zuerst erstellen wir die empirische Stichprobenverteilung für die Asymmetrie-Indizes (damit Sie dieselben Ergebnisse erhalten, verwenden wir die Funktion set.seed zur Initialisierung des Zufallsgenerators von R).

```
set.seed(59)
```

```
SV_asymmetrie <- bootstrap.asymmetrie(Desired_m, Desired_f, 100000)
```

und dann bestimmen wir die Grenzen des 99 %-Konfidenzintervalls

```
Konf_99_grenzen <- quantile(SV_asymmetrie, c(0.005, 0.995))
```

```
Konf_99_grenzen
```

```
    0.5%    99.5%
0.592233 9.213592
```

Selbst das 99 %-Konfidenzintervall überlappt den Wert für die Nullhypothese (0) nicht, was gleichbedeutend mit einem signifikanten Signifikanztestergebnis bei einem zweiseitigen α = 0.01 wäre. Das Ergebnis unterstreicht also, dass die Asymmetrie bei den Männern deutlich höher ist als bei den Frauen. Das sehen wir uns nun auch noch grafisch an. Für die Aufteilung der Intervalle nutzen wir übungshalber die Formel von Scott (1979) – breaks = "Sc" (probieren Sie auch die anderen Möglichkeiten aus!).

```
hist(SV_asymmetrie, breaks = "Sc", xlab = "Asymmetrie-Index",
     ylab = "Häufigkeit",
     main = "Empirische Stichprobenverteilung des Asymmetrie-Index")
```

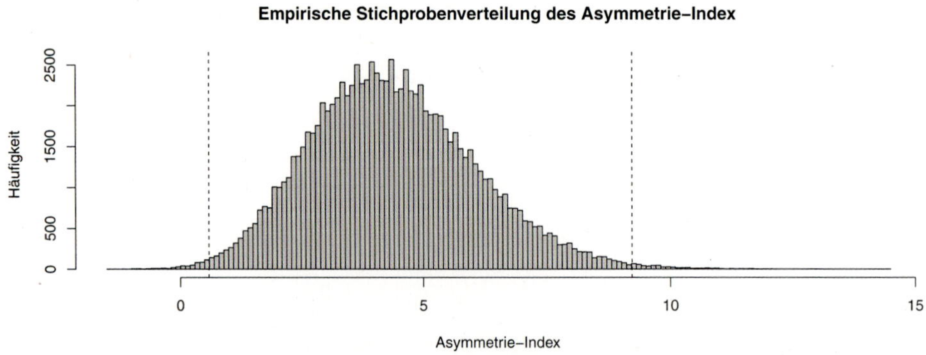

Abbildung 3.2: Empirische Stichprobenverteilung für den Asymmetrie-Index zur Beschreibung des Unterschieds zwischen Männern und Frauen in Bezug auf die Anzahl der gewünschten Sexualpartner*innen in den nächsten 30 Jahren (siehe Text). Die zwei gestrichelten Linien sind die Enden des entsprechenden 99 %-Bootstrap-Konfidenzintervalls.

3.1.3 Randomisierungstests per Hand

Damit Sie die Ähnlichkeiten und Unterschiede zwischen Bootstrap und Randomisierungstest gut sehen können, bleiben wir bei unserem Beispiel mit dem Asymmetrie-Index. Unterscheiden sich Männer und Frauen signifikant hinsichtlich des Ausmaßes der Asymmetrie der Verteilungen (Häufigkeitsverteilungen der Anzahl der gewünschten Sexualpartner*innen in den nächsten 30 Jahren – siehe ▶*Abbildung 3.1*)? Wir kennen die Antwort auf diese Frage eigentlich schon, da ja Konfidenzintervalle und Signifikanztests äquivalente Ergebnisse liefern solten. Ein nicht signifikantes Ergebnis wäre merkwürdig, könnte aber durchaus vorkommen weil Bootstrap und Randomisierugstests unterschiedliche Formalismen benutzen.

Wie schon erwähnt, gewinnt man sowohl beim Bootstrap als auch beim Randomisierungstest Stichprobenverteilungen durch wiederholtes Ziehen aus einer oder mehreren Stichproben (das Resampling). Ein zentraler Unterschied besteht jedoch in der Ziehungsprozedur. Zum einen entstehen die Stichprobenverteilungen beim Bootstrap immer durch Ziehen mit Zurücklegen, während traditionellerweise beim Randomisierungstest ohne Zurücklegen gezogen wird.[5] Und zum anderen sind beim Bootstrap Stichprobenverteilungen um den gefundenen Wert zentriert, während beim Randomisierungstest der Wert für die Nullhypothese aufgrund theoretischer Überlegungen festgelegt wird.

Stichprobenverteilung für die Nullhypothese

Wie erhält man die Stichprobenverteilung für die Nullhypothese? Das ist oft die schwierigste Frage bei der Durchführung von Randomisierungstests (und nicht selten gibt es mehrere mögliche Antworten auf diese Frage). In unserem Beispiel ist die Antwort jedoch einfach. Die Nullhypothese besagt, dass sich die Asymmetrien (die Unterschiede zwischen Mittelwert und Median) für Männer und Frauen nicht voneinander unterscheiden. Es sollte demzufolge egal sein, ob wir aus der Männer- oder der Frauenstichprobe ziehen. Und wenn wir ohne Zurücklegen ziehen, besteht die notwendige Prozedur nur darin, jeden Wert aus beiden Stichproben zufällig einer der beiden Gruppen zuzuordnen. Aus diesen so zugeordneten Werten berechnen wir dann jeweils den Asymmetrie-Index. Das machen wir sehr oft und die dadurch entstehende Stichprobenverteilung ist die Stichprobenverteilung für die Nullhypothese.

Für die Funktion `randomisieren.asymmetrie`, die wir jetzt gleich erstellen, benötigen wir eine abhängige und eine unabhängige Variable. In unserem Beispiel ist die AV *desired* (die Anzahl der gewünschten Sexualpartner*innen) und die UV *sex* (`"male"` oder `"female"`). Eine einfache Art der Zufallsaufteilung besteht darin, dass wir die AV so lassen, wie sie ist, und nur die Werte für die UV jeweils zufällig zuordnen. Wir könnten für die Zuordnung die Werte `"male"` und `"female"` benutzen, formulieren den entsprechenden Teil der Funktion jedoch übungshalber etwas allgemeiner mithilfe der Funktionen `max` und `min`.

5 Tatsächlich macht es in den meisten Fällen keinen großen Unterschied, ob man die Stichprobenverteilungen bei Randomisierungstests ohne oder mit Zurücklegen zieht, sofern die Anzahl der Durchgänge (Datenpunkte in der empirischen Stichprobenverteilung) sehr hoch ist.

```
Geschlecht <- pedersen_2002$sex

max(Geschlecht)

  "male"

min(Geschlecht)

  "female"
```

Sie sehen also, dass die Funktionen `max` und `min` Zeichenketten nach dem Alphabet ordnen. Und nun folgt unsere selbst erstellte Funktion.

```
randomisieren.asymmetrie <- function(UV, AV, ziehungen) {
  emp.st.vert <- c()
  for (i in 1: ziehungen) {
    UV_neu <- sample(UV)
    av1 <- AV[UV_neu == max(UV)]
    av2 <- AV[UV_neu == min(UV)]
    emp.st.vert[i] <- asymmetrie_index(av1, av2)
  }
  emp.st.vert
}
```

Damit Ihre Stichprobenverteilung für die Nullhypothese genauso aussieht wie unsere (▶*Abbildung 3.3*), sollten Sie den R-Zufallsgenerator genauso initialisieren wie wir.

```
set.seed(1979)

H0 <- randomisieren.asymmetrie(Geschlecht, pedersen_2002$desired, 50000)

hist(H0, breaks = "Sc", xlab = "Asymmetrie-Index", ylab = "Häufigkeit",
     main = " Stichprobenverteilung für die Nullhypothese")
```

Signifikanztest

Um den Signifikanztest durchzuführen, müssen wir jetzt nur noch unser α wählen und uns überlegen, ob wir ein- oder zweiseitig testen möchten. Nehmen wir an, wir hätten gute, theoretisch fundierte Gründe zu erwarten, dass die Asymmetrie bei den Männern größer ist als bei den Frauen. In diesem Fall sollten wir einen einseitigen Test durchführen. Wenn wir uns nun für ein $\alpha = 0.05$ entscheiden, müssten wir rechts in der Stichprobenverteilung für die Nullhypothese die extremsten 5 % „abschneiden" und überprüfen, ob der tatsächlich gefundene Wert noch extremer als dieser Cut-off ist. Oder mit anderen Worten: Wir müssten überprüfen, ob p kleiner ist als α. Den empirischen Wert für den Asymmetrie-Index haben wir oben schon berechnet: 5.04. Was sind die Cut-off-Werte für einseitige αs von 5 % und 1 %?

```
quantile(H0, 0.95)

      95%
  3.019417

quantile(H0, 0.99)

      99%
  3.951456
```

Mit 3.02 und 3.97 sind die Cut-off-Werte für beide αs merklich kleiner als der empirische Wert oder mit anderen Worten: $p < \alpha$ in beiden Fällen.[6] Zur Veranschaulichung zeichnen wir die Werte für die beiden αs (gepunktete Linien) und den empirischen Wert (Pfeil) in ▶*Abbildung 3.3* ein.

```
abline(v = quantile(H0, 0.95), lty = 3, lwd = 3, col = "red")
abline(v = quantile(H0, 0.99), lty = 3, col = "red")
arrows(5.08, 500, 5.08, 0)
```

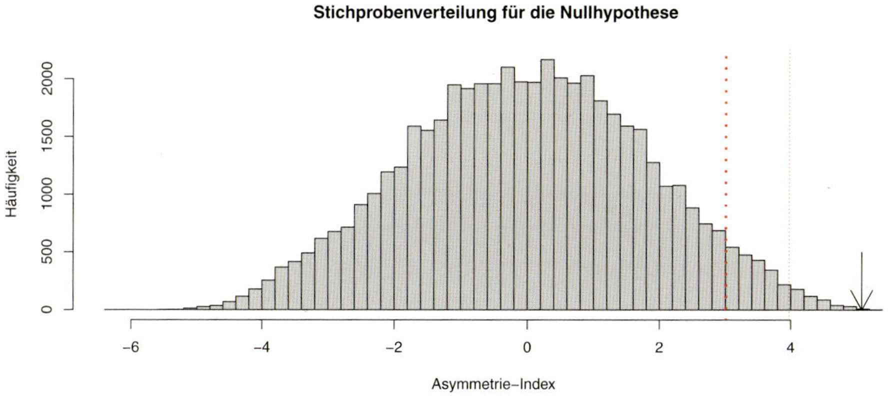

Abbildung 3.3: Stichprobenverteilung für die Nullhypothese (die Asymmetriewerte für Männer und Frauen stammen aus derselben Population). Die dickere gepunktete Linie trennt 5 % der Verteilung ab (einseitiges $\alpha = 0.05$) und die dünnere 1 % (einseitiges $\alpha = 0.01$) und der Pfeil zeigt auf den empirischen Wert für den Asymmetrie-Index (A_I = 5.04).

3.2 Bootstrap mit *boot*

In *Abschnitt 3.1.2* haben wir den Bootstrap ohne irgendwelche Annahmen über Populationsparameter durchgeführt – was manchmal als *nonparametrischer* Bootstrap bezeichnet wird. Man kann bei Bootstrap-Verfahren jedoch auch Annahmen über Populationsparameter mit einfließen lassen und eine Reihe von Korrekturmaßnahmen benutzen (für einen Überblick über entsprechende Verfahren siehe Davison & Hinkley, 1997; Efron & Tibshirani, 1993). Die Funktion `boot` aus dem gleichnamigen Paket (Canty, 2002; Canty & Ripley, 2021) bietet viele dieser Möglichkeiten an. Wir werden uns jedoch hier auf den nonparametrischen Fall beschränken und nur einige Varianten zur Berechnung von Konfidenzintervallen zeigen. Zur Illustration der sehr flexiblen `boot` Funktion replizieren wir zunächst unser Beispiel mit dem Asymmetrie-Index aus *Abschnitt 3.1.2* und demonstrieren die Flexibilität anhand zweier weiterer Beispiele, eines für Korrelationen und das andere für Determinationskoeffizienten.

6 Den *p*-Wert könnte man mit der Funktion `ecdf` (empirical cumulative distribution function) ausrechnen: in unserem Fall beispielsweise durch `f <- ecdf(H0)` und dann `1 - f(5.04)`.

3.2.1 Beispiel 1: Asymmetrie-Index

Die `boot` Funktion hat viele Argumente (probieren Sie mal `?boot`), aber die für uns wichtigsten sind die ersten drei: `data` (der Datensatz), `statistic` (die Funktion zur Berechnung der Kenngröße) und `R` (die Anzahl der Bootstrap-Stichproben). Im Grunde führt die Funktion `boot` „nur" die Resampling-Prozedur durch, berechnet aber gewissermaßen nebenbei viele Ergebnisse, die im Anschluss für die Berechnung unterschiedlicher Konfidenzintervalle (siehe unten) benutzt werden können. Wenn man keine vordefinierte Funktion (wie z. B. *median* oder *sd*) zur Berechnung der Stichprobenverteilungswerte verwenden möchte, kommt man jedoch auch mit `boot` nicht an der Definition einer eigenen Funktion für die jeweils interessierende Kenngröße vorbei. Diese Funktion für die Kenngröße hat üblicherweise zwei Argumente, den Datensatz und ein weiteres Argument, das angibt, wie `boot` mit den Daten umgehen soll. Die Voreinstellung – die wir hier ausschließlich verwenden – ist, dass alle Werte im Datensatz gleichberechtigt sind.[7]

Das klingt relativ komplex, wird aber hoffentlich gleich klarer, wenn Sie ein Beispiel sehen. Die Funktion für unseren Asymmetrie-Index könnte so aussehen:

```
asymmetrie_index1 <- function(daten, i) {
  d <- daten[i, ]
  # das 'i' zeigt an, dass alle Fälle im Datensatz benutzt werden
  Maenner <- d$desired[d$sex == "male"]
  Frauen <- d$desired[d$sex == "female"]
  (mean(Maenner) - median(Maenner)) - (mean(Frauen) - median(Frauen))
}
```

Nun laden wir das Paket, setzen den Zufallsgenerator auf dieselbe Ausgangsposition wie oben und führen die Bootstrap-Prozedur aus. Das Ergebnis der Analyse speichern wir in dem Objekt *asymmetrie_boot*.

```
library(boot)

set.seed(59)

asymmetrie_boot <- boot(pedersen_2002, asymmetrie_index1, 100000)
```

Zunächst sehen wir uns den diagnostischen Plot an (mit voreingestellten Beschriftungen).

```
plot(asymmetrie_boot)
```

Die Stichprobenverteilung, die `boot` für den Asymmetrie-Index erzeugt hat (links in ▶*Abbildung 3.4*) ist der „per Hand" erzeugten Verteilung (▶*Abbildung 3.2*) sehr ähnlich, unterscheidet sich von dieser jedoch insofern, als es sich hier um eine standardisierte (Wahrscheinlichkeits-)Verteilung (siehe die *Density*-Achse) handelt und nicht um eine Häufigkeitsverteilung. Rechts in ▶*Abbildung 3.4* sieht man einen Quantilplot, der die Abweichung der Stichprobenverteilung von einer Normalverteilung angibt (hier eine moderate Abweichung). Je stärker diese Diskrepanz ist, desto stärker wir-

7 Andere Möglichkeiten (festzulegen durch das Argument `stype` in der Funktion `boot`) sind, dass die Werte ungleich häufig sind (`stype = "f"`) oder unterschiedlich gewichtet werden sollen (`stype = "w"`).

ken sich Korrekturmaßnahmen aus, die manche Autoren auch für Bootstrap-Stichprobenverteilungen empfehlen und die oft eine Transformation der ursprünglichen Bootstrap-Stichprobenverteilung in eine Normalverteilung beinhalten (siehe Chapter 5 in Davison & Hinkley, 1997).

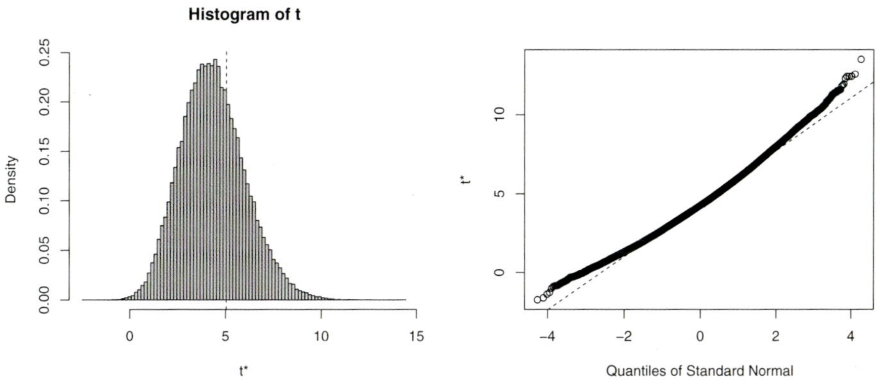

Abbildung 3.4: Diagnostischer Plot, der von der `boot` Funktion produziert wird. Links sieht man die Stichprobenverteilung der Werte für den Asymmetrie-Index (t*) mit dem tatsächlich gefundenen Wert (A_I = 5.04 – der senkrechte Strich) und rechts den Quantilplot, der angibt, wie stark die Werte der Bootstrap-Stichprobenverteilung (t*) von denen einer Normalverteilung abweichen.

Aus dem Ergebnis der `boot` Funktion lassen sich mehrere Arten von Konfidenzintervallen mithilfe der Funktion `boot.ci` berechnen. Wir haben oben (*Abschnitt 3.1.2*), ohne sie so zu nennen, die sogenannte *Perzentilmethode* zur Bestimmung der Enden des *Konfidenzintervalls* benutzt. Diese Methode bietet (leicht modifiziert, siehe Davison & Hinkley, 1997, 202 ff.) auch die Funktion *boot.ci* (Argument `type = "perc"`). Wenn man das Argument `type` nicht spezifiziert, werden alle berechenbaren (von insgesamt 5) Arten von Konfidenzintervallen erstellt. Sehen wir uns die entsprechenden 99 %-Konfidenzintervalle für unser Beispiel an.

```
boot.ci(asymmetrie_boot, conf = 0.99)

  Level      Normal              Basic
  99%   ( 1.403, 10.049 )   ( 0.869,  9.499 )

  Level     Percentile            BCa
  99%   ( 0.578,  9.209 )   ( 2.084, 13.105 )
```

In unserem Beispiel sind das vier Arten von Konfidenzintervallen. Betrachten wir zunächst das Ergebnis für die Perzentilmethode (*Percentile*). Trotz leichter Unterschiede in der Berechnung unterscheidet sich dieses Ergebnis nur unwesentlich von dem, das wir oben per Hand erhalten haben (Untergrenze 0.58 versus 0.59 und Obergrenze in beiden Fällen 9.21). Die Werte für die anderen Arten von Konfidenzintervallen – die mit unterschiedlichen Korrekturverfahren erstellt wurden – weichen jedoch teilweise deutlich ab. Aber die zentrale Aussage ist vergleichbar: Keines der Konfidenzintervalle überdeckt den Wert 0 und somit wären alle Ergebnisse konsistent mit einem signifikanten Testergebnis. Alle diese übrigen Methoden benutzen Adjustierungen, bei denen die Normalverteilung und die t-Verteilung eine zentrale Rolle spielen (für Einzelheiten siehe Davison & Hinkley, 1997). Allerdings scheint es bislang keinen Konsens darüber zu geben, was die optimale Methode zur Erstellung von Bootstrap-Konfidenzintervallen ist (für eine ausführliche Diskussion siehe DiCiccio & Efron, 1996). Wir werden uns deswegen im Folgenden der Einfachheit halber auf Perzentil-Konfidenzintervalle beschränken.

3.2.2 Beispiel 2: Korrelation

In einer Vorlesung haben wir die Teilnehmer*innen gefragt, wie gern sie Hunde und Katzen mögen (Datensatz *VL_17*). Fünfzig Teilnehmer*innen gaben das auf einer Skala von 0 (= überhaupt nicht) bis 10 (= sehr gerne) an. Den Zusammenhang sieht man in ▶*Abbildung 3.5*.

```
sunflowerplot(VL_17$Hunde, VL_17$Katzen,
              xlab = "Präferenz für Hunde", ylab = "Präferenz für Katzen")

lines(lowess(VL_17$Hunde, VL_17$Katzen, f = 0.9))
```

Es ist unmittelbar ersichtlich, dass der Zusammenhang zwischen den beiden Variablen deutlich von der Linearität abweicht. Außerdem wird deutlich, dass der Zusammenhang negativ ist: Höhere Werte in der Präferenz für eine Tierart gehen tendenziell einher mit niedrigeren Präferenzen für die andere Tierart.

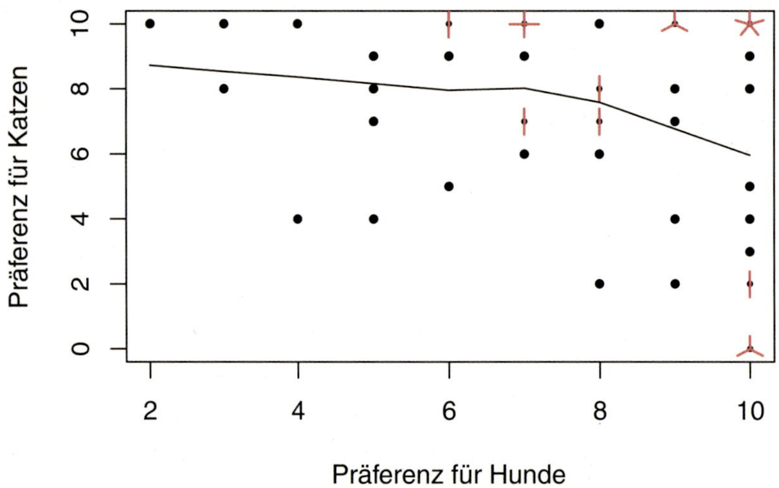

Abbildung 3.5: Zusammenhang zwischen der Präferenz für Hunde und der für Katzen bei 50 Vorlesungsteilnehmer*innen.

Nun könnte man sich fragen, ob das 95 %-Konfidenzintervall für diesen Zusammenhang den Wert für die Nullhypothese überschreitet oder nicht. Wir könnten für diese

Fragestellung als Zusammenhangsmaß den Korrelationskoeffizienten als konservatives Maß nehmen.[8]

```
round(cor(VL_17$Hunde, VL_17$Katzen), 2)
```

```
-0.3
```

Allerdings können wir angesichts der offensichtlich nicht vorhandenen bivariaten Normalverteilung (in der Population) die t-Verteilung *nicht* für die Berechnung eines Konfidenzintervalls nutzen. Anstelle dessen erstellen wir ein Bootstrap-Konfidenzintervall.

Die Funktion für das `statistic`-Argument der Funktion `boot` könnte so aussehen:

```
hu_ka_cor <- function(daten, i) {
  d <- daten[i, ]
  cor(d$Hunde, d$Katzen)
}
```

Das 95 %-Konfidenzintervall nach der Perzentilmethode erhalten wir mit diesen Befehlen.

```
set.seed(2112) #zur Nachvollziehbarkeit

bootcorr <- boot(VL_17, hu_ka_cor, 10000)

boot.ci(bootcorr, type = "perc")
```

```
Level     Percentile
95%   (-0.5144, -0.0345 )
```

Da die obere Grenze des Konfidenzintervalls den Wert für die Nullhypothese ($r = 0$) nicht überschreitet, ist unser Ergebnis äquivalent mit einem signifikanten Ergebnis bei einem zweiseitigen $\alpha = 0.05$.

3.2.3 Beispiel 3: Determinationskoeffizient

Bleiben wir zu Übungszwecken gleich bei dem „Hunde-Katzen-Datensatz“ und versuchen es mit der Überprüfung einer Vorhersage: Wie gut kann man die Präferenz für Katzen vorhersagen, wenn man die Präferenz für Hunde kennt? Als Maß für die Vorhersagegüte benutzen wir den Determinationskoeffizienten.

Zur Illustration berechnen wir zunächst den Determinationskoeffizienten.

```
fit <- lm(VL_17$Katzen ~ VL_17$Hunde)

round(summary(fit)$r.square, 2)
```

```
0.09
```

Und nun ermitteln wir das 95 %-Bootstrap-Konfidenzintervall für dieses Ergebnis (9 % aufgeklärte Varianz).

8 Bei kurvilinearen Zusammenhängen unterschätzt r das Ausmaß eines Zusammenhangs, sofern keine Ausreißerwerte vorliegen.

Zunächst wieder die Funktion für das `statistic` Argument (diesmal hat diese Funktion noch ein weiteres Argument: `formel`):

```
r_hoch_2 <- function(daten, i, formel) {
  d <- daten[i, ]
  fit <- lm(formel, data = d)
  summary(fit)$r.square
  # wir benutzen aus dem Ergebnis der Regressionsanalyse
  # nur jeweils den Determinationskoeffizienten (r.square)
}
```

Und dann das Konfidenzintervall (diesmal zur Abwechslung mit Angabe der Argumentnamen)[9]:

```
r_hoch_2_boot <- boot(data = VL_17, statistic = r_hoch_2,
                      R = 10000, formel = Katzen ~ Hunde)

boot.ci(r_hoch_2_boot, type = "perc")

   Level     Percentile
   95%   ( 0.0023,  0.2662 )
```

3.3 Randomisierungstests mit *lmPerm* und *coin*

Mehrere Pakete in R ermöglichen die komfortable Durchführung von Alternativen zu gängigen Testverfahren mittels Resampling. Solche Alternativen kommen vor allem dann infrage, wenn die üblichen Voraussetzungen (wie etwa die Normalverteilungsannahme) verletzt sind oder wenn Datensätze Ausreißer enthalten. Der zentrale Unterschied zu den korrespondierenden Verfahren besteht in der Art und Weise, wie die Stichprobenverteilungen für die Nullhypothese erzeugt werden: Wie Sie ja schon wissen, werden diese bei den üblichen Verfahren theoretisch abgeleitet und bei den Randomisierungstests durch Resampling erzeugt. Wir sehen uns zwei dieser Pakete etwas genauer an, *lmPerm* (Wheeler & Torchiano, 2016) und *coin* (Hothorn et al., 2021).

3.3.1 Beispiele mit *lmPerm*

Varianzanalyse

Betrachten wir wieder den Unterschied zwischen Männern und Frauen hinsichtlich der gewünschten Anzahl von Sexualpartner*innen in den nächsten 30 Jahren (siehe ▶*Abbildung 3.1*). Wir führen zunächst zu Vergleichszwecken die übliche einfaktorielle Varianzanalyse durch (Achtung: Die Voraussetzungen dafür – Normalverteilung der Werte und gleiche Varianzen in den zwei Populationen – sind wohl *nicht* erfüllt!).

```
aov_ueblich <- aov(desired ~ sex, data = pedersen_2002)

summary(aov_ueblich)
```

9 Da wir hier auf einen Startwert für den Zufallsmechanismus verzichten (Funktion `seed`) werden Ihre Werte leicht abweichen.

```
            Df Sum Sq Mean Sq F value  Pr(>F)
sex          1   1308    1308   7.922 0.00536 **
Residuals  204  33670     165
```

Angesichts des deutlichen Mittelwertsunterschieds ist es nicht überraschend, dass das Ergebnis trotz des Nichtvorliegens der Voraussetzungen (sicherlich keine normalverteilten Werte in der Population und außerdem Ausreißerwerte) bei einem konventionellen $\alpha = 0.05$ signifikant ist ($p = 0.005$). Und nun führen wir zum Vergleich den in diesem Fall eher angebrachten Randomisierungstest durch, mit der Funktion `aovp` aus dem *lmPerm* Paket:

```
library(lmPerm)

aov_random <- aovp(desired ~ sex, data = pedersen_2002)

summary(aov_random)

            Df R Sum Sq R Mean Sq Iter  Pr(Prob)
sex1         1     1308   1307.58 5000 < 2.2e-16 ***
Residuals  204    33670    165.05
```

Der p-Wert ist noch deutlich kleiner geworden (praktisch nicht mehr von 0 unterscheidbar). Der Permutationstest war also in diesem Fall teststärker, als es eine (falsch angewandte) Varianzanalyse gewesen wäre.

Regressionsrechnung

Als zweites Beispiel betrachten wir wieder die Vorhersage der Präferenz für Katzen aufgrund der Kenntnis der Präferenz für Hunde (Datensatz *VL_17*). ▶*Abbildung 3.5* verdeutlicht, dass in der Population mit hoher Sicherheit die Residualwerte nicht normalverteilt sind (Voraussetzung für den Signifikanztest bei der Regressionsrechnung). Statt der Funktion `lm` benutzen wir deshalb die Funktion `lmp` aus dem Paket *lmPerm*.

```
set.seed(1980)

regr_random <- lmp(VL_17$Katzen ~ VL_17$Hunde)

summary(regr_random)

           Estimate Iter Pr(Prob)
VL_17$Hunde -0.4304 2374   0.0404 *
```

Auch wenn die Stichprobenverteilung nicht theoretisch, sondern durch Resampling erzeugt wird, ist also der Regressionskoeffizient bei einem $\alpha = 0.05$ signifikant ($p = 0.04$).

3.3.2 Beispiele mit *coin*

Das Paket `coin` beruht auf einem relativ neuen theoretischen Ansatz für Randomisierungstests, dessen Beschreibung den Rahmen dieses Buchs sprengen würde (siehe dazu Hothorn et al., 2006; 2008). Die Tests sind als Baukastensystem konzipiert (wie ein Lego-Baukasten) und die generelle Nullhypothese ist als Unabhängigkeitshypothese konzipiert (siehe Hothorn et al., 2006, 258). Demgemäß heißt die zentrale Funktion in dem Paket auch independence_test. Die große Flexibilität dieser Funktion geht allerdings zumindest bei komplexeren Analysen einher mit einer nicht immer einfachen Parameterspezifikation. Das Paket enthält jedoch auch zahlreiche daraus abgeleitete komfortablere Funktionen, die mit gängigen Tests korrespondieren und leicht anzuwenden sind. Wir sehen uns einige davon an (für weitere Beispiele siehe Kabacoff, 2015).

Unterschiede zwischen Gruppen

Die Funktion oneway_test kann als Alternative für *t*-Tests und einfaktorielle Varianzanalysen verwendet werden. Bleiben wir bei unserem Beispiel mit der Anzahl der gewünschten Sexualpartner*innen (▶*Abbildung 3.1*).

```
library(coin)

oneway_test(desired ~ as.factor(sex), data = pedersen_2002)

        Asymptotic Two-Sample Fisher-Pitman Permutation Test
  data:  desired by as.factor(sex) (female, male)
  Z = -2.7683, p-value = 0.005635
  alternative hypothesis: true mu is not equal to 0
```

Dasselbe Ergebnis (signifikanter Unterschied zwischen Männern und Frauen, p = 0.006) erhält man auch mit der generellen Funktion.

```
independence_test(desired ~ as.factor(sex), data = pedersen_2002)

      Asymptotic General Independence Test
  data:  desired by as.factor(sex) (female, male)
  Z = -2.7683, p-value = 0.005635
  alternative hypothesis: two.sided
```

Diese Äquivalenz zwischen der generellen Funktion und den spezifischen Funktionen gilt allerdings nicht mehr für die Randomisierungstest-Alternativen aus dem Paket *coin* zum Mann-Whitney U-Test, alias Wilcox-Test (wilcox_test) und zum Kruskal-Wallis Test (kruskal_test), da dort Ränge verwendet werden (zu diesen Tests siehe Sedlmeier & Burkhardt, 2021, Kapitel 8).

Zusammenhang

Das Paket *coin* enthält einen alternativen Randomisierungstest zum Spearman Rang-Test für Korrelationen. Wir benutzen wieder das Beispiel mit dem Zusammenhang zwischen der Präferenz für Hunde und Katzen (▶*Abbildung 3.5*) und testen einseitig (alternative = "less").

```
spearman_test(Hunde ~ Katzen, data = VL_17, alternative = "less")

      Asymptotic Spearman Correlation Test
  data:  VL_17$Hunde by VL_17$Katzen
  Z = -1.6784, p-value = 0.04663
  alternative hypothesis: true rho is less than 0
```

Obwohl wir nun die Präferenzurteile nicht mehr als intervallskalierte Werte, sondern als Ränge betrachtet haben, ist der negative Zusammenhang bei einem einseitigen α = 0.05 noch signifikant (p = 0.047).

3.4 Wann welches Verfahren?

Wenn die Voraussetzungen für die Durchführung von parametrischen Tests vorhanden sind, dann sind diese in der Regel auch die mit der höchsten Teststärke. Anders sieht die Sache aus, wenn man einen Kennwert untersuchen möchte, zu dem (noch) keine bekannte Stichprobenverteilung existiert. Das wäre ein Fall für Resampling-Verfahren. Wir haben ein Beispiel hierfür (den Asymmetrie-Index) in den *Abschnitten 3.1.2, 3.1.3* und *3.2.1* durchexerziert. In solchen Fällen (und auch generell) würden wir eher den Bootstrap als einen Randomisierungstest empfehlen, weil Bootstrapping gewissermaßen auf „natürliche Weise" zu Konfidenzintervallen führt und diese mehr Informationen beinhalten als *p*-Werte. Aber auch Randomisierungstests können sehr hilfreich sein, wenn man spezielle Nullhypothesen testen möchte. In diesen Fällen wird man allerdings nicht an „Resampling per Hand" (*Abschnitt 3.1.3*) vorbeikommen.

Wenn man jedoch konventionelle Kennwerte (wie etwa Mittelwerte, Mittelwertsunterschiede, Korrelation etc.) untersuchen möchte, aber deutliche Hinweise auf das Nichtvorliegen der betreffenden Voraussetzungen vorhanden sind, dann kann man entsprechende „vorgefertigte" Verfahren auswählen, wie wir sie für Randomisierungstests in *Abschnitt 3.3* beschrieben haben. Wie schon anfangs erwähnt, finden sich entsprechende Bootstrap-Prozeduren auch direkt in vielen R-Funktionen wieder.

Zusammenfassung

Alle inferenzstatistischen Verfahren, die auf repräsentativen Stichproben beruhen, können im Prinzip auch mithilfe von Resampling-Verfahren durchgeführt werden, bei denen simulierte (anstelle von theoretisch abgeleiteten) Stichprobenverteilungen benutzt werden. Resampling-Verfahren bieten zwei potenzielle Vorteile gegenüber der traditionellen Vorgehensweise: 1. Annahmen über die Werte in der Population sind nicht mehr nötig und 2. beliebige (selbst konstruierte) Kennwerte können untersucht werden. Dieses Kapitel zeigt eine Auswahl dieser alternativen Verfahren. Nach einer kurzen Einführung in das Erstellen von Funktionen in R wird gezeigt, wie man einfache Prozeduren zur Durchführung von Bootstrapverfahren – üblicherweise mit dem Erstellen eines Konfidenzintervalls als Ziel – für beliebige Kennwerte erstellen kann. Auch die grundlegende Vorgehensweise zur Durchführung von Randomisierungstests „per Hand“ für beliebige Nullhypothesen wird illustriert. Im Rest des Kapitels wird der Gebrauch der flexiblen Funktion `boot` aus dem gleichnamigen Paket zum Erstellen von Bootstrap-Konfidenzintervallen anhand von Beispielen illustriert. Zudem werden Randomisierungstest-Alternativen zu herkömmlichen Testverfahren mittels Funktionen aus den Paketen *lmPerm* und *coin* beispielhaft erläutert.

Die R-Funktionen in diesem Kapitel

In diesem Kasten stellen wir Ihnen die Funktionen, die wir in diesem Kapitel benutzt haben, noch einmal zusammen. Dabei lassen wir aus Gründen der Übersichtlichkeit die Argumente weg (die Argumente der jeweiligen Funktionen und deren mögliche Belegungen erhalten Sie immer durch die Eingabe von `?funktionsname`). Wenn Funktionen nicht aus dem Base-R stammen, dann werden sie zusammen mit dem Paket, aus dem sie stammen, aufgelistet (`Paket::Funktion`).

Funktion	Kurze Beschreibung
`quantile`	Liefert die Werte für spezifizierte Quantile von Verteilungen
`sample`	Flexible Funktion zur Ziehung von Zufallsstichproben
`boot::boot`	Berechnet Bootstrap-Stichprobenverteilungen
`boot::boot.ci`	Berechnet Konfidenzintervalle für die Ergebnisse von `boot`
`coin::independence_test`	Zentrale Funktion im Paket *coin*
`coin::oneway_test`	Resampling-Alternative zur einfaktoriellen Varianzanalyse
`coin::spearman_test`	Resampling-Alternative zum Spearman Test (für Rangkorrelationen)
`lmPerm::aovp`	Führt einen Randomisierungstest anstatt einer konventionellen ANOVA durch
`lmPerm::lmp`	Führt einen Randomisierungstest anstatt einer konventionellen Regressionsanalyse durch

Ergänzende und weiterführende Literatur

Kapitel 19 in Sedlmeier, P. & Renkewitz, F. (2018). *Forschungsmethoden und Statistik: Ein Lehrbuch für Psychologen und Sozialwissenschaftler* (3. überarbeitete und erweiterte Auflage). Hallbergmoos: Pearson.

Einige Hintergrundinformationen zu den beschriebenen Verfahren

Good, P. I. (2013). *Introduction to statistics through resampling methods and R* (2nd ed). Hoboken, NJ: Wiley.

Lock, R. H., Lock, P. F., Lock Morgan, K., Lock, E. F., & Lock, D. F. (2020). *Statistics: Unlocking the power of data* (3rd ed). Hoboken, NJ: Wiley.

Beide Bücher sind grundlegende Einführungen in die Inferenzstatistik mit Resamplingverfahren

Edginton, E. S., & Onghena, P. (2007). *Randomization tests* (4th ed). Boca Raton: CRC Press.

Überblick über Randomisierungstests, auch für die experimentelle Einzelfallanalyse

Efron, B. & Tibshirani, F. J. (1993). *An introduction to the bootstrap*. New York: Chapman & Hall.

Fundierte, aber etwas technische Einführung in die Bootstrap-Methode

Pfadanalysen

4

ÜBERBLICK

Lernziele

In diesem Kapitel sollen Sie lernen, wie Sie Pfadmodelle analysieren. Insbesondere sollen Sie nach dem Durcharbeiten des Texts in der Lage sein,

- komplexe Mediatoranalysen (auch unter Einbeziehung von Moderatorvariablen) zu erstellen und deren Ergebnisse zu interpretieren,
- Konfidenzintervalle für Pfadkoeffizienten zu erzeugen und
- Ergebnisse von Pfadmodellen zu interpretieren und einzuordnen.

Die Pfadanalyse ist eine Sonderform der linearen Regression. Daher werden wir in diesem Kapitel zunächst Regression und Pfadanalyse vergleichen und anschließend um Mediatoren und Moderatoren erweitern. Wir benutzen dazu ein vergleichsweise simples Beispiel, damit Sie unsere Überlegungen kleinschrittig nachvollziehen können. Abschließend nutzen wir ein echtes (und komplexeres) Datenbeispiel für eine Pfadanalyse. Wir haben uns dabei für das R-Paket *lavaan* (Rosseel, 2012) entschieden, da dieses Paket die größtmögliche Freiheit für die Konzeption von Pfadmodellen bietet. Außerdem ist es der „Marktführer" für Strukturgleichungsmodelle, eine Weiterentwicklung der Pfadanalyse, die wir im nächsten Kapitel behandeln. Alternativen wären beispielsweise die entsprechenden Funktionen in den Paketen *psych* (Revelle, 2021) und *MBESS* (Kelley, 2017).

4.1 Regression als Pfadanalyse

Bei Pfadanalysen kommen nicht nur direkte Beziehungen zwischen Prädiktoren und Kriterium, sondern auch indirekte Effekte vor. Wenn Sie bereits unseren ersten Band (Sedlmeier und Burkhardt, 2021) studiert haben, kennen Sie mit der Mediatoranalyse bereits eine Pfadanalyse mit indirektem Effekt (dort haben wir das Paket *psych* verwendet). Zum Einstieg benutzen wir ein Datenbeispiel, das Sie auch bei Sedlmeier und Renkewitz (2018) finden. Der Datensatz *Lehr_Lern* enthält die Daten einer Lehr-Lernstudie von 30 fiktiven Personen. Dabei wurden die Motivation, die Lernleistung und die Unterrichtsgüte direkt von (fiktiven) Experten eingeschätzt.

```
head(Lehr_Lern)
```

```
  Motivation Lernleistung Unterrichtsguete
1         98            4              5.0
2         98            5              6.5
3        103            6              7.0
4        101            7              5.5
5        100            8              9.0
6        106           10              6.5
```

Zunächst berechnen wir (als kleine Wiederholung) die lineare Regression von dem Kriterium Lernleistung auf die Prädiktoren Motivation und Unterrichtsgüte. Wir geben außerdem die standardisierten Regressionskoeffizienten mit der Funktion `lm.beta` des gleichnamigen Pakets (Behrendt, 2014) an.

```
LL_reg <-  lm(Lernleistung ~ Motivation + Unterrichtsguete, data = Lehr_Lern)

library(lm.beta)

summary(
  lm.beta(LL_reg)
)
```

```
Coefficients:
                 Estimate Standardized Std. Error t value Pr(>|t|)
(Intercept)      -20.5943       0.0000     4.9150   -4.19  0.00027
Motivation         0.2424       0.6468     0.0581    4.17  0.00028
Unterrichtsguete   0.4563       0.2423     0.2921    1.56  0.12992
```

Wir erkennen, dass der spezifische Einfluss der Motivation deutlich stärker ist als der Einfluss der Unterrichtsgüte auf die Lernleistung. Dieses Ergebnis lässt sich auch schematisch als Pfadmodell veranschaulichen (▶*Abbildung 4.1*)[1].

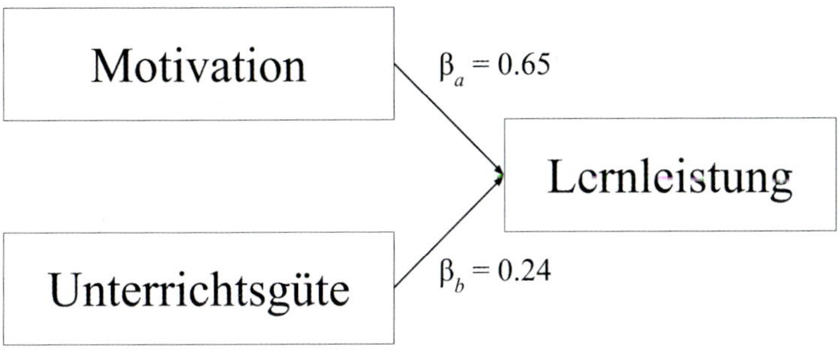

Abbildung 4.1: Schematische Darstellung einer Regression mit Pfaden zwischen den direkt gemessenen Variablen.

▶*Abbildung 4.1* stellt eine erste Pfadanalyse dar. Die direkt gemessenen Variablen werden in rechteckigen Kästen dargestellt und die kausal postulierten Beziehungen mit entsprechenden Pfeilen kenntlich gemacht. An den Pfaden steht hier der standardisierte Regressionskoeffizient β, der bei der Pfadanalyse als Pfadkoeffizient oder Pfadgewicht bezeichnet wird. Wir benutzen für den standardisierten Pfadkoeffizienten hier das Symbol λ.

Wir berechnen dieses erste Pfadmodell mit dem Paket *lavaan*. Dazu muss das Modell in einer speziellen Syntax als Zeichenkette (in Anführungszeichen) erstellt werden. Die Syntax werden Sie aus der Regressionsrechnung wiedererkennen. Obwohl dieses Vorgehen im ersten Moment etwas umständlich wirkt, wird bei zunehmend komplexeren Modellen die Entwicklung des Pfadmodells sehr intuitiv. Die Tilde (das Zeichen `~`) trennt das Kriterium von den Prädiktoren.

1 In unserem ersten Band (Sedlmeier und Burkhardt, 2021) haben wir derartige Abbildungen mit dem Paket *psych* in R erzeugt. Im *Abschnitt 4.2* werden Sie eine Möglichkeit kennenlernen Pfadmodelle grafisch direkt in R zu erstellen.

```
LL_reg_model <- "Lernleistung ~ Motivation + Unterrichtsguete"
```

Anschließend übergeben wir das Model in der Funktion `sem` als Argument und lassen uns mit `summary` die Ergebnisse ausgeben. Die Funktion `sem` steht für *structural equation modeling*, aber da die Pfadanalyse ein Bestandteil von Strukturgleichungsmodellen (mit ausschließlich manifesten Variablen) ist, nutzen wir diese Funktion bereits an dieser Stelle. Für das *sem*-Objekt (in der Dokumentation auch als *lavaan*-Objekt bezeichnet) können wir mit dem Argument `std = TRUE` auch die standardisierten Koeffizienten berechnen lassen.

```
library(lavaan)

LL_reg <- sem(LL_reg_model, data = Lehr_Lern)

summary(LL_reg, std = TRUE)

  Regressions:
                     Estimate  Std.Err  z-value  P(>|z|)   Std.lv  Std.all
    Lernleistung ~
      Motivation        0.242    0.055    4.396    0.000    0.242    0.647
      Unterrichtsgut    0.456    0.277    1.647    0.100    0.456    0.242

  Variances:
                     Estimate  Std.Err  z-value  P(>|z|)   Std.lv  Std.all
      Lernleistung      2.307    0.596    3.873    0.000    2.307    0.290
```

Bei genauer Betrachtung erkennen Sie einige kleine Unterschiede zur Ausgabe der Regression. Die Ausgabe *Regressions* enthält unter *Estimate* die unstandardisierten Pfadkoeffizienten und unter *std.all* die standardisierten Regressionsgewichte. Diese Koeffizienten sind identisch mit denen aus der multiplen Regression. Allerdings unterscheiden sich die Standardfehler (*Std.Err*) leicht, was an dem Maximum Likelihood Schätzverfahren liegt, das in `sem` implementiert ist. Diese Parameterschätzung ist für die späteren Strukturgleichungsmodelle wichtig und basiert auf der Stichprobenvarianz.[2] Tatsächlich gibt es für die Funktion `sem` eine ganze Reihe an Möglichkeiten, die Standardfehler mit dem Argument `se` zu schätzen (Rosseel, 2012). Eine gute Alternative zur Bestimmung von Standardfehlern bietet Bootstrapping (*Kapitel 3*), was wir im *Abschnitt 1.3* zeigen werden. Die zweite Tabelle *Variances* bezieht sich auf die Varianz der Lernleistung nach der Vorhersage mit Motivation und Unterrichtsgüte und entspricht somit der Varianz der Residualwerte der Regression (auch hier als Stichprobenvarianz).

2 Für die Stichprobenvarianz s werden die Quadratsummen mit $1/n$ multipliziert, bei der „unverzerrten" Populationsvarianz σ hingegen mit $1/n\text{-}1$. Die Unterschiede in der Standardfehlerberechnung sind damit bei großen Stichproben vernachlässigbar.

4.2 Pfadanalysen mit Mediation

Das von uns entwickelte Pfadmodell in ▶*Abbildung 4.1* bietet noch keinen Vorteil im Vergleich zur Regression. Daher ergänzen wir nun eine indirekte Beziehung. Wir nehmen an, dass die Motivation eine sogenannte Mediatorvariable (oder kurz: Mediator) ist. Das heißt, besserer Unterricht führt zu gesteigerter Motivation und die wiederum zu einer höheren Lernleistung (▶*Abbildung 4.2*).

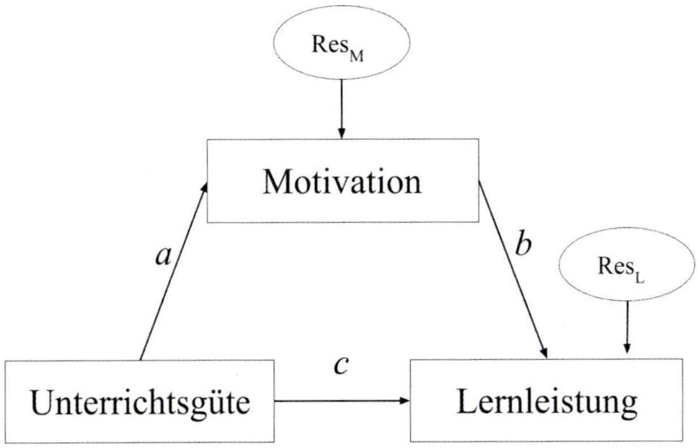

Abbildung 4.2: Pfadmodell einer einfachen Mediatoranalyse.

In diesem Modell haben wir es nicht mehr mit einer Regression, sondern mit zwei Regressionen zu tun. Eine Regression führt die Lernleistung auf Motivation (b) und Unterrichtsgüte (c) zurück. Die zweite Regression führt die Motivation auf die Unterrichtsgüte (a) zurück. Würden wir nun separate Regressionen durchführen, könnten wir nicht die indirekte Beziehung (ab) modellieren. Daher bietet das Pfadmodell eine elegante Lösung, um das gesamte Modell zu prüfen.[3] Bevor wir die Pfadkoeffizienten berechnen, sind noch einige Begriffe zu klären, die uns im Laufe des Kapitels immer wieder begegnen werden bzw. uns schon begegnet sind, und die wir stillschweigend vorausgesetzt haben. Ein *direkter Pfad* entspricht immer einem Pfeil von einem Prädiktor zu einem Kriterium. ▶*Abbildung 4.1* enthielt beispielsweise nur direkte Pfade. *Indirekte Pfade* sind dann gegeben, wenn man über den „Umweg" zu einem Kriterium kommt. In der ▶*Abbildung 4.2* ist das die Beziehung von Unterrichtsgüte über Motivation (a) zur Lernleistung (b). Diese Beziehung nennt man Mediation (Vermittlung), denn der Zusammenhang zwischen Unterrichtsgüte und Lernleistung könnte in unserem Beispiel (zumindest teilweise) durch die Motivation erklärt werden. Solche Mediatoranalysen sind der häufigste Anwendungsfall für Pfadanalysen, die aber auch deutlich komplexer sein können. Wir erstellen zunächst das Modell in Vorbereitung auf die Verwendung der Funktion `sem`.

3 Tatsächlich ist es auch möglich, die Pfadgewichte aus zwei separaten Regressionen zu bestimmen. Eine Beispielrechnung ist bei Sedlmeier und Renkewitz (2018) dargestellt.

```
LL_med_model <- "Lernleistung ~ Motivation + Unterrichtsguete
                 Motivation ~ Unterrichtsguete"
```

Sie sehen, dass die Syntax für dieses Modell recht intuitiv ist, denn wir fügen einfach eine weitere Regressionsgleichung hinzu. Für die Berechnung des Modells behalten wir an dieser Stelle alle Voreinstellungen bei und geben auch die standardisierten Koeffizienten aus (wieder mit `std = TRUE`).

```
LL_med <-  sem(LL_med_model, data = Lehr_Lern)

summary(LL_med, std = TRUE)
```

```
Regressions:
                   Estimate  Std.Err  z-value  P(>|z|)   Std.lv  Std.all
  Lernleistung ~
    Motivation        0.242    0.055    4.396    0.000    0.242    0.647
    Unterrichtsgut    0.456    0.277    1.647    0.100    0.456    0.242
  Motivation ~
    Unterrichtsgut    3.741    0.613    6.106    0.000    3.741    0.744

Variances:
                   Estimate  Std.Err  z-value  P(>|z|)   Std.lv  Std.all
   .Lernleistung      2.307    0.596    3.873    0.000    2.307    0.290
   .Motivation       25.286    6.529    3.873    0.000   25.286    0.446
```

Während die Pfadkoeffizienten der ersten Regression gleichbleiben, erhalten wir nun zusätzlich den Koeffizienten für die Regression von Motivation auf Unterrichtsgüte. Häufig wird das Ergebnis (die standardisierten Pfadgewichte) einer solchen Mediatoranalyse grafisch dargestellt (▶*Abbildung 4.3*). Wir nutzen dazu das Paket *semplot* (Epskamp, 2019) mit der Funktion `semPath`. Diese Funktion besitzt eine hohe Komplexität, die es ermöglicht, eine Vielzahl individueller grafischer Einstellungen vorzunehmen. Wir ermuntern Sie, diese Funktion und ihre verschiedenen Einstellungsmöglichkeiten auszuprobieren, während wir uns aus Gründen der Einfachheit auf einige wenige Argumente beschränken.

```
library(semPlot)

semPaths(LL_med, what = "std", rotation = 2, sizeMan = 9.5, residuals = F,
         edge.color = "black", edge.label.cex = 1, edge.width = .5,
         fade = FALSE, nodeLabels = c("Motiv.", "Lernl.", "Unterr.")
         )
```

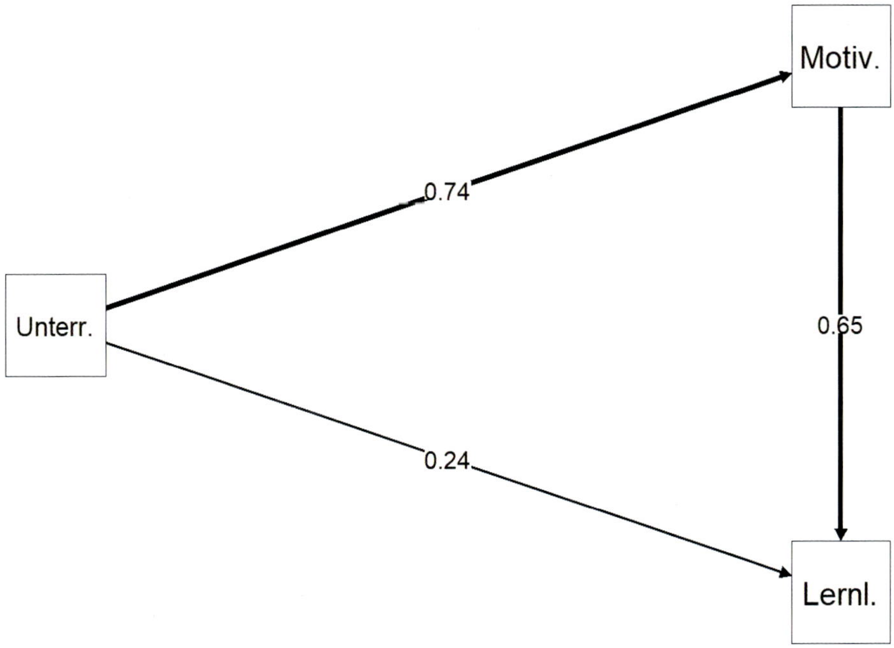

Abbildung 4.3: Pfadmodell mit standardisierten Pfadkoeffizienten einer Mediationsanalyse.

4.3 Signifikanztest für Pfadkoeffizienten

Das Paket *lavaan* bietet für die Koeffizienten als Teststatistik den *z*-Wert (*z-value*) des Wald-Tests auf Basis der Standardnormalverteilung. Der *z*-Wert ergibt sich aus dem Quotienten von standardisierten Pfadkoeffizienten und Standardfehler. Die Nullhypothese des Tests lautet, dass der Pfadkoeffizient den Wert 0 besitzt. Bei der herkömmlichen Regressionsrechnung werden die Koeffizienten mit einem *t*-Test (bei gleicher Nullhypothese) geprüft. Bei großen Stichproben geht der *t*-Test auch in den *z*-Test über.

Die Ausgabe der Pfadanalyse aus *Abschnitt 4.2* zeigt (bei einer Irrtumswahrscheinlichkeit von 5 %), dass der Zusammenhang zwischen Unterrichtsgüte und Lernleistung nicht von null abweicht. Die anderen Pfadkoeffizienten hingegen zeigen eine signifikante Abweichung von null, was auf eine Mediation schließen lässt. Allerdings besitzt der Wald-Test (multivariate) Normalverteilungsannahmen, die nur bei sehr großen Stichproben überprüft werden können. Daher ist das Ergebnis der Signifikanztests oft mit besonderer Vorsicht zu interpretieren. Im *Kapitel 5* (*Abschnitt 5.5.3*) diskutieren wir zwei Möglichkeiten zur Überprüfung dieser Voraussetzung.

Im *Kapitel 3* haben Sie mit dem Bootstrapping bereits eine Alternative zur „herkömmlichen“ Bestimmung von Standardfehlern kennengelernt. Auch diese Variante ist in *lavaan* implementiert. Wir nutzen in der Funktion `sem` das Argument `se = "boot"`, um den Standardfehler mit Bootstrapping zu bestimmen. Der anschließende Wald-

Test nutzt diesen Standardfehler für die Berechnung des *z*-Werts. Mit dem Argument `bootstrap = 1000` geben wir die Anzahl der Wiederholungen an.

```
set.seed(42)

LL_med2 <- sem(LL_med_model, data = Lehr_Lern, se = "boot", bootstrap = 1000)

summary(LL_med2, std = T)

  Regressions:
                     Estimate  Std.Err  z-value  P(>|z|)   Std.lv  Std.all
    Lernleistung ~
      Motivation        0.242    0.055    4.428    0.000    0.242    0.647
      Unterrichtsgut    0.456    0.285    1.604    0.109    0.456    0.242
    Motivation ~
      Unterrichtsgut    3.741    0.515    7.262    0.000    3.741    0.744
```

Im Unterschied zu den Standardeinstellungen erhalten wir nun veränderte Standardfehler und dementsprechend ändern sich auch die *p*-Werte. Allerdings sind die Unterschiede bei unserer Stichprobe relativ klein, was auch daran liegt, dass die Voraussetzungen in dem Beispiel erfüllt sind. Der Vorteil ist aber, dass mit dem Bootstrapping die Verteilungsannahmen nicht notwendigerweise erfüllt sein müssen. Wenn Sie diese Analyse mehrfach durchführen, werden Sie immer leicht unterschiedliche *p*-Werte erhalten, schließlich spielt der Zufall eine Rolle. Sollte man nun so lange probieren, bis der gewünschte *p*-Wert herauskommt? Natürlich nicht! Der Signifikanztest sollte für die Interpretation nur eine untergeordnete Rolle spielen, denn die Pfadkoeffizienten sind nach wie vor unverändert, und diese sind schließlich das relevante Ergebnis Ihrer Analyse[4].

Alternativ zum Signifikanztest empfehlen wir, die Konfidenzintervalle der Pfadkoeffizienten zu bestimmen. So können wir uns auf die Effekte konzentrieren, erhalten einen Eindruck von der Genauigkeit der Schätzung und können nebenbei auch die Signifikanz testen. Auch hier empfehlen wir, den Standardfehler mit `bootstrap` zu ermitteln, wie wir es bereits oben beschrieben haben. Anschließend können wir mit der Funktion `parameterestimates` die Konfidenzintervalle mit Bootstrapping und der Perzentilmethode (`boot.ci.type = "perc"`) ermitteln. Außerdem geben wir mit dem Argument `rsquare = TRUE` die Güte (Ausmaß der aufgeklärten Varianz) der zwei (Teil-) Regressionsgleichungen an (siehe die letzten beiden Zeilen der Ausgabe). Um die Ausgabe übersichtlicher zu gestalten, verzichten wir auf die Ausgabe der Signifikanz mit `zstat = FALSE`.

```
parameterEstimates(LL_med2, boot.ci.type = "perc", rsquare = TRUE,
                   zstat = FALSE)

            lhs op               rhs   est    se ci.lower ci.upper
1  Lernleistung  ~        Motivation 0.242 0.055    0.132    0.357
2  Lernleistung  ~ Unterrichtsguete 0.456 0.285   -0.139    0.995
3    Motivation  ~ Unterrichtsguete 3.741 0.515    2.623    4.681
```

4 Ein weiteres Problem ist das multiple Testen und die damit verbundene α-Fehler-Kumulierung. Wir haben dies Thematik in Sedlmeier und Burkhardt (2021) besprochen. Bei sehr komplexen Modellen stellt diese Problematik eine Einschränkung für die Interpretation des Signifikanztests dar.

```
4       Lernleistung ~~     Lernleistung  2.307 0.533    1.153    3.262
5         Motivation ~~       Motivation 25.286 7.427   11.049   39.154
6 Unterrichtsguete ~~ Unterrichtsguete  2.245 0.000    2.245    2.245
7       Lernleistung r2     Lernleistung  0.710    NA       NA       NA
8         Motivation r2       Motivation  0.554    NA       NA       NA
```

Wir erhalten in der Ausgabe die unstandardisierten Koeffizienten (*est*). Dabei wird in jeder Zeile der Pfadkoeffizient dargestellt. Die 4. bis 6. Zeile enthält die Varianzen der Residualwerte (beim jeweiligen Kriterium) und die Zeilen 7 und 8 den Determinationskoeffizienten (R^2). In den Spalten *ci.lower* und *ci.upper* sehen Sie die Grenzen des 95 %-Konfidenzintervalls. Hierbei lässt sich leicht ablesen, ob es sich um einen signifikanten Effekt handelt. Dazu prüfen wir, ob der Wert 0 von dem Intervall überdeckt wird.[5] Wenn Sie eine gerichtete Hypothese testen wollen, können Sie das Konfidenzintervall mit dem Argument `level` anpassen.

In manchen Fällen wird man an den standardisierten Konfidenzintervallen interessiert sein. Eine pragmatische Möglichkeit stellt die *z*-Standardisierung aller Variablen des Datensatzes vor der Pfadanalyse dar. Anschließend kann die von uns beschriebene Prozedur genutzt werden.

```
set.seed(43)

z_Lehr_Lern <- as.data.frame(scale(Lehr_Lern))

zLL_med_sem <- sem(LL_med_model, data = z_Lehr_Lern, se = "boot",
                   bootstrap = 1000)

parameterEstimates(zLL_med_sem, boot.ci.type = "perc", zstat = FALSE)

               lhs op              rhs   est    se ci.lower ci.upper
1     Lernleistung  ~       Motivation 0.647 0.142    0.365    0.927
2     Lernleistung  ~ Unterrichtsguete 0.242 0.147   -0.072    0.503
3       Motivation  ~ Unterrichtsguete 0.744 0.106    0.513    0.936
4     Lernleistung ~~     Lernleistung 0.280 0.065    0.139    0.391
5       Motivation ~~       Motivation 0.431 0.131    0.184    0.682
6 Unterrichtsguete ~~ Unterrichtsguete 0.967 0.000    0.967    0.967
```

Die direkte Wirkung der Lernleistung auf die Unterrichtsgüte ist vergleichsweise gering, hingegen zeigt die Mediation deutliche Effekte. Steigt die Unterrichtsgüte um eine (standardisierte) Einheit, dann steigt die Lernleistung um 0.72 (standardisierte Einheiten; $a * b + c = 0.74 * 0.65 + 0.24$). Davon gehen 0.48 Einheiten ($a * b$) auf den indirekten Effekt durch die Motivation und 0.24 Einheiten auf den direkten Pfad (die Unterrichtsgüte) zurück.[6]

5 Mit den Argumenten `zstat = TRUE` und `pvalue = TRUE` können zwar die *p*-Werte berechnet werden, diese folgen allerdings der Logik und den Voraussetzungen des „herkömmlichen" Signifikanztest. Daher ist die Bewertung der Konfidenzintervalle die beste Methode, da keinerlei Verteilungsvoraussetzungen nötig sind.

6 Die Berechnung der Konfidenzintervalle ist streng genommen nicht korrekt, da wir zu Beginn der Analyse die *z*-Standardisierung durchführen. Tatsächlich wären zunächst die Koeffizienten zu ermitteln und anschließend zu standardisieren. Der Unterschied ist allerdings vernachlässigbar.

4.4 Güte von Pfadmodellen

Eine der häufigsten Fragen im Zusammenhang mit der Pfadanalyse ist, ob eine Mediation vorliegt und wie diese beschrieben werden kann. Oft besteht der Wunsch, eine qualitative Aussage wie: „Es liegt keine / eine partielle / eine vollständige Mediation vor". Leider können wir keine Regeln formulieren, welche die eine oder andere Aussage mit Sicherheit rechtfertigt. In der Literatur existiert eine Kontroverse darüber, was die geeignete Effektgröße sei, um eine Mediation zu bewerten, und das Vorhandensein von Kontroversen deutet schon darauf hin, dass es keinen Konsens zu einem Thema gibt. Eine Übersicht über Effektstärken für Mediatoranalysen geben Preacher und Kelly (2011) sowie Wen und Fan (2015). Einige Autoren empfehlen die Betrachtung des direkten Pfadkoeffizienten. Dieser ist in unserem Beispiel mit $\lambda_c = 0.24$ nicht signifikant und somit nicht verschieden von 0, was zum Teil als vollständige Mediation gedeutet wird, wenn gleichzeitig der Mediatorpfad signifikant wird. Alternativ kann auch der indirekte Pfad $\lambda_b = 0.70$ multipliziert mit $\lambda_a = 0.74$ auf Signifikanz getestet werden (Sobel-Test). Dafür nutzen wir die Funktion `mediation.test` aus dem Paket *bda* (Bin, 2021).

```
library(bda)

mediation.test(mv = Lehr_Lern$Motivation, iv = Lehr_Lern$Unterrichtsguete,
               dv = Lehr_Lern$Lernleistung)

              Sobel   Aroian  Goodman
   z.value 3.405327 3.373165 3.438427
   p.value 0.000661 0.000743 0.000585
```

Die Ausgabe zeigt drei verschiedene Versionen des Sobel-Tests (Watson, 2016). Alle drei Varianten zeigen ein signifikantes Ergebnis für den indirekten Pfad ($p < 0.05$), was als Vorhandensein einer Mediation gedeutet wird. Diese Art des Tests wird aufgrund der strengen Voraussetzungen kritisiert (Hayes, 2009). Bei sehr kleinen Stichproben ist dieses Vorgehen daher oft nicht empfehlenswert.

Eine Alternative bieten relative Maße, z. B. das Verhältnis zwischen indirektem und direktem Pfad *(0.74 * 0.65) / 0.24 = 2*. Der Effekt des indirekten Pfades ist also doppelt so groß wie der des direkten. Relative Maße haben allerdings den Nachteil, dass gleiche relative Effektstärken bei sehr unterschiedlich starken Einzel-Effekten auftreten können. Aus diesem Grund sind sie immer im Zusammenhang mit den vorliegenden Effekten zu bewerten.

Schließlich kann auch das gesamte Pfadmodell bewertet werden. Dazu wird das R^2 der separaten Regressionen herangezogen. Von der Lernleistung können insgesamt 71 % der Varianz durch die Prädiktoren Motivation und Unterrichtsgüte erklärt werden. Von der Motivation immerhin noch 55 %. Die Erklärungskraft des Beispiels ist damit sehr hoch. In der Forschungspraxis wird man kaum so hohe Determinationskoeffizienten finden. Grundsätzlich gilt aber immer, dass die Interpretation inhaltlich erfolgen sollte.

4.5 Ein komplexeres Datenbeispiel

Am Beispiel eines psychologischen Experiments zum Power-Posing demonstrieren wir eine komplexere Pfadanalyse. Der Datensatz *Power_Pose* enthält die entsprechenden Variablen. Power-Posing bezeichnet kurzgesagt Gesten oder Haltungen, die Erfolge (z. B. zum Himmel gestreckte Arme) oder Misserfolge (z. B. herunterhängende Schultern) ausdrücken. Laut Carney et al. (2010) beeinflusst die vorangegangene Körperhaltung einer Person deren nachfolgende Bewertung. In dem hier vorgestellten Experiment wurden Teams aus jeweils zwei Personen (gleichen Geschlechts) gebildet.[7] Diese Dyade sollte nun, eine gemeinsam zu lösende Aufgabe, erfüllen. Es sollte eine Brücke mit einer bestimmten Stabilität aus Bausteinen gebaut werden. Eine Person des Teams wurde zufällig ausgewählt und nahm vor der kooperativen Aufgabe entweder eine Siegerpose oder eine Misserfolgspose ein (*Pose*). Die andere Person hingegen nahm eine neutrale Pose ein, wobei sich die Personen nicht sehen konnten. Anschließend wurde die Brückenaufgabe gelöst und die Person in der neutralen Pose sollte die Führungsstärke (*Fuehrung*) der anderen Person beurteilen. In der Literatur wurde die körperliche Aktivität (*Aktivitaet*) als Wirkmechanismus postuliert (Personen mit Siegerpose sollten sich nachfolgend mehr bewegen, was wiederum die Führungsstärke ausstrahlen sollte). Die körperliche Aktivität wurde mit Aktivitätssensoren (in einem Sensorgurt) erfasst. Als Kontrollvariable wurde auch die selbst eingeschätzte Dominanz (*Dominanz*) im Vorfeld des Experiments erhoben. Diese könnte als Prädiktor und auch als Moderator auf die Aktivität wirken. Die Moderatorbeziehung bedeutet, dass bei Menschen mit ausgeprägter Dominanz die Wirkung der Pose auf die Aktivität verstärkt sein sollte. ▶*Abbildung 4.4* zeigt das dazugehörige Pfadmodell. Der Pfeil *e* kennzeichnet die moderierende Beziehung (zur Durchführung von einfachen Moderatoranalysen mit R siehe Sedlmeier und Burkhardt, 2021).

7 Das Experiment wurde im Rahmen einer Masterarbeit von Müller (2018) durchgeführt.

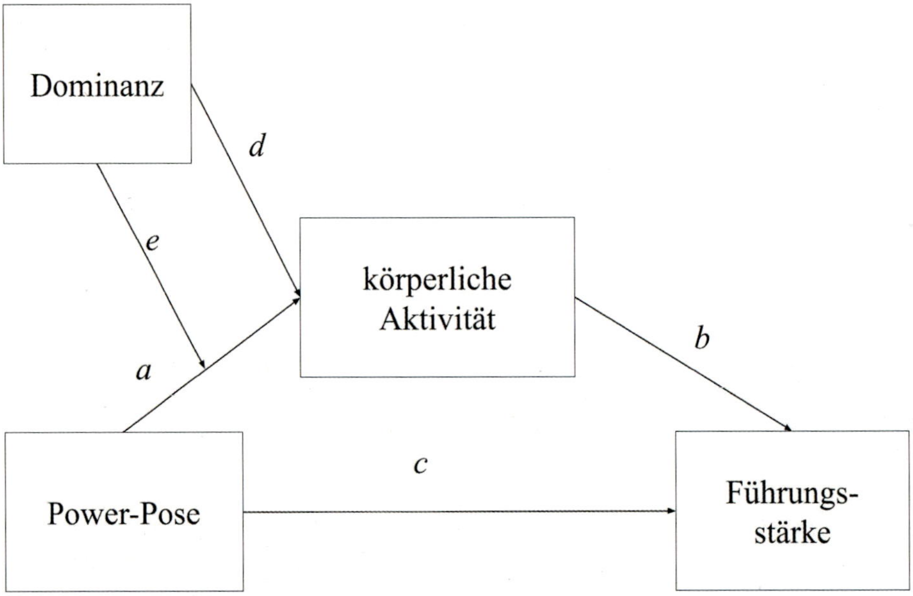

Abbildung 4.4: Pfadmodell zur Wirkung von Power-Posing auf die wahrgenommene Führungsstärke, vermittelt über die körperliche Aktivität (Mediator) unter Kontrolle der Dominanz und ihrer moderierenden Wirkung auf den Zusammenhang zwischen Power-Pose und Aktivität.

Da die Skalen in der ursprünglichen Skalierung mit extrem unterschiedlichen Varianzen vorliegen und die Statistik für Moderatoren sehr sensibel darauf reagiert, haben wir alle Variablen *z*-standardisiert (zur *z*-Standardisierung und Zentrierung siehe Kapitel 9 in Sedlmeier und Burkhardt, 2021). Der Moderator ist bereits im Datensatz vorhanden, kann aber auch durch die Multiplikation von *Pose* und *Dominanz* und anschließender Standardisierung erstellt werden.

Als Erstes verschaffen wir uns einen Überblick über die vorliegenden Daten und prüfen die Linearität (auch hier verweisen wir auf Sedlmeier und Burkhardt, 2021). Dabei fällt auf, dass hier lediglich eine sehr kleine Stichprobe vorliegt ($N = 16$), was an dem aufwendigen Studiendesign lag. Wir konzentrieren uns in der Analyse auf die Größe der standardisierten Effekte, wenngleich wir der Vollständigkeit halber die Signifikanztests ausgeben lassen. Das Pfadmodell aus ▶*Abbildung 4.4* kann entweder durch *Moderator* als die Variablen des Datensatzes oder alternativ als `Pose:Dominanz` in die Syntax eingefügt werden[8].

```
Model_PP <- " Fuehrung ~ Pose + Aktivitaet
             Aktivitaet ~ Pose + Dominanz + Moderator"

set.seed(44)

PA_PP <- sem(Model_PP, data = Power_Pose, se = "boot", test = "boot",
             bootstrap = 1000)
```

8 Tatsächlich erhalten Sie dabei leicht unterschiedliche Ergebnisse. Während unser Moderator im Datensatz nochmals *z*-standardisiert wurde, wird bei der Syntax mit **:** keine Standardisierung vorgenommen.

```
parameterEstimates(PA_PP, boot.ci.type = "perc")

        lhs op        rhs    est    se      z pvalue ci.lower ci.upper
1    Fuehrung  ~        Pose  0.095 0.526  0.180  0.857   -0.961    1.116
2    Fuehrung  ~ Aktivitaet  0.084 0.267  0.314  0.754   -0.473    0.597
3  Aktivitaet  ~        Pose -0.306 0.626 -0.489  0.625   -1.478    0.717
4  Aktivitaet  ~    Dominanz  0.440 0.489  0.899  0.369   -0.383    1.417
5  Aktivitaet  ~   Moderator -0.010 0.515 -0.019  0.985   -0.687    1.083
```

Wir sehen, dass weder die Pose noch die Aktivität einen Einfluss auf die Führungswahrnehmung haben. Auch die moderierende Wirkung der Dominanz ist so gut wie 0. Für die Pose lässt sich ein negativer Effekt (–0.31) finden. Wer zu Beginn eine Power-Pose durchführte, zeigte nachfolgend weniger Aktivität (was der Hypothese widerspricht). Einzig der Einfluss von Dominanz auf Aktivität mit einem Pfadgewicht von 0.44 zeigt einen hypothesenkonformen Koeffizienten. Die Konfidenzintervalle zeigen eine entsprechend große Breite, die der kleinen Stichprobe geschuldet ist. Vielleicht sind Sie darüber verwundert, dass einige Konfidenzintervalle Grenzwerte aufweisen, bei denen der standardisierte Pfadkoeffizient größer bzw. kleiner als eins ist. Tatsächlich können solche extremen Werte bei einer hohen Multikollinearität von Prädiktoren auftreten. Bei besonders kleinen Stichproben wie in unserem Fall sorgt der Zufall beim Bootstrapping dafür, dass auch Datensätze mit hoher Multikollinearität auftreten. In erster Linie ist dies ein Hinweis auf eine (zu) kleine Stichprobe. Sind nicht die Konfidenzintervallgrenzen, sondern die standardisierten Pfadgewichte größer bzw. kleiner als eins, ist gegebenenfalls eine der hoch korrelierenden Variablen aus dem Modell auszuschließen. Inhaltlich reiht sich dieses Ergebnis in die heterogene Befundlage zum Power-Posing ein (Elkjær et al., 2020). Betrachten wir schließlich noch die Güte der beiden Teilmodelle.

```
summary(PA_PP, rsquare = TRUE)

R-Square:
                   Estimate
    FW_fremd          0.008
    Aktiv             0.232
```

Die Führungswahrnehmung lässt sich in diesem Modell überhaupt nicht erklären. Die Varianz in der körperlichen Aktivität kann zumindest mit 23 % durch die verwendeten Prädiktoren erklärt werden.

Zusammenfassung

Pfadanalysen sind eine Generalisierung der Regressionsanalyse, bei der nicht nur direkte Beziehungen zwischen Kriterium und Prädiktoren, sondern auch beliebig komplexe und indirekte Beziehungen (über Mediatorvariablen) analysiert werden können. Solche komplexen Modelle kann man als Zusammenfassung mehrerer (Teil-) Regressionsanalysen zu einem einzigen Modell betrachten. Dies lässt sich gut in der Darstellung pfadanalytischer Gleichungen in dem von uns verwendeten Paket *lavaan* erkennen. Die Pfadanalyse ist ein konfirmatorisches Verfahren. Das heißt, dass die Kausalrichtungen theoretisch begründet werden müssen. Der entscheidende Vorteil gegenüber multiplen Regressionen ist die Modellierung indirekter Beziehungen zwischen den Variablen. Ähnlich wie bei der Regression lassen sich die Pfadkoeffizienten interpretieren und testen. Der Komplexität von Pfadanalysen sind dabei keine Grenzen gesetzt. Es können auch Moderatorbeziehungen und im Grunde beliebig viele Prädiktoren und Mediatoren einbezogen werden. Wenn Verteilungsannahmen verletzt sind, bietet es sich an, Bootstrapping einzusetzen. Typischerweise werden die Ergebnisse von Pfadanalysen grafisch dargestellt und sind dadurch gut kommunizierbar.

Die R-Funktionen in diesem Kapitel

In diesem Kasten stellen wir Ihnen die Funktionen, die wir in diesem Kapitel benutzt haben, noch einmal zusammen. Wenn Funktionen nicht schon vorinstalliert sind, werden sie zusammen mit dem Paket, aus dem sie stammen, aufgelistet (`Paket::Funktion`). Funktionen, die Sie bereits aus früheren Kapiteln kennen, sind hier weggelassen.

Funktion	Kurze Beschreibung
`base:scale`	*z*-Standardisierung
`bda::mediation.test`	Sobel-Test des indirekten Pfades
`lm.beta::lm.beta`	Erzeugt die standardisierten Regressionskoeffizienten β aus *lm*-Objekt
`lavaan::sem`	Berechnet alle Pfadkoeffizienten
`lavaan::parameterEstimates`	Tabellarische Ausgabe von Pfadkoeffizient, Signifikanztest und Konfidenzintervall
`semPlot::semPaths`	Zeichnet das Pfadmodell/Strukturgleichungsmodell mit Pfadgewichten

Ergänzende und weiterführende Literatur

Sedlmeier, P., & Burkhardt, M. (2021). *Datenanalyse mit R: Beschreiben, Explorieren, Schätzen und Testen*. Hallbergmoos: Pearson.

Eine Einführung in die Moderatoranalyse mit R

Sedlmeier, P. & Renkewitz, F. (2018). *Forschungsmethoden und Statistik: Ein Lehrbuch für Psychologen und Sozialwissenschaftler* (3. überarbeitete und erweiterte Auflage). Hallbergmoos: Pearson.

Eine leicht verständliche Einführung in die Pfadanalyse

Strukturgleichungsmodelle

5

ÜBERBLICK

Lernziele

In diesem Kapitel sollen Sie lernen, wie Sie Strukturgleichungsmodelle analysieren. Insbesondere sollen Sie nach dem Durcharbeiten des Texts in der Lage sein, mithilfe von R

- Strukturgleichungsmodelle in der *lavaan*-Syntax zu erstellen,
- Faktorladungen und Pfadkoeffizienten zu interpretieren,
- Strukturgleichungsmodelle grafisch zu erzeugen,
- die Güte von Strukturgleichungsmodellen zu bewerten und
- Voraussetzungen und Schwierigkeiten bei der Analyse zu kennen.

Strukturgleichungsmodelle sind eine Erweiterung der Pfadanalysen. Dabei werden latente Variablen, also nicht direkt messbare Konstrukte in ein Modell integriert, sodass kausale Beziehungen zwischen Variablen abgebildet werden. Ein solches Modell sollte daher stets eine theoretische Grundlage besitzen. In der Psychologie haben wir es oft mit latenten Variablen oder Konstrukten zu tun, die typischerweise mit einem Fragebogen oder Test erfasst werden. Von dem Testergebnis wird dann auf das dahinterliegende Konstrukt geschlossen. Betrachten wir zunächst das Schema eines Strukturgleichungsmodells in ▶*Abbildung 5.1*.

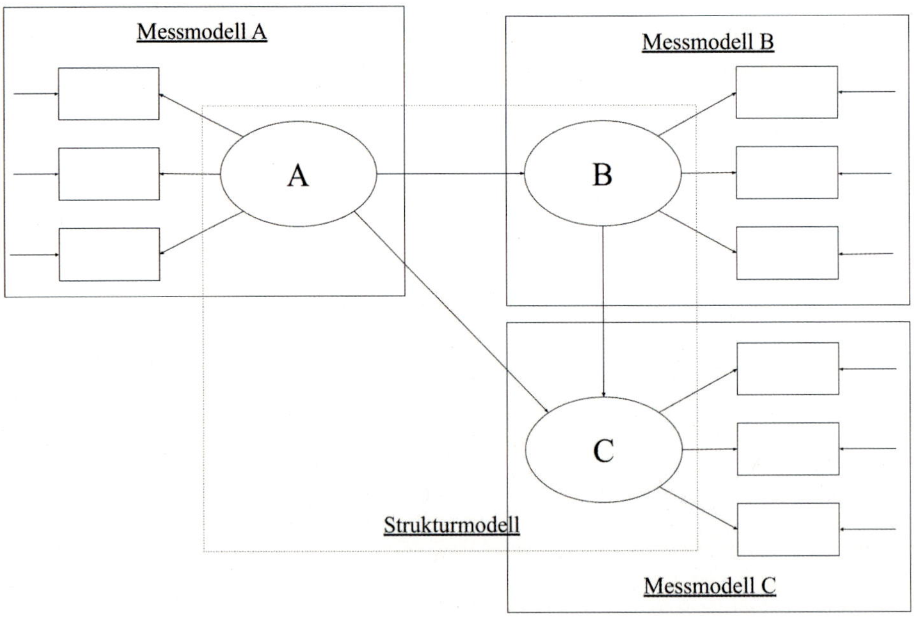

Abbildung 5.1: Schematische Darstellung eines Strukturgleichungsmodells (Strukturmodell mit drei Messmodellen).

Ein Strukturgleichungsmodell besteht aus dem Strukturmodell und den Messmodellen. Das Strukturmodell bildet, ähnlich wie das Pfadmodell, die kausale Beziehung (Pfeile) zwischen den latenten Variablen (dargestellt als Ellipsen: A, B, C) ab. Das Messmodell beschreibt die Wirkung der latenten Variable auf einer manifesten, direkt beobachtbaren Variable (dargestellt als kleine Rechtecke: Items). Ein solches Messmodell entspricht einer konfirmatorischen Faktorenanalyse und man nimmt an, dass die Ausprägung einer Person auf einem Item durch die dahinterliegende latente Variable verursacht wird. Aus diesem Grund gehen auch die Pfeile typischerweise von der latenten Variable zu den manifesten Variablen (und nicht andersherum). Darüber hinaus haben wir auch Pfeile, die auf die beobachtbaren Variablen (Items) zeigen. Dies symbolisiert, dass eine Messung immer auch fehlerbehaftet ist (also ein „Rest" an Erklärungskraft nicht von der latenten Variable kommt, sondern von einem nicht erklärten Varianzanteil, der oft als „Fehler" oder „Residualwert" bezeichnet wird). In diesem Kapitel werden wir Strukturgleichungsmodelle sukzessive analysieren. Dafür betrachten wir zunächst ein Messmodell, anschließend das Strukturmodell und widmen uns schließlich der Interpretation dieser Modelle im Einzelnen.

5.1 Das Messmodell – eine konfirmatorische Faktorenanalyse

Der Datensatz *Arbeit* enthält die Daten einer fiktiven Unternehmensbefragung. ▶*Tabelle 5.1* zeigt die Items mit den dazugehörigen latenten Variablen.

Manifeste Variable / Item	Latente Variable
S1 … Mein Arbeitgeber achtet auf einen ordnungsgemäßen Arbeitsplatz.	Arbeitssicherheit
S2 … Mein Arbeitgeber bietet mir die modernste/aktuellste Sicherheitsausstattung.	
S3 … Mein Arbeitgeber gibt Arbeitssicherheit Vorrang vor der Produktion.	
Q1… In meinem Betrieb geht Produktqualität vor Quantität.	Effizienz/Arbeitsqualität
Q2 … In meinem Betrieb wird Ressourcenverschwendung vermieden.	
Q3 … In meinem Betrieb versuchen erkrankte Mitarbeiter so schnell wie möglich an den Arbeitsplatz zurückzukehren.	
Z1 … Ich bin zufrieden mit dem Organisationsklima und dem Teamgeist.	Arbeitszufriedenheit
Z2 … Ich bin zufrieden mit den Arbeitsbedingungen.	
Z3 … Ich bin zufrieden mit den Karrieremöglichkeiten in meinem Betrieb.	
Lohn … Ich bin zufrieden mit meinem Lohn / Gehalt.	

Tabelle 5.1: Items des Datensatzes Arbeitszufriedenheit

Wir untersuchen zunächst das Messmodell für die latente Variable Arbeitssicherheit (gemessen durch die Items *S1*, *S2* und *S3*). Dieses Modell geben wir in ▶*Abbildung 5.2* an. Es enthält die Faktorladungen (α, β, γ), die Varianz der latenten Variable (*Var(A)*) und die Fehler (ε) der manifesten Variablen. Alle hier durch Pfeile repräsentierten Werte sind sogenannte freie Parameter, die in der nachfolgenden Analyse geschätzt werden.

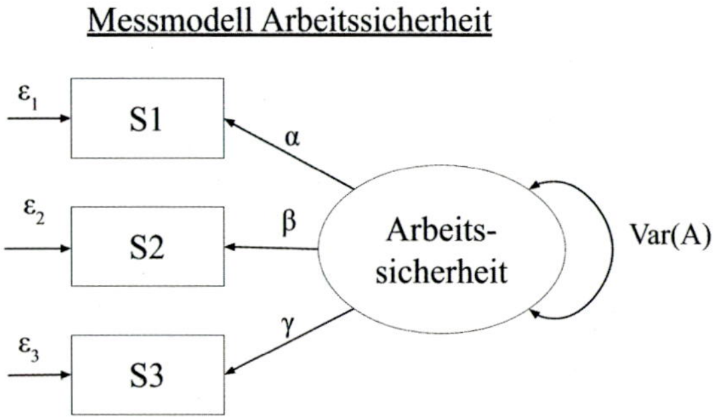

Abbildung 5.2: Messmodell der Arbeitssicherheit.

Den Ausgangspunkt für die Analyse der Strukturgleichungsmodelle und somit auch der Messmodelle bildet die Varianz-Kovarianzmatrix (VKM). Darin sind die Kovarianzen und in der Diagonalen die Varianzen (die Kovarianz einer Variable mit sich selbst) angegeben. Wir setzen für eine bessere Lesbarkeit zunächst in R die angezeigten Nachkommastellen fest und erstellen die Varianz-Kovarianzmatrix mit `cov`.

```
options(digits = 4)

AS <- Arbeit[, c("S1", "S2", "S3")]

AS_cov <- cov(AS)

AS_cov

   S1 1.7013 0.7096 0.5937
   S2 0.7096 1.4789 0.5175
   S3 0.5937 0.5175 1.5774
```

Das Ziel der Analyse ist nun, die freien Parameter (aus ▶*Abbildung 5.2*) so festzulegen, dass die empirische VKM möglichst gut repräsentiert wird. Hierfür werden in der Literatur mehrere Algorithmen vorgeschlagen (vgl. Flora & Curran, 2004). In den meisten Fällen wird die Maximum-Likelihood-Schätzung zur Parameterbestimmung genutzt. Dieser Algorithmus ist in der Standardeinstellung der Funktion `cfa` aus dem Paket *lavaan* (Rossell, 2012) implementiert. Wie schon bei der Pfadanalyse (*Kapitel 4*) müssen wir vor der Verwendung von *lavaan* das Modell spezifizieren. Dabei ist darauf zu achten, dass zwischen latenter und manifesten Variablen `=~` genutzt wird und das gesamte Modell innerhalb der Anführungszeichen steht.[1] Wir geben an dieser Stelle die Zusammenfassung mit `summary` mit den standardisierten Variablen `std = TRUE` aus.

```
library(lavaan)

AS_model <- "AS =~ S1 + S2 + S3"
```

1 Eine Übersicht über die Modelloperatoren finden Sie bei Rosseel (2021) und auf der Seite des Pakets: *https://lavaan.ugent.be/tutorial/syntax1.html.*

```
AS_cfa <- cfa(model = AS_model, sample.cov = AS_cov, sample.nobs = 176)
summary(AS_cfa, std = T)
```

```
lavaan 0.6-9 ended normally after 24 iterations

  Estimator                                         ML
  Optimization method                           NLMINB
  Number of model parameters                         6

  Number of observations                           176

Model Test User Model:

  Test statistic                                 0.000
  Degrees of freedom                                 0

Parameter Estimates:

  Standard errors                             Standard
  Information                                 Expected
  Information saturated (h1) model          Structured

Latent Variables:
                   Estimate  Std.Err  z-value  P(>|z|)   Std.lv  Std.all
  AS =~
    S1                1.000                               0.900    0.692
    S2                0.872    0.198    4.413    0.000    0.784    0.647
    S3                0.729    0.164    4.441    0.000    0.656    0.524

Variances:
                   Estimate  Std.Err  z-value  P(>|z|)   Std.lv  Std.all
   .S1                0.882    0.197    4.473    0.000    0.882    0.521
   .S2                0.855    0.160    5.339    0.000    0.855    0.582
   .S3                1.138    0.152    7.469    0.000    1.138    0.726
    AS                0.809    0.232    3.492    0.000    1.000    1.000
```

Betrachten wir die Ausgabe nun etwas ausführlicher. Sie sehen, dass das Schätzverfahren nach 24 Iterationen konvergiert (*ended normally after 24 iterations*). Das heißt, dass relativ schnell eine stabile Lösung für die zu schätzenden Parameter gefunden werden konnte. Die Anzahl der zu schätzenden Modellparameter wird mit 6 angegeben (*Number of model parameters*). Das ist im ersten Moment irritierend, denn wenn Sie ▶*Abbildung 5.3* betrachten, sehen Sie (einschließlich der Varianz) 7 Parameter (dargestellt als Pfeile), die geschätzt werden müssen. Tatsächlich werden aber nur 6 Werte berechnet, denn ein Wert *S1* (*Estimate*) wird für eine Variable auf den Wert 1 fixiert, dazu gleich mehr. Außerdem erhalten wir die Angabe zur Stichprobengröße N = 173 (*Number of observations*). Die nachfolgenden Zeilen (*Model Test User Model*) und (*Parameter Estimates*) in der R-Ausgabe können wir bei der konfirmatorischen Faktorenanalyse ignorieren. Im *Abschnitt 5.3* gehen wir genauer darauf ein.

Die wichtigsten Informationen sind die Faktorladungen zwischen latenten und manifesten Variablen unter *Latent Variables*. Hier sehen Sie neben den Schätzwerten (*Esti-*

mate) auch die Standardfehler[2] (*std.Err*), Signifikanztests und *p*-Werte. Es zeigen sich für die Items *S2* und *S3* signifikante Faktorladungen auf der latenten Variable Arbeitssicherheit (*AS*) bei $\alpha = 5\ \%$. Für *S1* wird nur ein Wert mit 1 angegeben. Das liegt daran, dass dieser Wert vor der Berechnung auf den Wert eins festgelegt (fixiert) wird. Das ist notwendig, denn eine latente Variable hat zunächst noch keine Skalierung bzw. Einheit. Die Arbeitssicherheit ist ein rein theoretisches Konstrukt. Durch die Fixierung erhält die latente Variable die gleiche Skala wie die erste Variable des Modells *S1* (also eine Skala von 1 bis 6). Nachdem die Skalierung bestimmt ist, können alle anderen Parameter geschätzt und ausgegeben werden.[3] Außerdem sind noch die Spalten für die standardisierte latente Variable (*std.lv*) und die standardisierten Faktorladungen (*std.all*) angegeben. Die hohen Ladungen zeigen eine sehr gute Passung der Items zur latenten Variable. Die anteilige Varianz, die nicht durch den latenten Faktor Arbeitssicherheit erklärt werden kann, ist unter *Variances* in der Spalte *std.all* angegeben. Wir veranschaulichen das unstandardisierte Modell der konfirmatorischen Faktorenanalyse mit unstandardisierten Faktorladungen (▶*Abbildung 5.3*) mit der Funktion `semPaths` aus dem Paket *semplot*, welches Sie bereits aus dem *Kapitel 4* kennen.

```
library(semPlot)

semPaths(AS_cfa, what = "est", edge.color = "black", edge.label.cex = 1,
         edge.width = .5, fade = F)
```

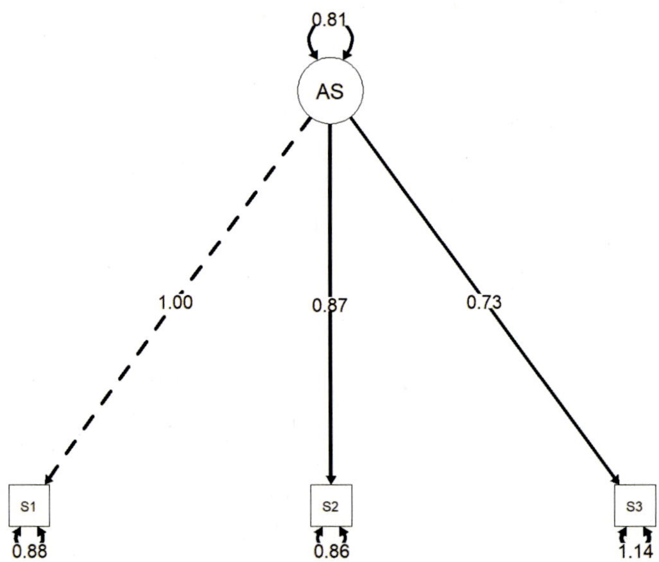

Abbildung 5.3: Modell der konfirmatorischen Faktorenanalyse mit unstandardisierten Faktorladungen.

2 Die Bestimmung des Standardfehlers setzt multivariate Normalverteilung der Daten voraus (*Abschnitt 5.5.3*). Daher werden wir in nachfolgenden Analysen den Standardfehler mit Bootstrap ermitteln.

3 Welche Variable fixiert wird, kann in der Modell-Syntax mit dem Ausdruck `1*` vorgenommen werden: `"AS =~ S1 + 1 * S2 + S3"` fixiert beispielsweise das Item *S2* auf den Wert 1. Standardmäßig wird die erste Variable fixiert.

5.2 Vollständiges Strukturgleichungsmodell

Wir analysieren nun ein vollständiges Strukturgleichungsmodell. Dafür soll die latente Variable Arbeitszufriedenheit durch die Arbeitssicherheit und Arbeitsqualität vorhergesagt werden (▶*Abbildung 5.4*). Dieses Modell enthält drei Messmodelle (zu erkennen an den =~) und das Strukturmodell, welches die Syntax der Regression benutzt (mit ~). Auch hier wird das gesamte Modell innerhalb der Anführungszeichen aufgeführt.

```
Zufr_model <- "
  # Messmodelle
  AS =~ S1 + S2+ S3
  Q =~ Q1 + Q2 + Q3
  AZ =~ Z1 + Z2 + Z3
  # Strukturmodell
  AZ ~ Q + AS
"
```

Im vorangegangenen Beispiel haben wir mit der Varianz-Kovarianzmatrix gearbeitet. Man kann aber auch direkt den Datensatz in die Funktion `sem` übergeben. Dann wird die Varianz-Kovarianzmatrix im Hintergrund erstellt. Außerdem setzen wir die Argumente `se = "boot"`, damit der Standardfehler mittels Bootstrap-Algorithmus ermittelt wird, und `test = "boot"`, um den p-Wert aus der Bootstrap-Stichprobe zu bestimmen (*Kapitel 3*). Die Rechenschritte begrenzen wir mit `bootstrap = 500` (die Anzahl der Bootstrap-Wiederholungen). Diesmal lassen wir uns die Parameter mit `standardizedSolution` ausgeben (natürlich wäre auch wieder `summary` oder `parameterEstimates` möglich). Bei einem Modell mit vielen zu schätzenden Parametern ist die Ausgabe entsprechend umfangreich. Wir gehen zunächst auf die Pfadkoeffizienten der Messmodelle (=~) und das Strukturmodell ein (in unserem Beispiel die ersten 11 Zeilen der Ausgabe).

```
set.seed(2021)

Zufr_sem <- sem(Zufr_model, data = Arbeit, se = "boot", test = "boot",
                bootstrap = 500)

standardizedSolution(Zufr_sem)[1:11, ]
```

```
   lhs op rhs est.std    se      z pvalue ci.lower ci.upper
1   AS =~  S1   0.697 0.071  9.810  0.000    0.558    0.836
2   AS =~  S2   0.665 0.093  7.146  0.000    0.483    0.847
3   AS =~  S3   0.492 0.087  5.626  0.000    0.321    0.663
4    Q =~  Q1   0.525 0.093  5.647  0.000    0.343    0.707
5    Q =~  Q2   0.031 0.103  0.300  0.764   -0.172    0.234
6    Q =~  Q3   0.684 0.193  3.550  0.000    0.307    1.062
7   AZ =~  Z1   0.777 0.048 16.233  0.000    0.683    0.871
8   AZ =~  Z2   0.714 0.054 13.236  0.000    0.608    0.820
9   AZ =~  Z3   0.711 0.054 13.079  0.000    0.604    0.817
10  AZ  ~   Q   0.370 0.139  2.661  0.008    0.097    0.642
11  AZ  ~  AS   0.391 0.129  3.031  0.002    0.138    0.643
```

Bei standardisierten Parametern wird nun die Varianz der latenten Variablen auf 1 (die Varianz der Standardnormalverteilung) fixiert. Dadurch ist ein Vergleich der standardisierten Faktorladungen und Pfadkoeffizienten möglich. Betrachten Sie die Pfadgewichte (*est.std*) der Reihe nach. Alle Koeffizienten sind recht hoch, außer das kleine Pfadgewicht von Item *Q2* auf der Variable Qualität. Dieses Item passt nicht besonders gut zur latenten Variable. Die Standardfehler (*se*) sind ein Streuungsmaß der Stichprobenverteilung und repräsentieren ebenso wie die Konfidenzintervalle die Genauigkeit der geschätzten Pfadkoeffizienten. In Hinblick auf die Signifikanz (*z* und *pvalue*) zeigt die Faktorladung von *Q2* bei einem $\alpha = 5\ \%$ keine Abweichung von null, da $p > 0.05$. Äquivalent dazu können Sie für die Prüfung der Signifikanz auch die Konfidenzintervalle (*ci.lower* und *ci.upper*) betrachten. Diese sind für die *Q3* sehr breit. Die Schätzung dieser Faktorladung ist somit unsicher. Für *Q2* wird der Wert null überdeckt, was einem nicht signifikanten Ergebnis entspricht.

In den Zeilen 10 und 11 sind die Ladungen der latenten Variablen angegeben. Diese sind entscheidend für die Bewertung des Strukturmodells, also der theoretisch postulierten Beziehungen. Wir sehen zwei annähernd gleichgroße Pfadkoeffizienten von mittlerer Ausprägung (0.37 und 0.39). Beide sind bei einem $\alpha = 5\ \%$ signifikant. Sowohl die Qualität als auch die Sicherheit der Arbeit haben einen positiven (und annähernd gleichen Einfluss) auf die Arbeitszufriedenheit.

Betrachten wir nun die Residualvarianzen (~~) also den „Rest" der jeweiligen Varianzen, der nicht durch das Modell bzw. die anderen Variablen erklärt werden kann (in unserem Beispiel die Zeilen 12 bis 24 der Ausgabe).

```
standardizedSolution(Zufr_sem)[12:24, ]

   lhs op rhs est.std    se       z pvalue ci.lower ci.upper
12  S1 ~~  S1   0.514 0.099   5.190  0.000    0.320    0.708
13  S2 ~~  S2   0.558 0.124   4.505  0.000    0.315    0.800
14  S3 ~~  S3   0.758 0.086   8.813  0.000    0.589    0.927
15  Q1 ~~  Q1   0.725 0.098   7.426  0.000    0.533    0.916
16  Q2 ~~  Q2   0.999 0.006 155.628  0.000    0.986    1.012
17  Q3 ~~  Q3   0.532 0.264   2.016  0.044    0.015    1.049
18  Z1 ~~  Z1   0.396 0.074   5.326  0.000    0.250    0.542
19  Z2 ~~  Z2   0.490 0.077   6.369  0.000    0.339    0.641
20  Z3 ~~  Z3   0.495 0.077   6.410  0.000    0.344    0.646
21  AS ~~  AS   1.000 0.000      NA     NA    1.000    1.000
22   Q ~~   Q   1.000 0.000      NA     NA    1.000    1.000
23  AZ ~~  AZ   0.617 0.107   5.739  0.000    0.406    0.827
24  AS ~~   Q   0.326 0.110   2.969  0.003    0.111    0.542
```

Da die standardisierten Variablen eine Varianz von eins besitzen, ergibt sich die Residualvarianz aus der Differenz von 1 und der quadrierten Faktorladung (die unaufgeklärte Varianz der manifesten Variable).[4] Auffallend ist, dass die erklärte Varianz der Arbeitszufriedenheit von eins abweicht, obwohl diese standardisiert ist. Die Arbeitszufriedenheit wird jedoch nicht nur durch die Items, sondern auch durch die laten-

4 Zum Beispiel besitzt das Item *S1* eine Faktorladung von 0.697 (Zeile 1). Die Residualvarianz (Zeile 12) ergibt sich nun aus $1 - 0.697^2 = 0.514$.

ten Variablen erklärt, daher verändert sich die Varianz. In Veröffentlichungen werden Strukturgleichungsmodelle meist mit standardisierten Koeffizienten grafisch wie in ▶*Abbildung 5.4* dargestellt (mit der Funktion semPaths). Die hohen Koeffizienten legen nahe, dass dieses Modell eine gute bis sehr gute Passung besitzt.

```
semPaths(Zufr_sem, what = "std", edge.color = "black", edge.label.cex = 1,
        edge.width = .5,  fade = F, rotation = 2)
```

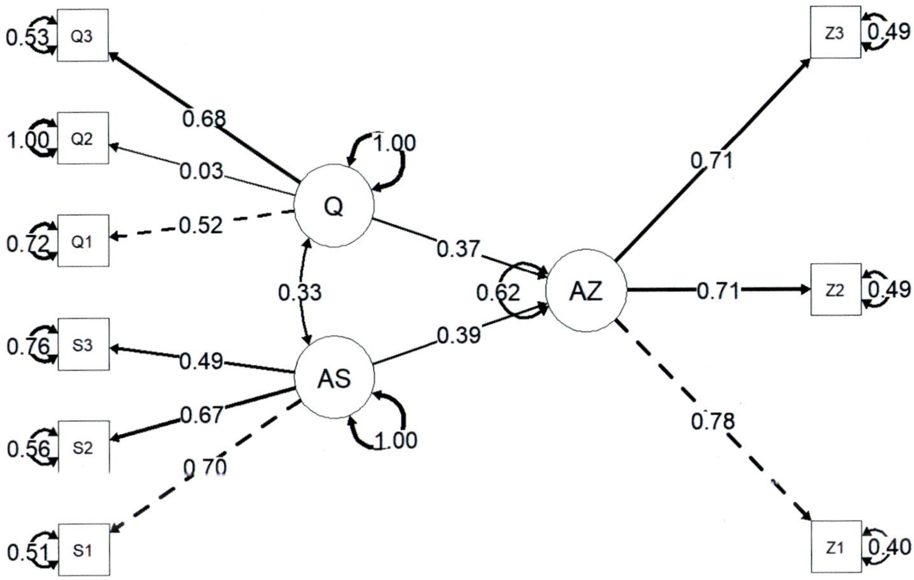

Abbildung 5.4: Strukturgleichungsmodelle der Arbeitszufriedenheit mit standardisierten Pfadkoeffizienten.

5.3 Die Güte von Strukturgleichungsmodellen

Neben den Pfadkoeffizienten gibt es Gütemaße, die Auskunft über die Passung des gesamten Strukturgleichungsmodells geben. Auch wenn ein einzelner Pfadkoeffizient nicht besonders groß ist, kann das Modell als Ganzes theoriekonform sein. Diese „globalen" Gütemaße lassen sich unterschiedlichen theoretischen Herangehensweisen zuordnen, weswegen wir die verschiedenen Ansätze hier nacheinander beschreiben.

5.3.1 Signifikanztests

Die Überprüfung der Modellgüte mit Signifikanztests basiert darauf, unser errechnetes Modell systematischen Vergleichen zu unterziehen. Dabei stehen grundsätzlich zwei Möglichkeiten zur Verfügung. Der aufwärtsgerichtete Vergleich mit dem gesättigten Modell (das bestmögliche Modell) und der abwärtsgerichtete Vergleich mit dem Baseline-Modell (das schlechtmöglichste Modell). Das gesättigte Modell ist ein Modell, bei dem die Pfadkoeffizienten ermittelt werden, welche die Varianz-Kovarianzmatrix perfekt reproduzieren. Dieses Modell besitzt keine latenten Variablen und die Pfade zwischen den manifesten Variablen entsprechen der Kovarianz.[5] Dadurch gibt es beim gesättigten Modell auch keine Freiheitsgrade (mehr dazu im *Exkurs*). Wenn das empirische Modell gut ist, sollte es eine möglichst geringe Abweichung zum gesättigten Modell aufweisen. Ein X^2-Test prüft nun, ob diese Diskrepanz signifikant ist. Dieser X^2-Test wird bei der Funktion `summary` automatisch als Modelltest ausgegeben. Wir werden diesen Test hier mit der Funktion `anova` ausführen,[6] um die Logik des Tests zu erläutern, und erstellen zunächst das gesättigte Modell.

```
Zufr_sat_model <- "
  S1 ~~ S2 + S3 + Q1 + Q2 + Q3 + Z1 + Z2 + Z3
  S2 ~~ S3 + Q1 + Q2 + Q3 + Z1 + Z2 + Z3
  S3 ~~ Q1 + Q2 + Q3 + Z1 + Z2 + Z3
  Q1 ~~ Q2 + Q3 + Z1 + Z2 + Z3
  Q2 ~~ Q3 + Z1 + Z2 + Z3
  Q3 ~~ Z1 + Z2 + Z3
  Z1 ~~ Z2 + Z3
  Z2 ~~ Z3
"

Zufr_sat_sem <- sem(Zufr_sat_model, data = Arbeit)

anova(Zufr_sat_sem, Zufr_sem)
```

```
   Chi-Squared Difference Test
               Df  AIC  BIC Chisq Chisq diff Df diff Pr(>Chisq)
   Zufr_sat_sem  0 4927 5070   0.0
   Zufr_sem     24 4906 4973  27.5       27.5      24       0.28
```

Im Gegensatz zum herkömmlichen Signifikanztest ist hier ein nicht signifikantes Ergebnis wünschenswert, da die Nullhypothese davon ausgeht, dass keine Unterschiede zwischen dem gesättigten und dem empirischen Modell vorhanden sind. Das führt zu dem Problem, dass eine große Stichprobe (und genau das ist ja wichtig für eine genauere Modellschätzung) zu einer hohen Power führt und auch kleinste Unterschiede signifikant werden. Daher hat sich in der Praxis eine Faustregel etabliert, die das Problem berücksichtigt. Sie besagt, dass das Verhältnis zwischen X^2-Wert und den Freiheitsgraden kleiner sein sollte als der Wert 2.5 (Schermelleh-Engel et al., 2003). Hier beträgt der X^2-Wert 27.5 und bei 24 Freiheitsgraden ergibt sich ein Verhältnis von 27.5 / 24 = 1.15, was für das postulierte Modell spricht. Der p-Wert ($p < 0.28$) des Signifikanztests zeigt bei einem α von 5 % keine Abweichungen zwischen dem empirischen Modell und dem gesättigten Modell, was auch für die Güte des Modells spricht. Auch wenn in unserem Beispiel die Faustregel erfüllt ist, treten in der Praxis häufig widersprüchliche Ergebnisse bei der Bewertung von Strukturgleichungsmodellen mit Signifikanztests auf. Aus diesem Grund sollten nicht nur der Signifikanztest, sondern noch weitere Gütemaße herangezogen werden. Die Informationskriterien AIC und BIC, die zusätzlich Teil der Ausgabe sind, werden wir in *Abschnitt 5.4.3* kurz erläutern.

5 Sie können sich natürlich auch das gesättigte Modell mit `semPaths(Zufr_sat_sem)` anzeigen lassen.

6 Wir benutzen die Funktion `anova`, die wir in unserem ersten Band (Sedlmeier & Burkhardt, 2021) bereits für Modellvergleiche von Regressionen genutzt haben. Die Funktion `lavTestLRT` ist die *lavaan*-spezifische Alternative und etwas flexibler.

Exkurs: Freiheitsgrade und Identifizierbarkeit

Die Freiheitsgrade werden als Differenz aus der Anzahl der vorhandenen Datenpunkte (Varianzen und Kovarianzen) und der Anzahl der zu schätzenden Parameter berechnet. Bei einer symmetrischen VKM gibt es nur $k * (k + 1) / 2$ Kovarianzen und Varianzen als Datenpunkte, wobei k die Anzahl der Items ist. Betrachten Sie beispielsweise noch mal die VKM der Arbeitssicherheit (`cov(AS)`). Diese Matrix enthält 9 Werte und 3 Items ($k = 3$). In der Matrix kommen 3 Werte doppelt vor, denn für die Berechnung der Kovarianz können Sie die Werte der Items vertauschen. Es ergeben sich also lediglich 9 – 3 = 6 Werte, um die konfirmatorische Faktorenanalyse bzw. das Strukturgleichungsmodell zu erstellen. Unser *Zufr_model* basiert auf $k = 9$ manifesten Variablen, somit ergeben sich 45 vorhandene Datenpunkte. Nun müssen wir noch herausfinden, wie viele Parameter des Strukturgleichungsmodells zu schätzen sind. Salopp gesagt, sind es alle Werte, die an einem Pfeil stehen. In ▶*Abbildung 5.4* sind das 24 Pfeile. Allerdings sind 3 Pfeile „fixiert“, weil ja je eine manifeste Variable für die Skalierung der drei latenten Variablen benutzt werden muss und der entsprechende Pfadkoeffizient dadurch festgelegt ist. Somit ergeben sich in diesem Beispiel 45 – (24 – 3) = 24 Freiheitsgrade.

Mit den Freiheitsgraden ist auch die Identifizierbarkeit eines Strukturgleichungsmodells verbunden. Ist die Anzahl der Freiheitsgrade > 0, handelt es sich um ein überidentifiziertes Modell (der typische Fall für Strukturgleichungsmodelle). Ist die Anzahl der Freiheitsgrade gleich null, handelt es sich um ein identifiziertes Modell. Solche Modelle kennen Sie bereits. In diesem Kapitel haben wir dies als gesättigtes Modell kennengelernt. Pfadanalysen und Regressionsanalysen ohne latente Variable sind auch identifizierte Modelle. Wenn die Freiheitsgrade < 0 sind, handelt es sich um ein unteridentifiziertes Modell und eine Berechnung des Strukturgleichungsmodells ist nicht möglich. Eine ausführliche Darstellung zum Schätzen der freien Parameter findet sich bei Sedlmeier und Renkewitz (2018).

Neben dem Vergleich mit dem gesättigten Modell können wir auch das Baseline-Modell heranziehen. In diesem Modell gibt es keine Kovarianz zwischen den Variablen und keine Erklärungskraft (also das schlechteste Modell, welches man sich vorstellen kann). Wir erstellen ein solches Baseline-Modell.

```
Zufr_base_model <- "
  S1 ~~ S1
  S2 ~~ S2
  S3 ~~ S3
  Q1 ~~ Q1
  Q2 ~~ Q2
  Q3 ~~ Q3
  Z1 ~~ Z1
  Z2 ~~ Z2
```

```
  Z3 ~~ Z3
"

Zufr_base_sem <- sem(Zufr_base_model, data = Arbeit)
```

Mit der anova Funktion können wir nun wieder einen Vergleich anstellen, wobei diesmal natürlich eine systematische Unterscheidung beider Modelle erwünscht ist.

```
anova(Zufr_base_sem, Zufr_sem)

                  Df  AIC  BIC Chisq Chisq diff Df diff Pr(>Chisq)
  Zufr_sem        24 4906 4973  27.5
  Zufr_base_sem   36 5170 5199 315.5        288      12     <2e-16 ***
```

In der Praxis führt man diesen Test allerdings nicht durch, da er wenig Aussagekraft besitzt (auch ein schlechtes Modell kann signifikant vom Baseline-Modell abweichen). Allerdings nutzt man das Baseline-Modell für die nachfolgenden Gütemaße.

5.3.2 Inkrementelle Gütemaße

Inkrementelle Maße beschreiben die Zunahme (Inkrement) an Erklärungskraft durch das postulierte Modell im Vergleich zum Baseline-Modell. Zwei verbreitete Maße sind der Comparative Fit Index (CFI) und der Tucker-Lewis Index (TLI). Wir geben an dieser Stelle eine schematische Formel zum Grundverständnis der inkrementellen Maße an.[7]

$$\text{Inkrementelle Güte} = \frac{X^2_{Baseline} - X^2_{empirisch}}{X^2_{Baseline}}$$

Je größer der Abstand zwischen dem empirischen und dem Baseline-Modell, desto besser ist die Passung. Die inkrementellen Maße CFI und TLI berücksichtigen darüber hinaus die Freiheitsgrade. Im Grunde sind sie aber sehr ähnlich und typischerweise wird eines von beiden berichtet. Die Formeln sind bei Schermelleh-Engel et al. (2003) angegeben. In R können wir uns die Gütemaße mit der Funktion fitMeasures ausgeben lassen. Wir benutzen in der folgenden Code-Zeile die Namen der Maße, um nur die von uns besprochenen Werte auszuwählen. Für den CFI und den TLI werden in der Literatur (vgl. Hu & Bentler, 1999) Werte > 0.95 als gute Indizes angesehen.

```
fitMeasures(Zufr_sem)[c("cfi", "tli")]

     cfi    tli
  0.9875 0.9812
```

5.3.3 Fehlermaße

Der Root Mean Square Error of Approximation (RMSEA) ist ein Fehlermaß, welches ebenso auf dem X^2-Wert des empirischen Modells basiert und wie der CFI und TLI die Freiheitsgrade, darüber hinaus aber auch noch die Stichprobengröße einbezieht.

7 Tatsächlich entspricht diese Formel dem Normed Fit Index (NFI). Allerdings wird dieser wegen der Abhängigkeit von der Stichprobengröße und der Anzahl der Modellparameter (im Vergleich zu CFI und TLI) nicht empfohlen.

Der RMSEA gibt die Nichtpassung pro Freiheitsgrad an. Dabei gelten Werte < 0.08 als akzeptabel und Werte < 0.05 als gut bis sehr gut (vgl. Hu & Bentler, 1999). Da für den RMSEA die Stichprobenverteilung abgeleitet werden kann, wird hier auch ein Konfidenzintervall angegeben. MacCallum et al. (1996) schlagen dafür auch Signifikanztests vor. Diese Tests sind vorrangig für die A-priori-Poweranalyse relevant (*Abschnitt 5.5.1*).

```
fitMeasures(Zufr_sem)[c("rmsea", "rmsea.ci.lower", "rmsea.ci.upper")]

         rmsea rmsea.ci.lower rmsea.ci.upper
       0.02877        0.00000        0.06999  rmsea
```

Der RMSEA in unserem Modell kann nach diesen Konventionen als gut bis sehr gut bewertet werden. Eine weitere, aber in der Praxis seltener eingesetzte Modifikation schlägt Kenny (2020) vor. Der Autor vergleicht den RMSEA des Baseline-Modells mit dem Wert 0.158. Dieser Wert wird als Richtwert genutzt, da CFI und RMSEA miteinander korrespondieren und der CFI nur dann aussagekräftig ist, wenn der RMSEA des Baseline-Modells > 0.158. Dieses Vorgehen berücksichtigt Baseline-Modelle mit einem vergleichsweise kleinen Fehler, denn unter solchen Bedingungen wäre ein geringes Fehlermaß und ein großes inkrementelles Maß nicht besonders aussagekräftig.

```
fitMeasures(Zufr_base_sem)["rmsea"]

  rmsea
   0.21
```

In unserem Beispiel deutet der große Fehler des Baseline-Modells (RMSEA = 0.21) auf eine gute Modellspezifikation hin.

Ein weiteres Fehlermaß ist der Standardized Root Mean Squared Residuals (SRMS). Dabei wird die mittlere Abweichung der Residualwerte, also der Differenzen zwischen der empirisch beobachteten VKM und der modellbasierten VKM berechnet. Für den SRMS wird ein Wert < 0.08 angestrebt, wobei Werte von < 0.05 als gut angesehen werden.

```
fitMeasures(Zufr_sem)["srmr"]

  srmr
  0.04062
```

Darüber hinaus können aber auch die Residualwerte selbst betrachtet werden. Dadurch können Kovarianzen bzw. Korrelationen identifiziert werden, die nicht zur Ausgangsmatrix passen. Besonderes Augenmerk ist dabei auf Items zu legen, deren Residualwerte mit mehreren anderen Items groß ausfallen. Mit `LavResiduals` erhalten wir die Matrix mit den Residualwerten der Korrelationen (`type = "cor"`).[8]

8 Die Argumente `zstat` und `summary` müssen in unserem Fall auf FALSE gesetzt werden, da wir die Standardfehler mit Bootstrap ermittelt haben. Wenn Sie das Modell anders erzeugen, z. B.: `Zufr_sem2 <- sem(Zufr_model, data = Arbeit)`, können Sie auch die gesamte Residualstatistik nutzen.

```
lavResiduals(Zufr_sem, type = "cor", zstat = F, summary = F)

  $type
  [1] "cor.bollen"
  $cov
      S1     S2     S3     Q1     Q2     Q3     Z1     Z2     Z3
  S1  0.000
  S2 -0.016  0.000
  S3  0.020  0.012  0.000
  Q1  0.053 -0.052 -0.029  0.000
  Q2 -0.046  0.051 -0.031 -0.008  0.000
  Q3 -0.007  0.036 -0.042  0.000  0.015  0.000
  Z1 -0.023  0.035 -0.139 -0.033 -0.080 -0.003  0.000
  Z2  0.079  0.009  0.048  0.085 -0.031  0.035 -0.012  0.000
  Z3 -0.026  0.016 -0.041 -0.033  0.073 -0.034  0.028 -0.021  0.000
```

Die Items *Z1* und *S3* zeigen größere Residualwerte. Das Strukturgleichungsmodell repräsentiert die empirische Kovarianz des Items nur in geringem Maß. Allerdings ist dies eine einzelne Abweichung und insgesamt betrachtet sind die korrelativen Abweichungen gering. Sie betreffen weitgehend die zweite Nachkommastelle der Korrelation und sprechen daher auch für ein gutes Modell.

5.3.4 Kommunikation der Modellgüte

Wenn Sie die komplette Ausgabe der Funktion `fitMeasures` betrachten, erhalten Sie noch eine Vielzahl weiterer Gütemaße. Urban und Mayerl (2014) empfehlen die Kommunikation eines inkrementellen Maßes (CFI oder TLI) und der Fehlermaße RMSEA und SRMR. Da beide Fehlermaße unterschiedlich berechnet werden, sind sie unabhängig voneinander aussagekräftig. Neben den von uns vorgestellten Faustregeln zur Bewertung sind aber auch die Pfadkoeffizienten zu berücksichtigen. Diese geben Auskunft über die Wirkrichtung und Wirkgröße im theoretisch postulierten Modell. In älterer Literatur werden manchmal noch absolute Gütemaße, wie zum Beispiel der Goodness of Fit Index (GFI), verwendet. Diese absoluten Maße wurden als Äquivalent zur aufgeklärten Varianz kommuniziert. Allerdings wird die Verwendung dieser Maße nicht mehr empfohlen, unter anderem wegen der Abhängigkeit von der Stichprobengröße (Jackson, 2001, Sharma et al., 2005) und einer geringen Korrespondenz mit den Fehlermaßen (Hu & Bentler, 1999).

5.4 Weitere Modellspezifikationen und Modellvergleiche

Bei Strukturgleichungsmodellen gibt es eine Vielzahl weiterer Modellierungsmöglichkeiten, von denen wir hier nur einzelne Aspekte ansprechen. Probieren Sie die Hilfefunktion von *lavaan* aus, um einen ersten Einblick in die Flexibilität der Analyse zu bekommen.

5.4.1 Kovarianz zwischen manifesten Variablen

Wir haben einführend ein recht einfaches Strukturgleichungsmodell erstellt (*Zufr_sem*). Eine implizite Annahme dieses Modells ist, dass die Korrelation zwischen zwei manifesten Variablen (also zwei Items) auf die entsprechende latente Variable zurückgeht. Manchmal ist es aber auch schlüssig eine Korrelation zwischen zwei Items anzunehmen, die über die latente Variable hinausgeht (also nicht durch die latente Variable erklärt wird). Beispielsweise könnte ein Item bereits zu einer fruheren Befragung beantwortet worden sein und erneut zu einem späteren Zeitpunkt. In diesem Fall ist eine große Kovarianz zwischen beiden Items zu erwarten, die nicht auf die latente Variable zurückzuführen ist (beispielsweise, weil Personenmerkmale bei der Beantwortung eines Items eine Rolle spielen). Diese Kovarianz kann mit `~~` in das Modell aufgenommen werden. Damit verändert sich natürlich auch die Anzahl der zu schätzenden Parameter. Wird beispielsweise eine zusätzliche Kovarianz im Strukturgleichungsmodell definiert, sinkt die Anzahl der Freiheitsgrade um eins.

5.4.2 Gruppenvergleiche

Gibt es verschiedene Subgruppen in der Analyse, können diese mit dem Argument `group` einbezogen werden. Die Gruppe wird typischerweise als *factor* oder *character* in die Funktion `sem` übergeben. Achten Sie darauf, dass die Gruppenkodierung in alphabetischer Reihenfolge durchgeführt wird. Wir erstellen hier exemplarisch die Variable *Lohngruppe*, für die wir anschließend Pfadkoeffizienten für die jeweilige Lohngruppe erhalten. Dazu kategorisieren wir alle Personen, die eine geringe Zufriedenheit mit ihrem Lohn haben (Lohn $\leq$ 2.5) in die Gruppe *niedrig* und alle, die eine hohe Zufriedenheit mit ihrem Lohn haben (*Lohn* > 2.5), in die Gruppe *hoch*. Wenn wir nun in der Funktion `sem` das Argument `group` definieren, entspricht dieses Vorgehen zwei eigenständigen Analysen. Der Vorteil ist dabei, dass Sie die beiden Modelle anhand der Pfadkoeffizienten vergleichen können. Wir betrachten an dieser Stelle nur das Strukturmodell und die standardisierten Koeffizienten und wählen die entsprechenden Spalten und Zeilen.[9]

```
Arbeit$Lohngruppen <- cut(Arbeit$Lohn, breaks = c(0, 2.5, 6),
                          c("niedrig", "hoch"))

Zufr_sem_gr <- sem(Zufr_model, data = Arbeit, group = "Lohngruppen")

standardizedSolution(Zufr_sem_gr)[c(10, 11, 46, 47), c(1:5)]
```

```
   lhs op rhs group est.std
10  AZ  ~   Q     1   0.310
11  AZ  ~  AS     1   0.473
46  AZ  ~   Q     2   0.495
47  AZ  ~  AS     2   0.352
```

In der Spalte *group* wird die Gruppenzugehörigkeit angezeigt. Die Gruppe 1 steht nun für Lohngruppe „hoch“ (alphabetische Reihenfolge der Bezeichnungen). Hierbei sehen Sie einen Moderatoreffekt, da sich die Wirkungen von Arbeitssicherheit (*AS*) und Qua-

9 Weitere Beispiele für Gruppenvergleiche gibt Rosseel (2021).

lität (Q) auf die Arbeitszufriedenheit (AZ) in Abhängigkeit der Lohngruppe unterscheidet.

Gibt es eine theoretische Begründung für die Wirkung verschiedener Gruppen, können diese natürlich auch direkt mittels Dummykodierung in das Modell integriert werden (bei nur zwei Ausprägungen kann die Dummykodierung automatisch durchgeführt werden).[10] In unserem Falle nehmen wir an, dass die Lohngruppe einen Einfluss auf die latente Variable Arbeitszufriedenheit besitzt.

```
Zufr_model_Gruppe <- "
  # Messmodelle
  AS =~ S1 + S2+  S3
  Q =~ Q1 + Q2 + Q3
  AZ =~ Z1 + Z2 + Z3
  # Strukturmodell
  AZ ~ Q + AS + Lohngruppen
"

set.seed(2021)

Zufr_sem_gr <- sem(Zufr_model_Gruppe, data = Arbeit, se = "boot",
                   test = "boot")

standardizedsolution(Zufr_sem_gr)[c(10 : 12), ]
```

```
      lhs op         rhs est.std    se     z pvalue ci.lower ci.upper
   10  AZ  ~           Q   0.412 0.158 2.609  0.009    0.102    0.721
   11  AZ  ~          AS   0.370 0.137 2.699  0.007    0.101    0.639
   12  AZ  ~ Lohngruppen   0.281 0.069 4.083  0.000    0.146    0.416
```

Tatsächlich zeigt sich ein kleiner Einfluss der Lohngruppe auf die Arbeitszufriedenheit. Personen mit hoher Lohngruppe zeigen eine höhere Arbeitszufriedenheit. Wenn der Faktor Lohngruppen hier separat eingefügt wird, erfolgt die Kodierung in der Reihenfolge der Faktorlevel. Sollten Sie sich unsicher bezüglich der Kodierung sein, nehmen Sie am besten selbst die Dummykodierung vor, um Fehlinterpretationen vorzubeugen.

5.4.3 Modellvergleiche

Wenn konkurrierende Theorien vorhanden sind, können auch mehrere Strukturgleichungsmodelle erstellt und dann verglichen werden. Das geschieht mit einem Signifikanztest bzw. anhand weiterer Gütemaße. Wir haben im vorangegangenen Abschnitt ein Modell definiert, bei dem die Lohngruppe einen weiteren Prädiktor der Arbeitszufriedenheit darstellt. Wie sieht es aber aus, wenn die Lohngruppe als Prädiktor für die Arbeitssicherheit genutzt wird? Dafür erstellen wir das Modell und führen die Strukturgleichungsanalyse durch.

```
Zufr_model_gr2 <- "
  # Messmodelle
```

10 Liegen mehr als zwei Gruppenausprägungen vor, benötigen Sie mehr als eine Dummyvariable. Diese müssen Sie zunächst zu Ihrem Datensatz hinzufügen. Eine komfortable Möglichkeit bietet das Paket *dummy* (Ballings & Van den Peol, 2015) mit der gleichnamigen Funktion.

```
    AS =~ S1 + S2+  S3
    Q =~ Q1 + Q2 + Q3
    AZ =~ Z1 + Z2 + Z3
    # Strukturmodell
    AZ ~ AS + Q
    AS ~ Lohngruppen
'

Zufr_sem_gr2 <- sem(Zufr_model_gr2, data = Arbeit)
```

Nun führen wir einen Modellvergleich mit anova durch.

```
anova(Zufr_sem_gr, Zufr_sem_gr2)

               Df  AIC  BIC Chisq Chisq diff Df diff Pr(>Chisq)
  Zufr_sem_gr  32 4894 4964  33.1
  Zufr_sem_gr2 33 4913 4980  53.8       20.7       1    5.3e-06 ***
```

Zunächst können wir die Differenz der X^2-Werte mit dem dazugehörigen p-Wert betrachten. Die Nullhypothese besagt, dass es keine Unterschiede zwischen beiden Modellen gibt und der p-Wert < 0.05 spricht bei einem $\alpha = 5$ % gegen diese Nullhypothese. Außerdem sind noch das AIC (Akaike Information Criterion) und BIC (Bayesian Information criterion) angegeben. Diese beiden Informationsmaße geben Auskunft zur Modellgüte und zur Sparsamkeit der Modelle. Je weniger Parameter geschätzt werden müssen, umso sparsamer und umso besser ist ein Modell (siehe hierzu auch Urban & Mayerl, 2014). Das BIC bezieht darüber hinaus auch noch die Stichprobengröße mit ein. Für beide Kriterien gilt, dass Modelle mit einem kleineren Informationskriterium vorzuziehen sind. In unserem Beispiel spricht das für das erste Lohngruppen-Modell (*Abschnitt 5.4.2*). Die Lohngruppe kann eher als Prädiktor für die Arbeitszufriedenheit als für die Arbeitssicherheit genutzt werden.

Modellvergleiche sind eine interessante Ergänzung, wenn unterschiedliche Hypothesen vorliegen. Allerdings bieten die Informationskriterien nur eine relative Aussagekraft. Ob ein Wert klein oder groß ist, hängt zusätzlich von vielen weiteren Parametern ab, z. B. vom X^2-Wert. X^2-Werte verschiedener Modelle lassen sich aber nur dann vergleichen, wenn beide Modelle dieselben Variablen nutzen. Ein Vergleich des Lohngruppenmodells mit dem Modell aus ▶*Abbildung 5.4* ohne Lohngruppen wäre also nicht möglich.

5.5 Voraussetzungen für die Strukturgleichungsmodellierung

Die Analyse von Strukturgleichungsmodellen ist ein komplexes Verfahren mit vielen Freiheitsgraden für den Anwender. Genau daher ist eine fundierte theoretische Grundlage unerlässlich. Nachdem wir Vorgehensweise und Interpretationen erläutert haben, widmen wir uns nun den Voraussetzungen dieses Verfahrens. Da es sich um eine Erweiterung der Regressionsrechnung handelt, gelten für eine sinnvolle Interpretation natürlich die Voraussetzungen Regression (lineare Zusammenhänge, das Fehlen von Ausreißern, mindestens Intervallskala) weiterhin (vgl. Sedlmeier und Burkhardt, 2021). Darüber hinaus muss das Modell identifiziert bzw. überidentifiziert sein.

5.5.1 Stichprobengröße

Zur minimalen Stichprobengröße gibt es unterschiedlichste Faustregeln und Empfehlungen. Beispielsweise mehr als 200 Fälle oder 5-mal die Anzahl freier Parameter (eine Übersicht findet sich bei Kenny, 2020). Warum ist aber die Stichprobengröße wichtig, schließlich kann bereits aus wenigen Fällen eine VKM berechnet werden? Zum einen soll eine möglichst hohe Power für Signifikanztests erreicht werden, zum anderen sollten die Pfadkoeffizienten möglichst genau geschätzt und entsprechend schmale Konfidenzintervalle bestimmt werden. Zur Bestimmung der minimalen Stichprobengröße kann man sich zunächst auf die Pfadkoeffizienten konzentrieren. Hierfür haben Wang und Rhemtulla (2021) eine Web-Applikation (*pwrSEM*) entwickelt, die mittels Simulationen die Power für Pfadkoeffizienten bestimmt. Da diese Applikation auf *lavaan* aufbaut, ist in der App die entsprechende Modellsyntax einzugeben. Allerdings müssen die Pfadkoeffizienten bzw. Faktorladungen vorab geschätzt werden, was ein entsprechendes Wissen über das Forschungsfeld voraussetzt. Wir haben für unser Modell aus *Abschnitt 5.2* die Power mit *pwrSEM* bestimmt, wobei die Power bei 176 Befragten bereits ausreichend war (nach den oben erwähnten Faustregeln wäre diese Zahl wohl zu niedrig erschienen).[11]

Eine Alternative ist die A-priori-Power-Analyse für das gesamte Modell anhand des RMSEA. Hierfür nutzen wir das Paket *SemTools* (Jorgensen et al., 2021) mit der Funktion `findRMSEAsamplesize`. In dieser Funktion müssen der RMSEA der Nullhypothese `rmsea0` und der Alternativhypothese `rmseaA` sowie die Freiheitsgrade `df` definiert werden. Wir wählen für die Nullhypothese einen inakzeptablen Fehler von > 0.1 und für die Alternativhypothese die Erwartung für unser Modell, beispielsweise 0.03. Die Freiheitsgrade sind im vorliegenden Beispiel $df = 24$. Diesen Wert haben wir bereits im *Exkurs* zu Freiheitsgraden und Identifizierbarkeit berechnet.

```
library(semTools)

findRMSEAsamplesize(rmsea0 = .1, rmseaA = .03, df = 24)

  117
```

Mit 117 Teilnehmenden erhalten wir eine 80 %ige Wahrscheinlichkeit für eine signifikante Abweichung von einem RMSEA von > 0.1. Unsere Stichprobe ist unter diesen Annahmen ausreichend groß. Natürlich sollte die Poweranalyse immer vor der Analyse erfolgen. Wir haben Sie hier aus didaktischen Gründen nachträglich durchgeführt.

5.5.2 Unabhängigkeit

Eine konzeptionelle Voraussetzung ist die Unabhängigkeit der Fälle, die in die Analyse einbezogen werden. Nur unter dieser Bedingung können die Standardfehler mit der Maximum-Likelihood-Methode korrekt geschätzt werden. Stellen Sie sich vor, die

11 Für *pwrSEM* haben wir keinen Code angegeben, da es sich um eine eigenständige Applikation handelt.

Befragten unseres Datensatzes kämen aus drei verschiedenen Firmen. Dann wäre anzunehmen, dass die Bewertung der Arbeitszufriedenheit innerhalb einer Firma ähnlicher ist bzw. die Befragten sich gegenseitig beeinflussen. In diesem Falle wäre die Unabhängigkeit verletzt. Wir behandeln diese Thematik ausführlich im *Kapitel 6*. Es gibt aber auch die Möglichkeit, mehrere Ebenen in *lavaan* zu modellieren (Rosseel, 2021).

5.5.3 Multivariate Normalverteilung

Eine weitere Voraussetzung für die Anwendung eines Strukturgleichungsmodells ist die multivariate Normalverteilung der Modellvariablen. Auch diese Voraussetzung ist notwendig für die korrekte Schätzung der Standardfehler und des X^2-Werts. Das Paket *MVN* (Korkmaz et al., 2014) bietet mit der Funktion `mvn.test` eine flexible Möglichkeit, diese Voraussetzung zu testen. Allerdings existiert eine Vielzahl von Tests (die teilweise zu widersprüchlichen Ergebnissen kommen), daher ist die visuelle Bewertung des QQ-Plots mit dem Argument `multivariatePlot = "qq"` eine sinnvolle Ergänzung (Sedlmeier und Burkhardt, 2021).

```
library(MVN)

mvn(Arbeit[, 1:10])$multivariateNormality
```

```
             Test     HZ p value MVN
  1 Henze-Zirkler 0.9944    0.12 YES
```

Während einzelne Variablen nicht der Normalverteilung genügen (die Ausgabe haben wir hier nicht angegeben), kann die multivariate Normalverteilung nach dem Henze-Zirkler-Test (Henze & Zirkler, 1990) angenommen werden (Nullhypothese: Die Items sind multivariat normalverteilt). Wenn diese Bedingung nicht erfüllt ist, kann entweder auf Bootstraping oder ein robustes Schätzverfahren zurückgegriffen werden (in `sem` mit dem Argument `se = "robust"` oder `se = "boot"`).

5.5.4 Fehlermeldungen in *lavaan*

Manchmal werden Sie Fehlermeldungen erhalten (nicht positiv definierte Kovarianzmatrix und Ähnliches). Dafür gibt es typische Fehlerquellen: (1) eine hohe Multikollinearität zwischen einigen manifesten Variablen (insbesondere, wenn diese Variablen eigentlich unterschiedlichen latenten Variablen zugeordnet sind). Die Multikollinearität erkennen Sie an sehr hohen Korrelationen in der Korrelationsmatrix. Gegebenenfalls muss dann ein entsprechendes Item entfernt werden. (2) Die Anzahl der Fälle in Ihrem Datensatz ist sehr klein bzw. die Anzahl der zu schätzenden Parameter ist größer als die Stichprobe. Hier hilft nur die Nacherhebung oder ein Imputationsverfahren, wenn einzelne Werte fehlen. (3) Es liegt ein fehlerhaftes Modell vor. Kontrollieren Sie nochmals, ob Sie alle Operatoren und Variablen korrekt und hypothesenkonform eingetragen haben.

Zusammenfassung

Strukturgleichungsmodelle analysieren die theoretisch postulierten Beziehungen von latenten Variablen. Den Ausgangspunkt für die Analyse bildet die Varianz-Kovarianzmatrix. Ausgehend davon werden die Faktorladungen der Messmodelle (konfirmatorische Faktorenanalysen) und die Koeffizienten zwischen den latenten Variablen (Strukturmodell) geschätzt. Die Güte des gesamten Modells kann mit Signifikanztests, inkrementellen Maßen oder Fehlermaßen beurteilt werden. Kommuniziert werden Strukturgleichungsmodelle meist mit Abbildungen. Darüber hinaus können auch verschiedene Modelle gegeneinander getestet bzw. verglichen werden. Auch Gruppenvergleiche oder Modellierungen mehrerer Ebenen sind möglich. Eine charakteristische Voraussetzung für Strukturgleichungsmodelle sind große Stichproben. Dadurch werden Forschungsvorhaben zwar aufwendiger, gleichzeitig bietet die Anwendung von Strukturgleichungsmodellen aber die Möglichkeit, latente Beziehungen, wie sie für die psychologische Forschung üblich sind, adäquat abzubilden.

Die R-Funktionen in diesem Kapitel

In diesem Kasten stellen wir Ihnen die Funktionen, die wir in diesem Kapitel benutzt haben, noch einmal zusammen. Wenn Funktionen nicht schon vorinstalliert sind, werden sie zusammen mit dem Paket, aus dem sie stammen, aufgelistet (`Paket::Funktion`). Funktionen, die Sie bereits aus früheren Kapiteln kennen, sind hier weggelassen.

Funktion	Kurze Beschreibung
`lavaan::cfa`	Berechnet die konfirmatorische Faktorenanalyse
`lavaan::fitMeasures`	Gibt die Gütemaße des Strukturgleichungsmodells aus
`lavaan::lavResiduals`	Erzeugt die Residualwerte von empirischer Varianz-Kovarianzmatrix und modellbasierter Varianz-Kovarianzmatrix
`lavaan::parameterEstimates`	Tabellarische Ausgabe von Modellkoeffizient, Signifikanztest und Konfidenzintervall
`lavaan::sem`	Berechnet alle Pfadkoeffizienten
`lavaan::standardizedSolution`	Tabellarische Ausgabe von standardisiertem Modellkoeffizient, Signifikanztest und Konfidenzintervall
`MVN::mvn`	Testet die multivariate Normalverteilung
`semPlot::semPaths`	Zeichnet das Strukturgleichungsmodell mit Pfadgewichten
`semTools::findRMSEAsamplesize`	Poweranalyse für Strukturgleichungsmodelle auf Basis des RMSEA
`stats::anova`	Berechnet einen Signifikanztest zwischen verschiedenen Modellen
`stats::cov`	Erzeugt die Varianz-Kovarianzmatrix

Ergänzende und weiterführende Literatur

Kapitel 35 in Sedlmeier, P. & Renkewitz, F. (2018). *Forschungsmethoden und Statistik: Ein Lehrbuch für Psychologen und Sozialwissenschaftler* (3. überarbeitete und erweiterte Auflage). Hallbergmoos: Pearson.

Einführung zu Strukturgleichungsmodellen

Epskamp, S. (2020) *Structural Equation Modeling. http://sachaepskamp.com/SEM2020*

Onlinekurs für Masterstudierende der Psychologie an der Universität Amsterdam

Rosseel, Y. (2021). *Lavaan. Latent varaible analysis. https://lavaan.ugent.be/*

Einführung in lavaan

Mehrere Ebenen analysieren mithilfe gemischter Modelle

6

Lernziele

In diesem Kapitel sollen Sie lernen, wie man gemischte Modelle berechnet. Insbesondere sollen Sie nach dem Durcharbeiten des Textes in der Lage sein,

- die Vorteile gemischter Modelle zu verstehen,
- zufällige und feste Effekte auf mehreren Ebenen zu modellieren,
- Within-Designs mit gemischten Modellen zu untersuchen,
- geschachtelte (nested) und gekreuzte (crossed) Designs richtig zu spezifizieren und
- gemischte Modelle korrekt zu berichten.

6.1 Einführung

Gemischte Modelle entwickeln sich rasant zur Standardmethode in den Verhaltenswissenschaften. In der Linguistik werden sie bereits jetzt als Goldstandard betrachtet (Gries, 2015). Die Flexibilität gemischter Modelle erlaubt es dem Forschenden, eine Vielzahl an Fragestellungen elegant zu modellieren. Beispielsweise sind gemischte Modelle ideal für Wissenschaftler*innen, die sich mit Gruppen beschäftigen, wie Organisations- und Instruktionspsycholog*innen. Die Homogenität von einzelnen Arbeitsgruppen oder Schulklassen kann in gemischten Modellen leicht berücksichtigt werden. Im Gegensatz dazu ist es nicht ratsam, in diesen Fällen normale Regressionen zu berechnen, da diese zu falschen Schätzungen der Varianz der Koeffizienten führen. Das trifft auch auf Within-Subjects-Designs zu, in denen eine Person (oder ein Objekt) mit mehreren Messungen die Gruppe darstellt. Manchmal werden solche Designs mit einer Regression pro Person analysiert. Das ist umständlich und hat den deutlichen Nachteil, dass viele Koeffizienten geschätzt werden müssen. Gemischte Modelle gehen stattdessen von einer Verteilung der zu schätzenden Koeffizienten aus und sind somit sparsamer.[1] Gleichzeitig berücksichtigen sie auch die Präzision der Messung in einer Gruppe, was besonders hilfreich für unbalancierte Designs ist. Hat eine Gruppe wenige Messungen oder weichen diese stark von den anderen ab, wird die Gruppe weniger stark gewichtet. Aufgrund all dieser Vorteile sind gemischte Modelle bei vielen Analysen heutzutage unentbehrlich.

6.1.1 Viele Namen und die Qual der Wahl

Was ist „gemischt" an den gemischten Modellen? Gemischt heißt, dass sowohl feste als auch zufällige Effekte modelliert werden können. Was das genau bedeutet, schauen wir uns in Kürze genauer an. Vorher ist jedoch zu erwähnen, dass gemischte Modelle unter vielen anderen Namen bekannt sind, z. B. multilevel models, (linear) mixed-

1 Eine Normalverteilung von Effekten kann beispielsweise mit nur zwei Parametern beschrieben werden, dem Mittelwert und der Varianz der Verteilung.

effects models, mixed error-component models, hierarchical linear models, nested data models, random-effects models, random parameter models oder split-plot designs. Die vielen Bezeichnungen können verwirren, zeigen aber auch die weite Verbreitung dieser Modelle in verschiedenen Fachbereichen und ihre jeweilige historische Entwicklung. Wir bevorzugen die Begriffe mixed models (gemischte Modelle) oder Mehrebenen-Modelle, da diese kurz und neutral sind.[2]

In R gibt es verschiedene populäre Pakete für die Berechnung gemischter Modelle. Das am häufigsten verwendete laut *cranlogs* (Csárdi, 2019) ist *lme4* (Bates et al., 2021) mit 8.06 Millionen Downloads für das Jahr 2020. Das Paket *nlme* (Pinheiro et al., 2021) mit 2.54 Millionen Downloads wird ebenfalls relativ häufig verwendet, wohingegen *brms* (Bürkner, 2021) mit 476.000, *rstanarm* (Gabry & Goodrich, 2020) mit 398.000 und *MCMCglmm* (Hadfield, 2021) mit 197.000 Downloads eine geringere Anhängerschaft haben. Dies liegt wohl daran, dass die drei letztgenannten Pakete einen bayesianischen Ansatz verfolgen, der traditionsgemäß weniger weit verbreitet ist.

Schaut man sich die zwei populärsten Pakete (*lme4* und *nlme*) genau an, wird man feststellen, dass Douglas Bates an *nlme* (bis 2007) gearbeitet hat und ebenfalls der Erstautor von *lme4* ist. Bates hatte einige neue Ideen, die er in der alten Software nicht umsetzen konnte, weshalb er ein neues Projekt startete. Mit über 50.000 Zitierungen des dazugehörigen Software-Papers (Bates et al., 2015) kann man wohl behaupten, dass seine neuen Ideen erfolgreich waren. *lme4* ist wohl das modernste und flexibelste Paket für gemischte Modelle überhaupt, weshalb wir uns hier auch hauptsächlich damit befassen werden.

6.1.2 Überblick

Wir beginnen direkt mit einem Beispieldatensatz und versuchen diesen mit einer normalen Regression zu analysieren. Anschließend vergleichen wir die Ergebnisse des naiven Ansatzes „eine Regression pro Gruppe" mit denen eines korrekten gemischten Modells.

Um gemischte Modelle besser zu verstehen, werden wir einen Datensatz mit festgelegten Parametern simulieren, um dann zu schauen, welche Parameter R schätzt und wie gut dies klappt.

Nachdem wir so ein Gefühl für gemischte Modelle entwickelt haben, klären wir im Anschluss, was zufällig (random) und fest (fixed) bedeutet, warum Within-Designs auch hierarchisch sind und was mit geschachtelt (nested) und gekreuzt (crossed) gemeint ist.

Im nächsten Abschnitt zeigen wir dann, wie ein gemischtes Modell berichtet und interpretiert wird. Dabei klären wir, was tau und der ICC sind und wie man die zwei verschiedenen R^2-Werte interpretiert.

2 HLM als Abkürzung für hierarchical linear models ist beispielsweise auch der Name einer Software, weshalb wir diesen Begriff ungern verwenden.

Im letzten Abschnitt geht es um zwei weiterführende Themen, die jedoch nur kurz behandelt werden: Standardisierung/Zentrierung und nicht-lineare Zusammenhänge.

Notwendige Zusatzpakete, um alle Schritte in diesem Kapitel nachvollziehen zu können, sollten Sie folgendermaßen installieren:

```
install.packages(c("lme4", "mlmRev", "metafor", "misty", "performance",
                   "sjPlot", "parameters"))
```

Wenn Sie bisher noch keine Daten aus unserem Buch benutzt haben, sollten Sie auch das Datenpaket *bts* installieren, welches unter anderem zwei Mehrebenen-Datensätze enthält. Hierfür benötigen Sie vorab *librarian* (Quintans, 2021). Die folgenden Befehle sind auszuführen:

```
install.packages("librarian")

librarian::shelf("johannes-titz/bts")
```

Wenn Sie *bts* bereits vorher installiert hatten, können Sie diesen Schritt natürlich überspringen. Das Laden der einzelnen Pakete erfolgt dann im Verlauf des Kapitels an gegebener Stelle. Des Weiteren setzen wir drei Nachkommastellen für die Ausgabe fest:

```
options(digits = 3)
```

6.2 Von der Regression zum gemischten Modell

Wir steigen ohne viel Umschweife mit einem Datensatz ein, den man naiverweise auch mit einer normalen Regression analysieren könnte. Der Datensatz beinhaltet eine Leistungsmessung von 4059 Schüler*innen aus 65 Schulen in London (Goldstein et al., 1993) und ist im Paket *mlmRev* (Bates et al., 2020) verfügbar.

```
library(mlmRev)

data(Exam)

head(Exam)

  school normexam schgend schavg      vr     intake standLRT sex type student
1      1    0.261   mixed  0.166 mid 50% bottom 25%    0.619   F  Mxd     143
2      1    0.134   mixed  0.166 mid 50%    mid 50%    0.206   F  Mxd     145
3      1   -1.724   mixed  0.166 mid 50%    top 25%   -1.365   M  Mxd     142
4      1    0.968   mixed  0.166 mid 50%    mid 50%    0.206   F  Mxd     141
5      1    0.544   mixed  0.166 mid 50%    mid 50%    0.371   F  Mxd     138
6      1    1.735   mixed  0.166 mid 50% bottom 25%    2.189   M  Mxd     155
```

▶*Tabelle 6.1* gibt einen Überblick über die Variablen, wobei wir uns hier auf die abhängige Variable *normexam* und die unabhängigen Variablen *standLRT* und *type* konzentrieren. Die Variable *normexam* ist das Gesamtergebnis von unterschiedlichen Fächern eines zentralen Tests im Alter von 16 Jahren. *LRT* ist der London Reading Test, ein Lesetest, welcher mit 11 Jahren gemacht wird. Beide Variablen sind im Datensatz bereits z-standardisiert. Die Variable *type* ist die Schulart (gemischt oder reine Jungen-/Mädchenschule). Die anderen Variablen sind für das besonders interessierte Leserpublikum in Nuttall et al. (1989) näher beschrieben.

Variable	Beschreibung (aus dem englischen Original-Artikel)	Datentyp in R	Ausprägungen (falls Faktor)
school	school ID	factor	65 levels
normexam	standardized exam score	numeric	
schgend	school gender	factor	mixed, boys, girls
schavg	school average of intake score	numeric	
vr	student level Verbal Reasoning (VR) score band at intake	factor	bottom 25%, mid 50%, top 25%
intake	band of student's intake score	factor	bottom 25%, mid 50%, top 25%
standLRT	standardized listening and reading test score	numeric	
sex	sex of the student	factor	F, M
type	school type	factor	Mxd, Sngl
student	student ID (within school)	factor	650 levels

Tabelle 6.1: Beschreibung des Exam-Datensatzes

6.2.1 Gewöhnliche Regressionsanalyse

Möchten wir nun wissen, wie stark die frühe Leseleistung (mit 11 Jahren) und die Schulart den Schulerfolg mit 16 Jahren beeinflussen, können wir eine Regression berechnen. Im ersten Schritt ignorieren wir die Abhängigkeit der Schüler*innen untereinander und benutzen für die Analyse die normale Regression:

```
regression <- lm(normexam ~ standLRT + type, data = Exam)
summary(regression)
```

```
Call:
lm(formula = normexam ~ standLRT + type, data = Exam)

Residuals:
    Min      1Q  Median      3Q     Max
-2.5852 -0.5133  0.0199  0.5299  2.8648

Coefficients:
            Estimate Std. Error t value Pr(>|t|)
(Intercept)  -0.0961     0.0172    -5.6  2.3e-08 ***
standLRT      0.5944     0.0126    47.1  < 2e-16 ***
typeSngl      0.2038     0.0251     8.1  6.9e-16 ***
---
Signif. codes:  0 '***' 0.001 '**' 0.01 '*' 0.05 '.' 0.1 ' ' 1

Residual standard error: 0.799 on 4056 degrees of freedom
Multiple R-squared:  0.36,    Adjusted R-squared:  0.36
F-statistic: 1.14e+03 on 2 and 4056 DF,  p-value: <2e-16
```

Es gibt einen recht starken Einfluss des Lesetests (mit 11 Jahren) auf die Schulleistung mit 16 Jahren (β = 0.59), aber auch einen deutlichen Effekt der Schulart. Die Bezeichnung *typeSngl* steht hier für reine Jungen- oder Mädchenschulen (mono-edukativ), die im Schnitt ungefähr 0.2 Standardabweichungen besser abschneiden. Beide Effekte haben einen extrem kleinen Standardfehler, was bei der großen Anzahl an Schüler*innen nicht überraschend ist. Allerdings, und das ist ein großes Allerdings, sind diese Standardfehler falsch berechnet, denn es besteht eine Abhängigkeit zwischen den Schüler*innen.

Ein einfaches Beispiel hierfür wäre, dass eine Schule bessere Lehrkräfte hat und davon alle Schüler*innen profitieren. Kennt man die Schule, kann man schon abschätzen, dass Schüler*innen von dort im Schnitt besser sein werden als Schüler*innen einer anderen Schule. Die Schulleistungen wären also keine Zufallsauswahl aus einer Population, sondern clustern sich. Bei der Berechnung des Standardfehlers in der normalen Regression werden diese Cluster natürlich nicht berücksichtigt. Um dieses Problem zu umgehen, könnte man nun einfach eine Regression pro Gruppe (in diesem Fall pro Schule) berechnen.

6.2.2 Eine Regression pro Gruppe

Um eine Regression pro Gruppe zu berechnen, könnte man eine Schleife oder `apply`-Funktion anwenden. Die Entwickler von gemischten Modellen haben diese Funktionalität aber praktischerweise schon eingebaut, sodass wir nur eine Funktion aufrufen müssen: `lmList` (sowohl in *lme4* als auch in *nlme*). Diese Funktion führt für jede Gruppenausprägung eine separate Regression durch (also 65 Regressionsanalysen in unserem Datenbeispiel).

```
library(lme4)

reg_per_school <- lmList(normexam ~ standLRT | school, data = Exam)
```

Wir spezifizieren die Gruppenvariable nach dem senkrechten Strich `|`. In diesem Fall ist es natürlich nicht möglich, die Schulart als Prädiktor aufzunehmen, denn die Schulart ist innerhalb einer Schule gleich oder anders gesagt: die Variable Schulart befindet sich auf der zweiten Ebene. Dieses Problem lösen wir gleich, zunächst schauen wir uns aber die Ergebnisse an (diese sind im Buch gekürzt dargestellt, es gibt eigentlich 65 Schulen).

```
results <- summary(reg_per_school)

results

   Call:
     Model: normexam ~ standLRT | NULL
      Data: Exam

   Coefficients:
      (Intercept)
      Estimate Std. Error t value Pr(>|t|)
   1   0.38333     0.0881  4.3493 1.40e-05
```

```
2   0.48228     0.1064  4.5332 5.98e-06
3   0.55775     0.1196  4.6627 3.22e-06
4   0.00376     0.0840  0.0447 9.64e-01
5   0.26045     0.1312  1.9849 4.72e-02
...
48 -3.27208        NaN     NaN      NaN
...
61 -0.03949     0.0930 -0.4246 6.71e-01
62 -0.05331     0.0903 -0.5906 5.55e-01
63  0.68388     0.1388  4.9288 8.61e-07
64  0.03749     0.1065  0.3520 7.25e-01
65 -0.17490     0.0853 -2.0497 4.05e-02
   standLRT
   Estimate Std. Error t value Pr(>|t|)
1    0.7093     0.0826  8.5920 1.22e-17
2    0.7613     0.0897  8.4829 3.07e-17
3    0.5790     0.1178  4.9155 9.22e-07
4    0.7614     0.0833  9.1359 1.01e-19
5    0.6800     0.1782  3.8154 1.38e-04
...
48  -6.9015        NaN     NaN      NaN
...
61   0.6357     0.0943  6.7401 1.81e-11
62   0.5455     0.1125  4.8505 1.28e-06
63   0.3316     0.1819  1.8234 6.83e-02
64   0.7055     0.1021  6.9085 5.69e-12
65   0.5685     0.0811  7.0106 2.78e-12

Residual standard error: 0.744 on 3929 degrees of freedom
```

Das Auffälligste sollte sein, dass die Standardfehler für *standLRT* nun deutlich größer sind als bei der ersten zusammengefassten Regression. Im Durchschnitt ist er tatsächlich ungefähr neunmal so groß (bei der normalen Regression war er 0.0126).

```
mean(results$coefficients[, "Std. Error", "standLRT"], na.rm = T)

  [1] 0.112
```

Das sollte nicht zu sehr verwundern, denn bei der jetzigen Vorgehensweise haben wir den Datensatz in viele kleine Gruppen eingeteilt, also die Stichprobe pro Analyse verkleinert. Den Standardfehler einfach zu mitteln, ergibt also nicht viel Sinn (und wir haben das nur zur Demonstration gemacht). Stattdessen müssten wir die Daten nun wieder aggregieren, den Durchschnittseffekt bilden und den aggregierten Standardfehler ermitteln. Bevor wir das tun, ist noch zu erwähnen, dass für Schule 48 kein Effekt des Lesetests berechnet werden kann. Das liegt daran, dass es nur zwei Schüler*innen in dieser Schule gab.

```
Exam[Exam$school == 48, 1:5]

       school normexam schgend schavg         vr
  3055     48   -0.700   girls -0.414 bottom 25%
  3056     48   -0.129   girls -0.414 bottom 25%
```

Vermutlich gab es mehr Schüler*innen, aber sie haben nicht an dem Test teilgenommen. Am sinnvollsten wäre es, diese Schule bei der weiteren Analyse auszuschließen, denn die Schätzung für die Konstante weicht auch deutlich von den anderen ab und wir würden wohl kaum einer Regression mit zwei Personen trauen.

```
Exam <- Exam[Exam$school != 48, ]

reg_per_school <- lmList(normexam ~ standLRT | school, data = Exam)

results <- summary(reg_per_school)
```

Nun können wir den Durchschnittseffekt berechnen, allerdings ist nicht ganz klar wie. Einfach den Durchschnitt zu nehmen wäre nicht ideal, denn pro Gruppe gibt es unterschiedlich viele Messungen. Und wie berechnet man den Standardfehler korrekt? Die richtige Herangehensweise ist eine Metaanalyse, wofür wir das Paket *metafor* (Viechtbauer, 2021) benutzen können (siehe *Kapitel 2*).

```
library(metafor)

rma(yi = results$coefficients[, "Estimate", "standLRT"],
    sei = results$coefficients[, "Std. Error", "standLRT"])


   Random-Effects Model (k = 64; tau^2 estimator: REML)

   tau^2 (estimated amount of total heterogeneity): 0.0147 (SE = 0.0045)
   tau (square root of estimated tau^2 value):      0.1213
   I^2 (total heterogeneity / total variability):   59.83%
   H^2 (total variability / sampling variability):  2.49

   Test for Heterogeneity:
   Q(df = 63) = 152.6086, p-val < .0001

   Model Results:

   estimate      se     zval    pval    ci.lb   ci.ub
     0.5530  0.0201  27.4524  <.0001  0.5135  0.5925  ***

   ---
   Signif. codes:  0 '***' 0.001 '**' 0.01 '*' 0.05 '.' 0.1 ' ' 1
```

Der durchschnittliche Effekt des Lesetests mit 0.55 bleibt ungefähr gleich (0.59 bei normaler Regression), aber der Standardfehler hat sich deutlich erhöht (um ungefähr 60 %, von 0.0126 auf 0.0201). Insgesamt ist dieser Standardfehler natürlich trotzdem relativ klein, aber dies ist kein guter Grund, das falsche Modell (in Form der zusammengefassten Regression) zu verwenden.

Dass der Unterschied in der Effektschätzung zwischen den zwei Ansätzen nicht zu groß ist, sieht man auch daran, dass das durchschnittliche R^2 für die Modelle vergleichbar ist (bei normaler Regression 36 %).

```
mean(results$r.squared)

   [1] 0.327
```

Wir würden hier natürlich ein kleineres R^2 erwarten, denn ein Nachteil der Regression pro Schule ist, dass wir die Schulart nicht in das Modell aufnehmen konnten. Aber wir können einfach schauen, ob die Schulart die durchschnittliche Leistung der Schüler*innen einer Schule vorhersagen kann. Dabei versuchen wir die Konstante der „Regression pro Schule" vorherzusagen, denn die Konstante ist nichts anderes als der Unterschied zwischen den Schulen ohne Berücksichtigung des Lesetests. Wenn es Leistungsunterschiede bezogen auf die Schulart gibt, werden wir diese in den Konstanten sehen. Und wenn wir Leistungsunterschiede aufgrund der Schulart vorhersagen können, steigt natürlich R^2.

Hierfür erstellen wir den Vektor *schulart* und extrahieren aus dem gemischten Modell die Konstante pro Schule (*intercepts*).[3]

```
schulart <- aggregate(Exam$type, list(Exam$school),
                      function(type) unique(type))$x

intercepts <- results$coefficients[, "Estimate", "(Intercept)"]

summary(lm(intercepts ~ schulart))
```

```
Call:
lm(formula = intercepts ~ schulart)

Residuals:
    Min      1Q  Median      3Q     Max
-0.7516 -0.1387 -0.0028  0.1460  0.7842

Coefficients:
             Estimate Std. Error t value Pr(>|t|)
(Intercept)    0.1003     0.0539    1.86    0.067 .
schulartSngl   0.1816     0.0801    2.27    0.027 *
---
Signif. codes:  0 '***' 0.001 '**' 0.01 '*' 0.05 '.' 0.1 ' ' 1

Residual standard error: 0.319 on 62 degrees of freedom
Multiple R-squared:  0.0766, Adjusted R-squared:  0.0617
F-statistic: 5.14 on 1 and 62 DF,  p-value: 0.0268
```

Der Effekt der Schulart hat sich kaum verändert (bei normaler Regression 0.20), aber der Standardfehler hat sich um das Dreifache erhöht und der p-Wert ist dramatisch gewachsen. Kaum verwunderlich, denn wir haben diesmal nur 64 Messungen anstatt der bisherigen 4059. Man sieht also, dass die Wahl der Analyse einen großen Einfluss auf das Ergebnis haben kann. Weniger auf die Größe der Effekte, aber umso mehr auf die Standardfehler und somit auf Signifikanztests und Konfidenzintervalle.[4]

3 Bei diesem Beispiel geht es weniger darum, jede einzelne Code-Zeile zu verstehen, sondern darum, der inhaltlichen Idee zu folgen.

4 Auch die Effekte könnten sich – zumindest theoretisch – stark verändern, wenn z. B. ein extrem unbalanciertes Design vorliegt oder extreme Ausreißer in den Daten vorhanden sind.

Tatsächlich sollten wir auch den gerade berechneten Werten nicht zu sehr trauen. Genauer wäre es gewesen, wieder eine Metaanalyse zu berechnen (diesmal mit den Konstanten) und die Schulart als Kovariat aufzunehmen. Aber hier sehen wir auch schon den größten Nachteil des Ansatzes „eine Regression pro Gruppe“: Die Vorgehensweise ist extrem umständlich, da man zunächst für jede Gruppe eine Analyse durchführen muss, um diese am Ende doch wieder zusammenzuführen. Geht das nicht einfacher?

Hier kommt nun das gemischte Modell ins Spiel, welches gleich zu Beginn von einer Verteilung der Koeffizienten ausgeht und die Präzision der Messung berücksichtigt. Geschätzt werden also nicht einfach Effekte, sondern der Mittelwert und die Standardabweichung einer Verteilung von Effekten. Man könnte also sagen, ein gemischtes Modell ist die Metaanalyse „to go“.

6.2.3 Das gemischte Modell

Die Syntax zur Erstellung eines gemischten Modells ist ähnlich der normalen Formel-Syntax in R, jedoch kommen noch in Klammern die Zufallseffekte (Random Effects) hinzu. Wir erklären später, was dies bedeutet, jetzt geht es erst einmal nur um den Vergleich zwischen den verschiedenen Vorgehensweisen.

```
gemischtes_modell <- lmer(normexam ~ standLRT + type + (standLRT | school),
                          data = Exam)

summary(gemischtes_modell)
```

```
Linear mixed model fit by REML ['lmerMod']
Formula: normexam ~ standLRT + type + (standLRT | school)
   Data: Exam

REML criterion at convergence: 9319

Scaled residuals:
   Min     1Q Median     3Q    Max
-3.843 -0.630  0.034  0.685  3.432

Random effects:
 Groups   Name        Variance Std.Dev. Corr
 school   (Intercept) 0.0840   0.290
          standLRT    0.0149   0.122    0.57
 Residual             0.5539   0.744
Number of obs: 4057, groups:  school, 64

Fixed effects:
            Estimate Std. Error t value
(Intercept)  -0.1095     0.0502   -2.18
standLRT      0.5581     0.0201   27.81
typeSngl      0.2148     0.0703    3.06

Correlation of Fixed Effects:
         (Intr) stnLRT
standLRT  0.313
typeSngl -0.640  0.014
```

Auch hier sehen wir, dass die Effekte selbst sich kaum verändern im Vergleich zur gewöhnlichen Regression (feste Effekte 0.558 für *standLRT* und 0.215 für *typeSngl*), wohl aber die Standardfehler. Für *standLRT* ist er ungefähr 1.6-mal so groß, für *typeSngl* 2.8-mal so groß. Gleichzeitig unterscheiden sich die Standardfehler kaum von der „Regression pro Gruppe“-Vorgehensweise. Das liegt daran, dass die dahinterliegenden Modelle sehr ähnlich sind. Auch die (random-effects) Metaanalyse geht von einer Verteilung von Effekten aus und berücksichtigt recht elaboriert die Präzision der Messung. Möchte man also einen intuitiven Zugang zu gemischten Modellen finden, sollte man an eine Metaanalyse über viele Regressionen denken.

6.3 Simulation eines gemischten Modells

In vielen Lehrbüchern und Tutorials zu gemischten Modellen würde man an dieser Stelle eine Aufzählung verschiedener Modell-Varianten finden. Bevor wir dazu kommen, wollen wir zunächst klären, was genau ein gemischtes Modell schätzt. Wenn man das weiß, ist es viel einfacher, den R-Output eines gemischten Modells zu interpretieren. Der R-Output kann gerade für Einsteiger sehr unübersichtlich erscheinen und es kommt schnell zu Verwechslungen zwischen Standardabweichung und Standardfehler.

Um herauszufinden, was genau ein gemischtes Modell schätzen muss, gehen wir rückwärts vor: Nehmen wir einfach an, dass uns die wahren Parameter bekannt sind. Wir geben also ein theoretisches Modell vor und versuchen dieses dann mit gemischten Modellen zu schätzen. So können wir nicht nur sehen, was genau R schätzen muss, sondern auch, wie genau R schätzt. Das Ziel ist dabei nicht, dass Sie jede Code-Zeile verstehen, sondern dass Sie sich auf die Parameter des gemischten Modells konzentrieren. Im Vergleich zur gewöhnlichen Regression sind dies nämlich ein paar Parameter mehr und genau das ist der Grund, warum wir gemischte Modelle benutzen.

Inhaltlich bleiben wir beim Beispiel der Schulen. Wir geben 64 Schulen à 63 Schüler*innen vor (um insgesamt auf ungefähr die 4057 Schüler*innen im Beispiel zu kommen, bei uns sind es 4032). Als Effekt geben wir den Anstieg für *standLRT* vor, welcher exakt 0.4 sein soll.[5] Die Konstante (Intercept) setzen wir auf 0, denn bei einer standardisierten Variable wäre dies genau der Mittelwert.

```
set.seed(36)

n_schools <- 64

students_per_school <- 63

n_total <- n_schools * students_per_school

standLRT_slope <- 0.4

intercept <- 0

school <- factor(rep(1:n_schools, each = students_per_school))
```

5 Den Wert kann man natürlich beliebig verändern, wir gehen hier von einem relativ starken Effekt aus, der aber etwas kleiner ist als in der Analyse mit den echten Schuldaten.

Erwähnenswert ist hier die Funktion `set.seed`, die den Zufallsalgorithmus in R auf einen festen Ausgangswert setzt, sodass das Ergebnis stets gleich bleibt. Da wir eine Simulation durchführen, ist dies notwendig, ansonsten würde bei jedem Durchlauf etwas anderes herauskommen und Sie könnten das Beispiel auf Ihrem Rechner nicht exakt reproduzieren. Es spielt jedoch keine Rolle, welchen Seed Sie verwenden. Die Zahl (hier 36) kann beliebig gewählt werden, darf aber nach der ersten Festlegung nicht mehr verändert werden, wenn man das Beispiel reproduzierbar machen möchte.

Nun definieren wir, wie stark die Effekte zwischen den Gruppen, also zwischen den verschiedenen Schulen, streuen sollen (hier kommt der Zufallsmechanismus ins Spiel). Was genau bedeutet es, dass die Effekte zwischen den Schulen streuen? Kurz gesagt, gibt es nicht nur einen Effekt für alle Schulen, sondern für jede Schule einen eigenen Effekt. Wir haben also eine Verteilung von Effekten und in diesem Fall gehen wir von einer Normalverteilung aus. So ist z. B. der Mittelwert für den Anstieg über alle Schulen hinweg zwar 0.4, aber in einigen Schulen ist er größer und in anderen kleiner. Die Population dieser Effekte können wir in R folgendermaßen visualisieren (siehe ▶*Abbildung 6.1* für das Ergebnis).

```
x <- seq(standLRT_slope - 0.2 * 4, standLRT_slope + 0.2 * 4, length = 100)

y <- dnorm(x, mean = standLRT_slope, sd = 0.2)

plot(x, y, type = "l", xlab = "Anstieg", ylab = "Dichte")
```

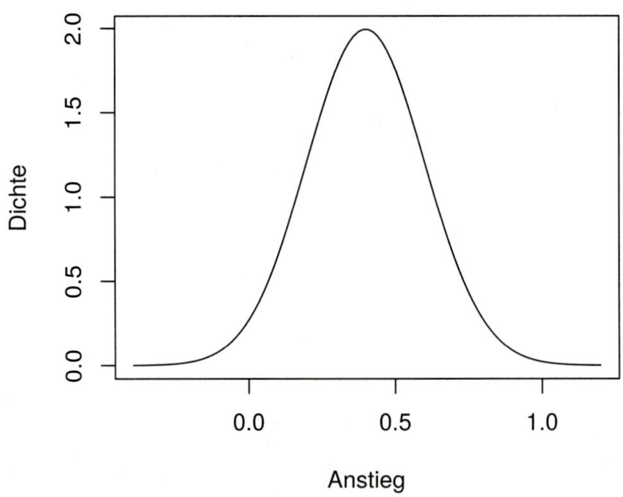

Abbildung 6.1: Dichtefunktion des Anstiegs in der Simulation.

Die Streuung der Effekte beträgt hier 0.2. Aus dieser Population ziehen wir nun zufällig 64 Anstiege für unsere Simulation. Für die Konstanten verfahren wir analog, setzen die Standardabweichung jedoch auf 0.3. Somit gibt es in jeder Schule eine separate Wirkung des Lesetests (*standLRT*) und ein individuelles Ausgangsniveau (die Konstante). Beides wird zufällig aus den jeweiligen Verteilungen gezogen.[6]

```
standLRT_slopes <- rnorm(n_schools, mean = standLRT_slope, sd = .2)
intercepts <- rnorm(n_schools, mean = intercept, sd = .3)
```

Um das Modell zu vervollständigen, brauchen wir nun noch einen zweiten Fehlerterm auf der Individualebene:

```
e <- rnorm(n_total, sd = .8)
```

Diesen Fehlerterm gibt es auch in der normalen Regression, es ist das Residuum. Wenn wir also für eine individuelle Person eine Schätzung machen, gibt es stets einen Fehler. Üblicherweise wird dieser Fehler über eine Normalverteilung mit Mittelwert 0 und einer bestimmten Varianz (in diesem Fall ist die Varianz $\mathbf{0.8}^2$) modelliert.

Damit ist unser Modell fertig und wir wollen jetzt den Datensatz (für den entsprechenden Seed) simulieren. Hierfür benötigen wir noch die unabhängige Variable *standLRT*[7] und können anschließend *normexam* (die AV) berechnen und einen Dataframe erstellen.

```
standLRT <- rnorm(n_total)
normexam <- standLRT_slopes[school] * standLRT + intercepts[school] + e
sim <- data.frame(standLRT, normexam, school)
```

Was wir also bis hierhin gemacht haben, ist, einen zufälligen Datensatz zu erstellen, bei dem wir genau wissen, wie die Population aussieht. Der Anstieg von *standLRT* auf *normexam* beträgt genau 0.4, aber streut normalverteilt von Schule zu Schule mit SD = 0.2. Die Konstante ist im Schnitt 0, streut aber normalverteilt mit SD = 0.3. Weiterhin haben wir festgelegt, dass die Residuen (*e*) auch normalverteilt streuen mit SD = 0.8. Wenn wir keinen Seed festgelegt hätten und den Datensatz immer wieder erstellen würden, käme durch den Zufallsprozess stets ein leicht anderer Datensatz heraus. Nun wollen wir prüfen, wie gut eine solche Simulation (in diesem Fall mit Seed 36) die Populationsparameter reproduzieren kann.

```
model <- lmer(normexam ~ standLRT + (standLRT | school), data = sim)
summary(model)
```

```
Linear mixed model fit by REML ['lmerMod']
Formula: normexam ~ standLRT + (standLRT | school)
   Data: sim

REML criterion at convergence: 9978
```

6 Auch hier sind die Werte austauschbar. Es bietet sich jedoch an, unterschiedliche Werte zu benutzen, sodass man diese in den Ergebnissen der Simulation leichter wiederfindet.

7 Wie dieser erstellt wird, spielt keine Rolle, man braucht nur eine Reihe von Werten.

```
Scaled residuals:
    Min      1Q Median      3Q     Max
-3.438 -0.653  0.003  0.640  3.809

Random effects:
 Groups   Name        Variance Std.Dev. Corr
 school   (Intercept) 0.0626   0.250
          standLRT    0.0306   0.175    0.37
 Residual             0.6595   0.812
Number of obs: 4032, groups:  school, 64

Fixed effects:
            Estimate Std. Error t value
(Intercept)  -0.0334     0.0338   -0.99
standLRT      0.4209     0.0254   16.55

Correlation of Fixed Effects:
         (Intr)
standLRT 0.292
```

Die Frage ist nun: Wo sehen wir die Parameter, die wir in der Simulation vorgegeben haben? Die Ausgabe enthält vier Tabellen: die *scaled Residuals* (hier nicht relevant), die *Random effects*, die *Fixed effects* sowie die *Correlation of Fixed Effects* (hier nicht relevant).

Für die Wirkung des Prädiktors *standLRT* wird als Durchschnittseffekt unter *Fixed effects, Estimate* 0.4209 angegeben, was recht genau unserer Vorgabe entspricht (0.4). Die Streuung dieses Effekts (zwischen den Schulen) finden wir unter *Random effects, Std.Dev.*, sie beträgt 0.175, auch das ist nicht zu weit weg vom vorgegebenen Wert (0.2). In der Tabelle *Random Effects* finden wir zudem die Standardabweichung des Residuums, welche 0.812 beträgt. Auch dieser Wert reproduziert unsere Vorgabe von 0.8 recht genau. Nun bleibt nur noch die Konstante (Intercept) übrig. Wir erhalten als durchschnittliche Konstante in der Tabelle *Fixed effects, (Intercept)* einen Wert von –0.033 und eine Streuung in der Tabelle *Random effects, (Intercept)* von 0.25. Auch dies sind relativ gute Schätzungen für die vorgegebenen Werte von 0 und 0.3.

Das gemischte Modell kann also recht gut die wahren Parameter abbilden, was ja auch zu erwarten ist, denn genau dafür wurde es entwickelt. Wir haben die Modellparameter so gewählt, wie es das gemischte Modell annimmt (normalverteilte Konstanten, Anstiege und Residuen). Außerdem ist die Stichprobe sehr groß, was zu genauen Schätzungen führen sollte. Das Ziel der Simulation war aber nicht primär die Genauigkeit gemischter Modelle nachzuprüfen, sondern die relevanten Parameter zu identifizieren. Vergleichen wir hierfür nochmals den gemischten Ansatz mit der normalen Regression.

Bei der normalen Regression würden für unser Beispiel die Konstante, der Anstieg und die Standardabweichung der Residuen geschätzt werden. Beim gemischten Modell werden auch diese drei Parameter (als Durchschnittswerte) geschätzt, zusätzlich aber noch für jeden sogenannten Zufallseffekt eine Standardabweichung, in diesem Fall für den Zufallseffekt der Konstanten und den Zufallseffekt des Anstiegs. Geht es also um gemischte Modelle, sollten wir stets an eine Verteilung von Effekten denken. Die normale Regression lässt sich in diesem Zusammenhang auch als ein Spezialfall des gemischten Modells interpretieren. Ein Modell, bei dem die Standardabweichung der Verteilung von Effekten 0 ist und somit nur ein einziger, sogenannter fester Effekt (fixed effect) geschätzt wird. Die verschiedenen Varianten des gemischten Modells sind im Grunde nur eine Kombination von Effekten, die variieren sollen (eine Verteilung) und Effekten, die es nicht sollen (keine Verteilung). Genau diese verschiedenen Kombinationen schauen wir uns als Nächstes an.

6.4 Zufällig (random) oder fest (fixed)?

Die Begriffe „fest“ und „zufällig“ haben je nach Kontext unterschiedliche Bedeutungen in der Statistik. So listet Gelman (2005) fünf deutlich verschiedene Interpretationen auf. Um sich ganz sicher zu sein, was gemeint ist, sollte man sich stets die dazugehörigen Formeln anschauen.

Im Kontext gemischter Modelle ist die Einteilung in „zufällig“ und „fest“ jedoch relativ einfach:[8] Zufällige Effekte variieren zwischen den Gruppen, feste nicht. Wenn wir beim Beispiel der Schulen bleiben, so könnten wir den Effekt der Leseleistung mit 11 Jahren auf die Abschlussprüfung mit 16 Jahren als festen oder zufälligen Effekt modellieren. Wenn er fest ist, ist er für alle Schulen gleich. Ist er zufällig, gehen wir davon aus, dass die einzelnen Schulen Teil einer größeren Gruppe mit einem gemeinsamen Durchschnittseffekt sind. Oder anders gesagt: Wir gehen von einer Verteilung des Effekts aus. Üblicherweise ist dies eine Normalverteilung, die wir mit Mittelwert und Varianz beschreiben können. Für die Schätzung der Verteilung werden die Anzahl der Messungen insgesamt und pro Gruppe, die Mittelwerte und Varianzen in den Gruppen und die Varianz zwischen den Gruppen einbezogen. Die konkrete Ausprägung des Effekts für eine Schule entspricht einer Ziehung aus der Effekte-Verteilung, so wie wir es im vorherigen Abschnitt simuliert haben. Entscheidend ist beim Begriff „zufällig“, dass die Effekte zwischen den Schulen variieren und diese über eine Verteilung modelliert werden.

Da es unterschiedliche Effekte auf unterschiedlichen Ebenen gibt, hat sich eine eigene Sprache für die gemischten Modelle entwickelt, die man zumindest im Groben kennen sollte.

6.4.1 Zufällige Konstanten (random intercept)

Wir beginnen mit dem Random-Intercept-Modell, bei dem man davon ausgeht, dass jede Gruppe (bei uns jede Schule) ein anderes Ausgangsniveau besitzt. Das heißt, die Schüler*innen verschiedener Schulen schneiden in der Abschlussprüfung im Schnitt

8 Auch in diesem Fall ist die Sprache weniger genau als eine Formel. Etwas genauer ausgedrückt könnte man auch sagen, dass zufällige Effekte über sogenanntes partielles Pooling geschätzt werden, feste Effekte nicht. Eine interessante Diskussion zu den zwei Begriffen findet sich auf stackexchange: *https://stats.stackexchange.com/questions/4700*

unterschiedlich gut ab. Es gibt also Leistungsunterschiede zwischen den Schulen. Ein solches Modell wird häufig als Null-Modell bezeichnet, da es sozusagen keine echten Prädiktoren besitzt. Im Grunde ist dieses Modell mit einer Varianzanalyse vergleichbar, denn auch dort werden die Mittelwertsunterschiede (hier in den Noten) verschiedener Gruppen (hier Schulen) untersucht. Und tatsächlich werden wir bei unseren Analysen einige varianzanalytische Konzepte wiederfinden. Da das Random-Intercept-Modell relativ einfach ist, wird es typischerweise als Vergleichsbasis für komplexere Modelle benutzt. Schauen wir es uns für unseren Beispieldatensatz direkt an.

```
m0 <- lmer(normexam ~ (1 | school), data = Exam)

summary(m0)
```

```
Linear mixed model fit by REML ['lmerMod']
Formula: normexam ~ (1 | school)
   Data: Exam

REML criterion at convergence: 11010

Scaled residuals:
   Min     1Q Median     3Q    Max
-3.947 -0.649  0.012  0.699  3.656

Random effects:
 Groups   Name        Variance Std.Dev.
 school   (Intercept) 0.172    0.415
 Residual             0.848    0.921
Number of obs: 4057, groups:  school, 64

Fixed effects:
            Estimate Std. Error t value
(Intercept)  -0.0113     0.0543   -0.21
```

Wir benutzen für den Zufallsteil die Syntax `1 | school`. Die 1 bedeutet, dass die Konstante variieren soll, und `|school`, dass sie pro Schule variieren soll (Random-Intercept-Modell). Die Durchschnittsleistungen zwischen den Schulen sind also nach diesem Modell unterschiedlich. Ansonsten gibt es keine weiteren Einflussfaktoren (keine Anstiege). Die Durchschnittskonstante wird mit ungefähr 0 geschätzt, was für standardisierte Daten zu erwarten ist. Aber wie stark streut diese Konstante zwischen den Schulen? Hier können wir unsere gerade erlernten Fähigkeiten im letzten Abschnitt nutzen und die Standardabweichung für die Konstante ablesen: 0.415. Zwischen + / – **SD** liegen bei der Normalverteilung ungefähr 68 % aller Werte, also können wir schlussfolgern, dass der Großteil der Schulen sich zwischen –0.4 und 0.4 hinsichtlich der normierten Abschlussprüfung befindet (der Mittelwert ist 0). Um das etwas besser zu verstehen, können wir auch eine IQ-Skala benutzen, bei der der Mittelwert 100 ist und eine Standardabweichung 15. Der Großteil der Schulen (68 %) befindet sich also zwischen 94 und 106 IQ-Punkten.

Im nächsten Schritt können wir ermitteln, wie viel Varianz durch die Unterschiede zwischen den Schulen erklärt werden kann. Die Residualvarianz beträgt 0.848, die

Varianz, die durch die Konstanten verursacht wird, 0.172 (die Standardabweichung quadriert). Wir bilden das Verhältnis zwischen aufgeklärter und unaufgeklärter Varianz.

```
0.1723 / (0.1723 + 0.8480)
```

```
[1] 0.169
```

Dieser Wert wird auch als Intra-Klassen-Korrelation (ICC, intraclass correlation) bezeichnet. Für den Lerneffekt ist es eine gute Idee, diesen Wert per Hand auszurechnen. Aber natürlich gibt es hierfür in R eine eigene Funktion namens `icc` aus dem Paket *performance* (Lüdecke et al., 2021).

```
library(performance)
```

```
icc(m0)
```

```
# Intraclass Correlation Coefficient

    Adjusted ICC: 0.169
 Conditional ICC: 0.169
```

Methodikaffine Leser*innen werden nun anführen, dass man für den ICC kein gemischtes Modell braucht. Was wir im Null-Modell berechnet haben, entspricht einer einfaktoriellen ANOVA.

```
summary(aov(normexam ~ school, data = Exam))
```

```
              Df Sum Sq Mean Sq F value Pr(>F)
school        63    663   10.53    12.4 <2e-16 ***
Residuals   3993   3386    0.85
---
Signif. codes:  0 '***' 0.001 '**' 0.01 '*' 0.05 '.' 0.1 ' '
```

Nun berechnen wir aus den entsprechenden Quadratsummen die aufgeklärte Varianz.

```
663 / (663 + 3386)
```

```
[1] 0.164
```

Ein geringer Unterschied entsteht, der wahrscheinlich darauf zurückzuführen ist, wie ungleich große Gruppen behandelt werden. Die ANOVA funktioniert am besten in balancierten Designs (gleich große Gruppen). In unbalancierten Designs gibt es verschiedene Möglichkeiten, die Quadratsummen zu berechnen, sodass es keine eindeutige Lösung gibt. Bei gemischten Modellen wird die Stichprobengröße der einzelnen Gruppen stets berücksichtigt, und das in einer elaborierteren Art und Weise als bei der ANOVA. Die Diskrepanz ist in diesem Fall aber vernachlässigbar.

Der ICC kann also in einem Random-Intercept-Modell als ein Maß der Varianzaufklärung betrachtet werden. Er gibt darüber Auskunft, wie stark sich die verschiedenen Gruppen in der AV im Schnitt unterscheiden. Hervorzuheben ist jedoch, dass ein kleiner ICC (hier geringe Unterschiede zwischen Schulen) nicht unbedingt bedeutet, dass ein gemischtes Modell nicht notwendig ist. Es könnte durchaus sein, dass die Anstiege sich zwischen den Gruppen unterscheiden, obwohl die Konstanten dies nicht tun.

Die häufige Empfehlung, erst den ICC zu berechnen, um dann zu entscheiden, ob ein gemischtes Modell angebracht ist, können wir also nicht geben. Generell ist ein solches schrittweises Vorgehen selten sinnvoll, denn getestet werden sollte ein Modell, welches theoretisch abgeleitet wurde.

Im nächsten Schritt lässt sich zum Random-Intercept-Modell ein Anstieg hinzufügen. Dieser kann fest oder zufällig sein. Wichtig ist hierbei, zu beachten, dass das Random-Intercept-Modell erhalten bleibt. Die folgenden Modelle sind also immer noch als Random-Intercept-Modelle zu klassifizieren, sofern dies nicht explizit anders beschrieben wird.[9]

6.4.2 Fester/zufälliger Anstieg (fixed/random slope)

Zu den zufälligen Konstanten fügen wir nun einen Prädiktor hinzu, die Leseleistung mit 11 Jahren. Diese soll zunächst bei jeder Schule gleich stark wirken (fixed slope).

```
m1 <- lmer(normexam ~ standLRT + (1 | school), data = Exam)

summary(m1)
```

```
Linear mixed model fit by REML ['lmerMod']
Formula: normexam ~ standLRT + (1 | school)
   Data: Exam

REML criterion at convergence: 9366

Scaled residuals:
    Min      1Q  Median      3Q     Max
-3.716 -0.631  0.029  0.685  3.267

Random effects:
 Groups   Name        Variance Std.Dev.
 school   (Intercept) 0.0943   0.307
 Residual             0.5661   0.752
Number of obs: 4057, groups:  school, 64

Fixed effects:
            Estimate Std. Error t value
(Intercept)   0.0031     0.0405    0.08
standLRT      0.5633     0.0125   45.17

Correlation of Fixed Effects:
         (Intr)
standLRT 0.007
```

Die Syntax zum Hinzufügen eines festen Prädiktors ist genau gleich zur normalen Regression. Da die Variable *standLRT* nicht im Zufallsteil (in den Klammern bei `1|school`) auftaucht, wird sie als fester Anstieg modelliert. Die Ausgabe zeigt nun auch

9 Man kann auch die Konstanten als feste Effekte modellieren, allerdings ist das selten sinnvoll. Schon die Bezeichnung Null-Modell für das Random-Intercept-Modell deutet darauf hin, dass Konstanten standardmäßig als Zufallseffekte modelliert werden.

die Tabelle *fixed effects*, in der die Wirkung des Prädiktors mit 0.5633 angegeben ist. Für jede Schule ist dieser Effekt gleich, wir haben also ein Random-Intercept-Fixed-Slope-Modell. Wollen wir hingegen modellieren, dass der Effekt der Leseleistung zwischen den Schulen unterschiedlich ist, muss *standLRT* in den Zufallsteil aufgenommen werden.

```
m3 <- lmer(normexam ~ standLRT + (standLRT | school), data = Exam)

summary(m3)
```

```
Linear mixed model fit by REML ['lmerMod']
Formula: normexam ~ standLRT + (standLRT | school)
   Data: Exam

REML criterion at convergence: 9324

Scaled residuals:
   Min     1Q Median     3Q    Max
-3.832 -0.632  0.034  0.683  3.455

Random effects:
 Groups   Name        Variance Std.Dev. Corr
 school   (Intercept) 0.0925   0.304
          standLRT    0.0150   0.122    0.49
 Residual             0.5538   0.744
Number of obs: 4057, groups:  school, 64

Fixed effects:
            Estimate Std. Error t value
(Intercept) -0.0109    0.0403   -0.27
standLRT     0.5566    0.0201   27.67

Correlation of Fixed Effects:
         (Intr)
standLRT 0.365
```

Die `1` für die zufälligen Konstanten wird nun ersetzt durch *standLRT*. Das heißt aber nicht, dass die Konstanten nicht mehr variieren. Das sieht man auch an der Ausgabe der *Random effects*: sowohl der *Intercept* als auch *standLRT* haben eine Varianzkomponente. In diesem Fall könnten wir also von einem Random-Intercept-Random-Slope-Modell sprechen. Standardmäßig geht `lmer` davon aus, dass die Konstanten variieren, sobald ein Zufallseffekt hinzugefügt wird. Dies ist auch in den meisten Fällen sinnvoll. Möchte man nur zufällige Anstiege, aber keine zufälligen Konstanten (Fixed-Intercept-Random-Slope-Modell), ist dies folgendermaßen zu spezifizieren.

```
m4 <- lmer(normexam ~ standLRT + (standLRT + 0 | school), data = Exam)

summary(m4)
```

```
Linear mixed model fit by REML ['lmerMod']
Formula: normexam ~ standLRT + (standLRT + 0 | school)
   Data: Exam
```

```
REML criterion at convergence: 9698

Scaled residuals:
   Min      1Q Median     3Q    Max
-3.279 -0.650  0.024  0.683  3.911

Random effects:
 Groups   Name     Variance Std.Dev.
 school   standLRT 0.0259   0.161
 Residual          0.6253   0.791
Number of obs: 4057, groups:  school, 64

Fixed effects:
            Estimate Std. Error t value
(Intercept)  -0.0145     0.0128   -1.13
standLRT      0.5877     0.0242   24.24

Correlation of Fixed Effects:
         (Intr)
standLRT -0.001
```

Die `0` vor dem `|` ist in der Syntax entscheidend. In der Ausgabe fehlt nun die Varianzkomponente für die Konstante. Wie bereits erläutert, ist dieses Modell selten sinnvoll, aber der Vollständigkeit halber haben wir es trotzdem beschrieben.

6.4.3 Variablen auf Ebene 2

Bisher haben wir nur Variablen der ersten Ebene als Prädiktoren hinzugefügt.[10] *standLRT* kann für jede Messung einen anderen Wert annehmen. Es gibt aber auch Variablen, die innerhalb einer Gruppe konstant sind, dies sind Ebene-2-Variablen. Man könnte sagen, dass diese Variablen die Gruppe charakterisieren. Da wir es hier auf Ebene 2 mit Schulen zu tun haben, sind es also alle Schulvariablen, wie z. B. die Schulart (gemischt oder monoedukativ). Ist man sich unsicher, ob eine Variable der Ebene 1 oder 2 (oder einer noch höheren Ebene) zuzuordnen ist, kann man sich einfach anschauen, ob die Werte der Variable innerhalb jeder Gruppe variieren oder nicht (Titz, 2020).

Schauen wir uns als Beispiel die Variable Schulart (*type*) an, die eindeutig ein Merkmal der Schule und nicht der Schüler*innen ist. Wir wandeln die Schulart (*type*) in eine numerische Variable um und berechnen die Varianz dieser Variable pro Schule.

10 Die Variable *school* befindet sich auf Ebene 2, ist aber kein einfacher Prädiktor, sondern die Gruppenvariable.

```
head(aggregate(as.numeric(Exam$type), list(Exam$school), var))
```

```
  Group.1 x
1       1 0
2       2 0
3       3 0
4       4 0
5       5 0
6       6 0
```

Die Funktion `aggregate` nimmt als ersten Parameter die Variable auf, als zweiten die Gruppe und als dritten die Funktion, die angewandt werden soll. In der Ausgabe sehen wir für die ersten Schulen, dass die Schulart (umgewandelt in einen numerischen Wert) eine Varianz von 0 hat. Das ist logisch, denn die Schulart ist innerhalb einer Schule gleich. Wenn also für alle Gruppen eine Variable konstant ist, dann ist das sehr wahrscheinlich eine Ebene-2-Variable (oder eben eine Variable auf der entsprechend höheren Ebene).

Im Paket *mimosa* (Titz, 2020) gibt es auch eine Hilfsfunktion, die einem die Zuordnung in Ebene 1 und 2 erleichtert. Da *mimosa* aufgrund eines Namensvetters nicht im CRAN verfügbar ist, muss man es über github installieren, was am einfachsten über *librarian* geht.

```
librarian::shelf("johannes-titz/mimosa")
```

Nun können wir die entsprechende Funktion `determine_levels` mit dem Argument `group_variable` verwenden.

```
determine_levels(group_variable = "school", data = Exam)
```

```
$level1
[1] "normexam" "intake"   "standLRT" "sex"      "student"

$level2
[1] "schgend" "schavq"  "vr"      "type"
```

Man braucht diese Funktion natürlich nicht zwingend, aber wenn man einen fremden Datensatz analysieren möchte, ist es praktisch zu wissen, auf welcher Ebene sich die Variablen befinden. Zudem lassen sich dadurch Ungereimtheiten aufdecken. Beispielsweise sollte *vr* nach der Beschreibung des Datensatzes (siehe ▶*Tabelle 6.1*) eine Variable auf Ebene der Schüler*innen sein, aber tatsächlich ist die Variable innerhalb einer Schule konstant. Hier wurde also offensichtlich ein Fehler gemacht.[11]

Das Paket *mimosa* bietet auch eine grafische Oberfläche für 2-Ebenen-Modelle, welche unter *https://mimosa.icu* frei verfügbar ist oder direkt in R mit `run_app` aufgerufen werden kann.

```
run_app()
```

11 Möglich wäre auch, dass die Variable tatsächlich für alle Schüler einer Schule gleich ist. Dies ist aber über mehrere Schulen hinweg sehr unwahrscheinlich.

Nach der Klärung, wie man Variablen in verschiedenen Ebenen einteilt, kommen wir nun zur Spezifizierung einer Variable auf Level 2. Hierfür nehmen wir die Schulart (*type*) ins Modell auf.

```
m5 <- lmer(normexam ~ standLRT + type + (standLRT | school), data = Exam)

summary(m5)
```

```
Linear mixed model fit by REML ['lmerMod']
Formula: normexam ~ standLRT + type + (standLRT | school)
   Data: Exam

REML criterion at convergence: 9319

Scaled residuals:
   Min     1Q Median     3Q    Max
-3.843 -0.630  0.034  0.685  3.432

Random effects:
 Groups   Name        Variance Std.Dev. Corr
 school   (Intercept) 0.0840   0.290
          standLRT    0.0149   0.122    0.57
 Residual             0.5539   0.744
Number of obs: 4057, groups:  school, 64

Fixed effects:
            Estimate Std. Error t value
(Intercept)  -0.1095     0.0502   -2.18
standLRT      0.5581     0.0201   27.81
typeSngl      0.2148     0.0703    3.06

Correlation of Fixed Effects:
         (Intr) stnLRT
standLRT  0.313
typeSngl -0.640  0.014
```

Die Syntax bedarf keiner ausführlichen Erläuterung, wir nehmen die Variable einfach in die Formel auf. Beim Zufallsteil ändert sich nichts, denn die Schulart ist ja sowieso konstant pro Schule, sie kann also nur als fester Effekt modelliert werden. Da die Schulart keine numerische Variable ist, wird sie von `lmer` direkt dummykodiert und wir bekommen den Effekt für die Ausprägung *Sngl*, also mono-edukative Schulen. In diesen Schulen schneiden die Schüler*innen etwas besser ab, mit einem Anstieg von 0.21, was wir schon in der ersten Analyse (*Abschnitt 6.2*) bemerkt haben.

6.4.4 Interaktionen

Interaktionen in gemischten Modellen lassen sich genauso wie bei der normalen Regression mit einem multiplikativen Term (`*`) spezifizieren. Als Beispiel modellieren wir die Interaktion zwischen Lesetest (*standLRT*) und Geschlecht (*sex*) als Zufallseffekt.

```
m6 <- lmer(normexam ~ standLRT * sex + (standLRT * sex | school), data = Exam)
```

```
boundary (singular) fit: see ?isSingular
```

```
summary(m6)
```

```
Linear mixed model fit by REML ['lmerMod']
Formula: normexam ~ standLRT * sex + (standLRT * sex | school)
   Data: Exam

REML criterion at convergence: 9303

Scaled residuals:
   Min     1Q Median     3Q    Max
-3.820 -0.640  0.021  0.682  3.462

Random effects:
 Groups   Name           Variance Std.Dev. Corr
 school   (Intercept)    0.094548 0.3075
          standLRT       0.020465 0.1431    0.51
          sexM           0.000893 0.0299   -0.93 -0.17
          standLRT:sexM  0.002455 0.0495   -0.44 -1.00  0.09
 Residual                0.550356 0.7419
Number of obs: 4057, groups:  school, 64

Fixed effects:
               Estimate Std. Error t value
(Intercept)    0.066530   0.043142    1.54
standLRT       0.553935   0.026312   21.05
sexM          -0.178757   0.032390   -5.52
standLRT:sexM  0.000608   0.029143    0.02
```

Die Frage ist nur, welche von den Effekten (Haupteffekte oder Interaktionseffekte) man auch als Zufallseffekte spezifizieren möchte. Im Beispiel sind es alle, die man erneut beim Output unter *Random effects* erkennen kann. Die Variablen *standLRT*, *sexM* und die Interaktion zwischen beiden haben eine Varianzkomponente. Sobald man also das Sternchen `*` benutzt, wird R sowohl Haupteffekte als auch die Interaktion berechnen. Aber was, wenn man nur die Interaktion haben möchte, ohne Haupteffekte? Auch das geht, und zwar mithilfe des Doppelpunkts (`:`) zwischen den Interaktionsvariablen.

```
m7 <- lmer(normexam ~ standLRT:sex + (standLRT:sex | school), data = Exam)
```

```
boundary (singular) fit: see ?isSingular
```

```
summary(m7)
```

```
Linear mixed model fit by REML ['lmerMod']
Formula: normexam ~ standLRT:sex + (standLRT:sex | school)
   Data: Exam

REML criterion at convergence: 9326

Scaled residuals:
   Min     1Q Median     3Q    Max
```

```
-3.820 -0.628  0.039  0.680  3.477

Random effects:
 Groups   Name           Variance Std.Dev. Corr
 school   (Intercept)    0.0909   0.3015
          standLRT:sexF 0.0222   0.1489   0.49
          standLRT:sexM 0.0071   0.0843   0.53 1.00
 Residual                0.5537   0.7441
Number of obs: 4057, groups:  school, 64

Fixed effects:
              Estimate Std. Error t value
(Intercept)    -0.0106     0.0399   -0.27
standLRT:sexF   0.5526     0.0270   20.45
standLRT:sexM   0.5628     0.0219   25.68

Correlation of Fixed Effects:
            (Intr) sLRT:F
stndLRT:sxF 0.321
stndLRT:sxM 0.262  0.282
optimizer (nloptwrap) convergence code: 0 (OK)
boundary (singular) fit: see ?isSingular
```

Wir sehen, dass bei Jungen der Anstieg (*standLRT*) minimal höher ist (0.5628 versus 0.5526), aber auch, dass der Effekt bei Mädchen stärker zwischen den Schulen variiert (0.1489 versus 0.0843). Bei der Interpretation ist jedoch Vorsicht geboten, denn `lmer` gibt einen *boundary fit* aus. Das bedeutet, dass die Schätzung des Modells instabil ist, man kann ihr also nicht wirklich vertrauen.[12] In diesen Fällen sollte man ein einfacheres Modell spezifizieren, zum Beispiel eines ohne Interaktionen. Ist dies aufgrund theoretischer Überlegungen keine Option, sollte man zumindest berichten, dass das Modell instabil ist. Die Berechnung mit unterschiedlichen Algorithmen wäre hier als Gegenprüfung auch geeignet.

Interaktionen auf Ebene 2 lassen sich wie die auf Ebene 1 spezifizieren. Wir modellieren hier beispielhaft die Interaktion zwischen Schulart (*type*) und Leistungsorientierung (*schavg*) der Schulen.[13]

```
m8 <- lmer(normexam ~ type * schavg + (1 | school), data = Exam)

summary(m8)
```

```
Linear mixed model fit by REML ['lmerMod']
Formula: normexam ~ type * schavg + (1 | school)
   Data: Exam

REML criterion at convergence: 10964
```

12 Auch beim vorherigen Beispiel bekamen wir diesen Fehler, dort haben wir die Koeffizienten allerdings nicht interpretiert.

13 Die Variable *schavg* ist die durchschnittliche Leistung der Schüler bei der Aufnahme in die Schule. Wir interpretieren diese Variable hier vereinfacht als Leistungsorientierung.

```
Scaled residuals:
   Min     1Q Median     3Q    Max
-3.908 -0.651  0.012  0.698  3.608

Random effects:
 Groups   Name        Variance Std.Dev.
 school   (Intercept) 0.0647   0.254
 Residual             0.8486   0.921
Number of obs: 4057, groups:  school, 64

Fixed effects:
                Estimate Std. Error t value
(Intercept)      -0.0758     0.0484   -1.57
typeSngl          0.1947     0.0713    2.73
schavg            0.9424     0.1544    6.10
typeSngl:schavg  -0.0341     0.2132   -0.16

Correlation of Fixed Effects:
            (Intr) typSng schavg
typeSngl    -0.678
schavg       0.079 -0.054
typSngl:sch -0.057  0.066 -0.724
```

Hier können wir erkennen, dass getrennter Unterricht besser ist und dass anspruchsvollere Schulen (indirekt gemessen durch die Aufnahme durchschnittlich stärkerer Schüler*innen, Variable *schavg*) ebenfalls besser sind. Die Interaktion ist sehr klein und hat einen großen Standardfehler, wir können sie also ignorieren. Aber inhaltlich würde sie bedeuten, dass bei monoedukativen Schulen der Effekt der Auswahl stärkerer Schüler*innen minimal geringer ist. Zu beachten ist natürlich, dass der Zufallsteil der Syntax keine Variablen enthält (bis auf die Konstante), da wir uns auf Ebene 2 befinden.

Bisher sieht es so aus, als ob Interaktionen nicht viel anders funktionieren als bei der normalen Regression. In gemischten Modellen kann es jedoch auch Interaktionen zwischen Variablen auf unterschiedlichen Ebenen geben. Aber auch in diesem Fall ist eine Interaktion nichts anderes als das Produkt zweier Variablen. Somit ändert sich zunächst nicht viel, wenn die Variablen sich auf verschiedenen Ebenen befinden. Als Beispiel modellieren wir die Interaktion zwischen Leseleistung (*standLRT*) auf Ebene 1 und Leistungsorientierung der Schulen (*schavg*) auf Ebene 2.

```
m9 <- lmer(normexam ~ standLRT * schavg + (standLRT | school), data = Exam)

summary(m9)
```

```
Linear mixed model fit by REML ['lmerMod']
Formula: normexam ~ standLRT * schavg + (standLRT | school)
   Data: Exam

REML criterion at convergence: 9317
```

```
Scaled residuals:
    Min      1Q Median      3Q     Max
-3.829 -0.637  0.035  0.685  3.455

Random effects:
 Groups   Name        Variance Std.Dev. Corr
 school   (Intercept) 0.0767   0.277
          standLRT    0.0122   0.111    0.36
 Residual             0.5540   0.744
Number of obs: 4057, groups:  school, 64

Fixed effects:
                Estimate Std. Error t value
(Intercept)     -0.00692    0.03727   -0.19
standLRT         0.55797    0.01914   29.15
schavg           0.37266    0.11143    3.34
standLRT:schavg  0.16174    0.05771    2.80

Correlation of Fixed Effects:
            (Intr) stnLRT schavg
standLRT     0.235
schavg       0.066 -0.064
stndLRT:sch -0.065  0.087  0.251
```

Obwohl sich die zwei Variablen auf unterschiedlichen Ebenen befinden, lässt sich ohne Weiteres das Produkt berechnen, und diese neue Variable hätten wir auch per Hand in das gemischte Modell aufnehmen können. Hier passiert also rechnerisch nichts Ungewöhnliches, jedoch ist die Interpretation von Mehrebenen-Interaktionen nicht gerade einfach. Eine mögliche Variante wäre: Je besser ein Schüler oder eine Schülerin mit 11 Jahren lesen konnte, desto besser ist seine oder ihre Schulleistung mit 16 Jahren (0.558). Je besser die Mitschüler*innen im Schnitt bei der Aufnahme in die Schule sind, desto besser schneiden sie auch später ab (0.373). Und nun die Interaktion: Je besser die Mitschüler*innen, desto größer wird der Effekt der früheren eigenen Fähigkeiten (0.162). Es gibt also ein Zusammenwirken beider Faktoren. Ein guter Schüler bzw. eine gute Schülerin zusammen mit guten Mitschüler*innen führt zu besonders guten Leistungen, die über die Einzeleffekte hinausgehen.

Diese Interaktion zwischen den Ebenen wird auch häufig als Cross-Level-Interaction bezeichnet. Man kann sie intuitiv folgendermaßen betrachten: Pro Schule gibt es einen individuellen Effekt der früheren Lesefähigkeit auf die spätere allgemeine Schulleistung. Die Variation zwischen den Schulen in diesem Effekt lässt sich teilweise erklären durch die durchschnittliche Leistung der Mitschüler*innen. Bei durchschnittlich starken Mitschüler*innen wächst der Effekt. Um das zu verdeutlichen, müssen wir einen Schritt zurückgehen und die Interaktion weglassen. Mit der Funktion `ranef` lassen wir uns die Zufallseffekte der Schule (hier die Anstiege von *standLRT*) ausgeben.

```
m10 <- lmer(normexam ~ standLRT + schavg + (standLRT | school), data = Exam)

standLRT_slope <- ranef(m10)$school$standLRT
```

Nun wollen wir die unterschiedlichen Effekte der Leseleistung zwischen den Schulen (*standLRT_slope*) mit der Leistungsorientierung der Schulen (*schavg*) vorhersagen (siehe ▶*Abbildung 6.2*).

```
schavg_per_school <- aggregate(Exam$schavg, list(Exam$school), mean)

d <- data.frame(schavg = schavg_per_school$x, standLRT_slope)

plot(d, pch = 16)
```

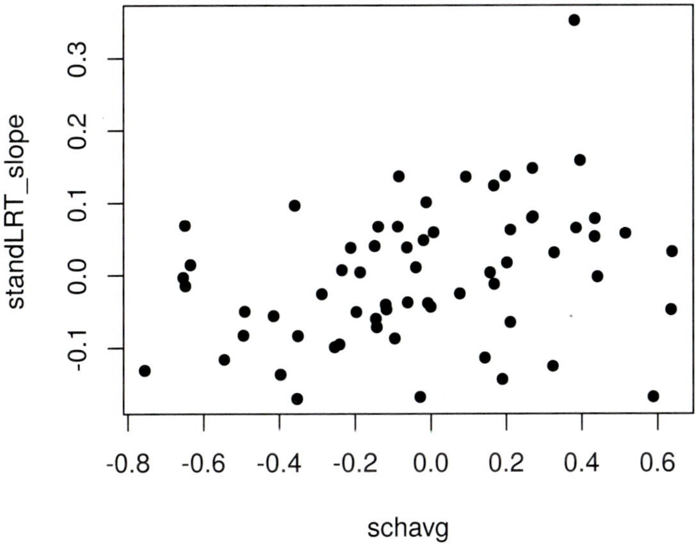

Abbildung 6.2: Effekte des Lesetests auf die Leistung in Abhängigkeit der Leistungsorientierung der Schulen.

```
cor(d)

               schavg standLRT_slope
schavg          1.000          0.313
standLRT_slope  0.313          1.000
```

Wir sehen, dass man aus der Leistungsorientierung der Schulen den Effekt der frühen Leseleistung auf die Abschlussprüfung vorhersagen kann. Und genau das passiert auch bei der Cross-Level-Interaction im gemischten Modell. Der Effekt hier weicht vom gemischten Modell ab, da wir nur die einfache Korrelation berechnen, und das auch ohne die Stichprobengröße zu berücksichtigen. Im gemischten Modell wird hingegen alles auf einmal geschätzt. Trotzdem kann man sich Interaktionen zwischen mehreren Ebenen auf die geschilderte Weise intuitiv erklären. Vorhergesagt werden keine Rohwerte mehr, sondern Anstiege (hier *standLRT*, frühe Leseleistung wirkt auf Abschlussnote) auf der höheren Ebene durch Variablen auf der höheren Ebene (*schavg*, Leistungsorientierung der Schule).

6.5 Within-Designs

Unsere bisherigen Beispiele und Erläuterungen bezogen sich auf den Schulkontext, einem intuitiv zugänglichen Anwendungsfall gemischter Modelle im Sinne mehrerer Ebenen. Die Intuition ergibt sich daraus, dass Schulen (und Klassen) natürliche Gruppen sind, die selbst von Laien als wichtige Entitäten erkannt werden. Auch in vielen anderen Fachgebieten der Psychologie geht es offensichtlich um ganz natürliche Gruppen, wie in der Organisationspsychologie oder Sozialpsychologie. Man würde gemischte Modelle jedoch verkennen, wenn man meinte, dass sie nur für die Analyse von Gruppen geeignet sind.

Tatsächlich geht es nicht direkt um Gruppen, sondern um Homogenität. Per Definition sind Gruppen natürlich auf irgendeine Art homogen, aber Homogenität ist nicht auf Gruppen beschränkt. Ein typisches Beispiel sind abhängige Stichproben, also Within-Subjects-Designs, bei denen jede(r) Proband*in verschiedene Experimentalbedingungen durchläuft. In diesem Fall bildet jede(r) Proband*in eine eigene Gruppe, was weit weniger intuitiv klingt, als Schulen oder Schulklassen als Gruppe zu bezeichnen. Klar sollte aber sein, dass die Messungen eines Probanden bzw. einer Probandin recht homogen sind. Messen wir z. B. die Reaktionszeit bei einer Aufgabe, so können wir davon ausgehen, dass ein(e) bestimmte(r) Proband*in stets ähnliche Messungen produzieren wird. Da sich Proband*innen in ihrer Wahrnehmungs- und Verarbeitungsgeschwindigkeit unterscheiden, kann man die Messwerte zweier unterschiedlicher Proband*innen meist gut auseinanderhalten. Sie bilden, sozusagen, zwei natürliche Gruppen, die in sich homogen, aber voneinander verschieden sind.

Schauen wir uns hierfür ein Beispiel an. Im *lme4*-Paket gibt es einen Datensatz namens *sleepstudy*.

```
data("sleepstudy")

sleepstudy[1:15, ]
```

```
   Reaction Days Subject
1       250    0     308
2       259    1     308
3       251    2     308
4       321    3     308
5       357    4     308
6       415    5     308
7       382    6     308
8       290    7     308
9       431    8     308
10      466    9     308
11      223    0     309
12      205    1     309
13      203    2     309
14      205    3     309
15      208    4     309
```

In dieser Schlaf-Deprivations-Studie wurden Reaktionszeiten von 18 Proband*innen erfasst. An Tag 0 schliefen die Proband*innen normal, an den darauffolgenden neun Tagen durften sie nur drei Stunden schlafen. Die Variable *Reaction* ist eine durchschnittliche Reaktionszeit verschiedener Tests. Wir gehen davon aus, dass die Reaktionszeiten von verschiedenen Personen sich prinzipiell unterscheiden (random intercept), aber auch, dass die Wirkung der Deprivation von Person zu Person verschieden ist (random slope). Betrachten wir die Proband*innen (*Subject*) als Gruppenvariable, so können wir die Veränderung der Reaktionszeit über die Tage hinweg folgendermaßen modellieren.

```
m <- lmer(Reaction ~ Days + (Days | Subject), data = sleepstudy)

summary(m)
```

```
Linear mixed model fit by REML ['lmerMod']
Formula: Reaction ~ Days + (Days | Subject)
   Data: sleepstudy

REML criterion at convergence: 1744

Scaled residuals:
   Min     1Q Median     3Q    Max
-3.954 -0.463  0.023  0.463  5.179

Random effects:
 Groups   Name        Variance Std.Dev. Corr
 Subject  (Intercept) 612.1    24.74
          Days         35.1     5.92    0.07
 Residual             654.9    25.59
Number of obs: 180, groups:  Subject, 18

Fixed effects:
            Estimate Std. Error t value
(Intercept)  251.41       6.82   36.84
Days          10.47       1.55    6.77

Correlation of Fixed Effects:
     (Intr)
Days -0.138
```

Gehen wir von einem linearen Zusammenhang aus, so verringert sich pro zusätzlichem Deprivationstag die Reaktionszeit um ungefähr 10.5 ms, wobei dieser Effekt zwischen den Proband*innen mit einer Standardabweichung von ungefähr 5.9 ms schwankt. Es gibt also einige Proband*innen, die über oder unter den 10.5 ms liegen. Auch die Niveau-Unterschiede zwischen den Proband*innen sind erheblich, mit einer durchschnittlichen Reaktionszeit von 251.405 und einer Standardabweichung von 24.741. Die Interpretation des Modells ist ähnlich zum Schulbeispiel, nur, dass eben die Gruppen die Proband*innen selbst sind.

Schauen wir uns noch ein weiteres Beispiel an. Der Datensatz *Early* enthält kognitive Leistungsmessungen (*cog*) von benachteiligten Kindern, wobei immer wieder dieselben Kinder in unterschiedlichem Alter (1, 1.5 und 2 Jahre) gemessen wurden. Auch in diesem Fall ist die Gruppenvariable die Person selbst (das Kind), da die Messungen innerhalb einer Person (eines Kindes) homogen sind.

```
data(Early)

head(Early, 10)

   id cog age trt
1  68 103 1.0   Y
2  68 119 1.5   Y
3  68  96 2.0   Y
4  70 106 1.0   Y
5  70 107 1.5   Y
6  70  96 2.0   Y
7  71 112 1.0   Y
8  71  86 1.5   Y
9  71  73 2.0   Y
10 72 100 1.0   Y
```

Die Variable *trt* gibt an, ob das Kind in einem Förderprogramm war oder nicht (auf den gesamten Zeitraum bezogen). Die Messung der kognitiven Fähigkeiten wurde altersnormiert. Da es um benachteiligte Kinder geht, ist davon auszugehen, dass sie generell schlechter abschneiden als die Referenzstichprobe. Mit hoher Wahrscheinlichkeit nimmt die (altersnormierte) kognitive Fähigkeit über das Alter hinweg weiter ab, der konkrete Effekt wird jedoch von Kind zu Kind schwanken (random slope für Alter). Die Förderung sollte dem negativen Alterseffekt entgegenwirken (Cross-Level-Interaktion zwischen Alter und Förderung). Das gemischte Modell sieht in R-Syntax folgendermaßen aus.

```
m <- lmer(cog ~ age * trt + (age | id), data = Early)

boundary (singular) fit: see ?isSingular

summary(m)

Linear mixed model fit by REML ['lmerMod']
Formula: cog ~ age * trt + (age | id)
   Data: Early

REML criterion at convergence: 2359

Scaled residuals:
    Min      1Q  Median      3Q     Max
-2.3250 -0.5666  0.0256  0.5700  2.3159

Random effects:
 Groups   Name        Variance Std.Dev. Corr
 id       (Intercept) 209.4    14.47
          age          10.3     3.21    -1.00
 Residual              75.5     8.69
Number of obs: 309, groups:  id, 103
```

```
Fixed effects:
            Estimate Std. Error t value
(Intercept)   128.97       3.57   36.10
age           -21.13       1.89  -11.16
trtY            1.58       4.76    0.33
age:trtY        5.27       2.52    2.09

Correlation of Fixed Effects:
         (Intr) age    trtY
age      -0.897
trtY     -0.750  0.673
age:trtY  0.673 -0.750 -0.897
optimizer (nloptwrap) convergence code: 0 (OK)
boundary (singular) fit: see ?isSingular
```

Man kann erkennen, dass mit steigendem Alter die Kinder im Vergleich zur Altersnorm tatsächlich schlechter werden, dieser Effekt jedoch durch das Förderprogramm verringert wird. Konkret ist der Anstieg ohne Förderung –21.13, mit Förderung –21.13 + 5.27 = –15.86. Die Förderung wirkt also deutlich, kann aber die Benachteiligung bei Weitem nicht ausgleichen. Generelle Unterschiede in den kognitiven Fähigkeiten der Kinder sind vorhanden (Standardabweichung der Konstanten: 14.47), genauso wie Unterschiede in der Entwicklung über die Jahre hinweg (Standardabweichung für *age*: 3.21).

Die zwei Beispiele in diesem Abschnitt sollen verdeutlichen, dass man bei gemischten Modellen besser an „Homogenität" denken sollte als an „Gruppen". Sobald Messungen nicht unabhängig voneinander sind (wie in allen bisherigen Beispielen), kann man sich *lme4* schon mal in den Workspace von R laden, man wird es wahrscheinlich brauchen.

6.6 Geschachtelt (nested) oder gekreuzt (crossed)?

Um die Dinge einfach zu halten, haben wir bisher nur zwei Ebenen betrachtet, Schulen und Schüler*innen (oder Messwiederholungen und Individuen). Gemischte Modelle lassen sich aber auch auf mehr als zwei Ebenen übertragen. Bei unserem Beispiel würde es Sinn ergeben, auch die Klassen zu berücksichtigen. So könnte es sein, dass die Klassengröße oder auch der Klassenlehrer einen Effekt auf die gesamte Klasse haben, was wieder zur Verletzung der Unabhängigkeit führt. Die Leistung innerhalb einer Klasse wäre homogener, als man es bei Unabhängigkeit der Schüler*innenmessungen erwarten würde. Gemischte Modelle mit mehr als zwei Ebenen sind nicht grundsätzlich anders als die mit zwei Ebenen. Es braucht hierfür also keine weiteren Erläuterungen. Allerdings gibt es ab drei Ebenen eine zusätzliche Frage zu klären: Welche Datenstruktur liegt vor? Sind die Gruppen-Variablen gekreuzt oder geschachtelt? Ignoriert man diese Frage, kann es schnell passieren, dass man ein falsches Modell spezifiziert.

6.6.1 Motivierendes Beispiel

Am besten lässt sich die Einteilung in geschachtelt und gekreuzt an einem simulierten Beispiel erklären, welches sich im Datenpaket *bts* des Buches befindet.[14]

```
library(bts)

data(school)

head(school)
```

```
  id extro open agree social class school
1  1  63.7 43.4  38.0   75.1     d     IV
2  2  69.5 46.9  31.5   98.1     a     VI
3  3  79.7 32.3  40.2  116.3     d     VI
4  4  63.0 44.4  30.5   90.5     c     IV
5  5  64.2 36.9  37.4   98.5     d     IV
6  6  51.0 46.3  38.8   75.2     d      I
```

Dieser Datensatz enthält viele verschiedene Variablen, für uns ist jetzt jedoch nur die Struktur entscheidend. Es gibt Schulen (*school*), Klassen (*class*) und Schüler*innen (*id*). Im Normalfall würden wir davon ausgehen, dass hier eine geschachtelte Struktur vorliegt, genauer gesagt, dass die Klassen in den Schulen geschachtelt sind. Allgemeiner könnte man sagen, dass jede Klasse in nur einer Schule vorkommt. Diese Formulierung lässt sich auch auf einen Kontext außerhalb von Schulen übertragen. Kommt jedes Objekt in nur einer Gruppe vor, so haben wir geschachtelte Daten. Ist dies der Fall, müsste man das gemischte Modell folgendermaßen spezifizieren:

```
model <- lmer(extro ~ open + agree + social + (1 | school / class),
              data = school)

summary(model)
```

```
Linear mixed model fit by REML ['lmerMod']
Formula: extro ~ open + agree + social + (1 | school/class)
   Data: school

REML criterion at convergence: 3555

Scaled residuals:
    Min      1Q  Median      3Q     Max
-9.995 -0.335  0.006  0.339 10.648

Random effects:
 Groups       Name        Variance Std.Dev.
 class:school (Intercept)  8.204   2.864
 school       (Intercept) 93.842   9.687
 Residual                  0.968   0.984
Number of obs: 1200, groups:  class:school, 24; school, 6

Fixed effects:
```

14 Eine ausführliche Erklärung zum Beispiel findet sich auf stackexchange: *https://stats.stackexchange.com/questions/228800/*

```
            Estimate Std. Error t value
(Intercept) 60.23782    4.01179   15.02
open         0.00611    0.00496    1.23
agree       -0.00767    0.00570   -1.35
social       0.00054    0.00185    0.29

Correlation of Fixed Effects:
       (Intr) open   agree
open   -0.049
agree  -0.049 -0.012
social -0.045 -0.006 -0.009
```

Hier ist hauptsächlich der Zufallsteil interessant. Durch den Slash (/) wird deutlich, dass Klassen sich innerhalb der Schulen schachteln und das diese zwei Variablen die Gruppenvariablen sind.[15]

Beim Output sehen wir, dass es für die Konstante zwei Varianz-Komponenten gibt (*Intercepts* für *class:school* und *school*). Die Konstante ist im Durchschnitt 60.24, streut aber zwischen den Schulen mit 9.69 und zwischen den Klassen (geschachtelt in den Schulen) mit 2.87.

Wie würden die Daten aussehen, wenn wir ein gekreuztes Design hätten? Tatsächlich ist es so, dass wir genau dieselben Daten auch als gekreuzt auffassen könnten. Die Namensgebung ist so gewählt, dass die Klassen innerhalb der verschiedenen Schulen gleich heißen. Es gibt in jeder Schule eine Klasse mit Namen a, b, c, und d.

```
table(school$school, school$class)

     a  b  c  d
I   50 50 50 50
II  50 50 50 50
III 50 50 50 50
IV  50 50 50 50
V   50 50 50 50
VI  50 50 50 50
```

Bisher sind wir davon ausgegangen, dass dies unterschiedliche Klassen sind, was inhaltlich auch Sinn ergibt. Gehen wir jetzt aber zu Illustrationszwecken einfach mal davon aus, dass die Klassen zwischen den Schulen tatsächlich dieselben Klassen sind. Klasse a besucht also sechs verschiedene Schulen, es ist aber immer dieselbe Klasse a (mit denselben Schüler*innen). Das mag inhaltlich merkwürdig erscheinen, zeigt aber markant den Unterschied zwischen geschachtelt und gekreuzt. Man könnte sich auch überlegen, dass der geschilderte Fall ein neuartiges Experiment ist, bei dem eine feste Klasse in unterschiedliche Schulen geht. Um das entsprechende Modell zu spezifizieren, nutzen wir folgende Syntax:

15 Die Schüler-Variable selbst ist keine Gruppenvariable, da jeder Schüler nur einmal vorkommt (das war auch bei unseren 2-Level-Modellen so). Es gibt aber andere Modelle, bei denen pro Person mehrere Messungen vorhanden sind und für die man dann noch den Teil /id (*id* ist die Personen-Variable) hinzufügen müsste. Dies wäre ein 4-Ebenen-Modell.

```
model0 <- lmer(extro ~ open + agree + social + (1 | school) + (1 | class),
               data = school)

summary(model0)

   Linear mixed model fit by REML ['lmerMod']
   Formula: extro ~ open + agree + social + (1 | school) + (1 | class)
      Data: school

   REML criterion at convergence: 4724

   Scaled residuals:
      Min      1Q Median      3Q     Max
   -7.868 -0.542  0.010  0.522  8.228

   Random effects:
    Groups   Name        Variance Std.Dev.
    school   (Intercept) 95.89    9.79
    class    (Intercept)  5.79    2.41
    Residual              2.79    1.67
   Number of obs: 1200, groups:  school, 6; class, 4

   Fixed effects:
               Estimate Std. Error t value
   (Intercept) 60.19884    4.21299   14.29
   open         0.01083    0.00835    1.30
   agree       -0.00542    0.00961   -0.56
   social      -0.00176    0.00311   -0.57

   Correlation of Fixed Effects:
          (Intr) open   agree
   open   -0.079
   agree  -0.079 -0.008
   social -0.073  0.002 -0.006
```

Wir benutzen keinen Slash mehr, sondern müssen die gekreuzten Effekte einzeln über Klammern spezifizieren. Bei den *Random effects* im Output sehen wir, dass Schulen und Klassen nicht mehr geschachtelt sind. Die Effekte selbst ändern sich nicht dramatisch, was jedoch nicht heißt, dass die Unterschiede zwischen gekreuzt und geschachtelt vernachlässigbar wären. Ganz im Gegenteil: Je nach Datensatz kann die Spezifizierung zu deutlichen Unterschieden führen. Und wir haben gesehen, dass R uns keine Warnung ausgibt, man kann also in bestimmten Fällen beide Modelle berechnen. Dies birgt die große Gefahr, das falsche Modell zu spezifizieren. Woher weiß man also, welches Modell korrekt ist?

Wenn man das Design der Studie kennt, sollte klar sein, welche Faktoren gekreuzt und welche geschachtelt sind. Ist das Design unbekannt, aber die Daten sind ordentlich kodiert, so kann man sich auch aus einer Kreuztabelle der Faktoren die Struktur ableiten.

6.6.2 Geschachtelt

Der konzeptuell einfachere Fall ist ein geschachteltes Design. Ein solches finden wir im Beispieldatensatz *Chem97* aus *lme4*. Wieder wurde die Leistung von Schüler*innen erfasst, diesmal enthält der Datensatz jedoch drei Ebenen. Die Gruppenvariablen sind Schule (*school*) und Region (*lea*, local education authority). Wenn der Datensatz korrekt kodiert ist, sollten wir in einer Kreuztabelle der Gruppenvariable Zellen mit Häufigkeit 0 finden.

```
data(Chem97)

table(Chem97$school, Chem97$lea)[1:10, 1:10]
```

```
       1  2  3  4  5  6  7  8  9 10
  1   13  0  0  0  0  0  0  0  0  0
  2   28  0  0  0  0  0  0  0  0  0
  3    0  3  0  0  0  0  0  0  0  0
  4    0  7  0  0  0  0  0  0  0  0
  5    0 16  0  0  0  0  0  0  0  0
  6    0 14  0  0  0  0  0  0  0  0
  7    0  4  0  0  0  0  0  0  0  0
  8    0 11  0  0  0  0  0  0  0  0
  9    0 23  0  0  0  0  0  0  0  0
  10   0  1  0  0  0  0  0  0  0  0
```

Hier sehen wir uns nur die ersten 10 Zeilen und Spalten an, es wird aber schon deutlich, dass dies ein geschachteltes Design sein muss, denn pro Zeile gibt es immer nur einen Eintrag, der nicht 0 ist (dies ist auch der Fall, wenn man sich den kompletten Datensatz anschaut und nicht nur die ersten 10 Spalten). Das heißt einfach nur, dass eine Schule immer nur einer Region zugeordnet ist. Also eindeutig geschachtelt. Wir erstellen die Spezifikation für ein beispielhaftes Null-Modell.

```
m <- lmer(score ~ 1 + (1 | lea / school), data = Chem97)

summary(m)
```

```
Linear mixed model fit by REML ['lmerMod']
Formula: score ~ 1 + (1 | lea/school)
   Data: Chem97

REML criterion at convergence: 157874

Scaled residuals:
   Min     1Q Median     3Q    Max
-2.997 -0.737  0.108  0.759  2.658

Random effects:
 Groups     Name        Variance Std.Dev.
 school:lea (Intercept) 2.749    1.658
 lea        (Intercept) 0.153    0.392
 Residual               8.516    2.918
Number of obs: 31022, groups:  school:lea, 2410; lea, 131
```

```
Fixed effects:
            Estimate Std. Error t value
(Intercept)   5.3190     0.0581    91.5
```

Da die Daten ordentlich kodiert wurden, wäre allerdings auch die gekreuzte Spezifizierung nicht falsch.

```
m <- lmer(score ~ 1 + (1 | lea) + (1 | school), data = Chem97)

summary(m)
```

```
Linear mixed model fit by REML ['lmerMod']
Formula: score ~ 1 + (1 | lea) + (1 | school)
   Data: Chem97

REML criterion at convergence: 157874

Scaled residuals:
   Min     1Q Median     3Q    Max
-2.997 -0.737  0.108  0.759  2.658

Random effects:
 Groups   Name        Variance Std.Dev.
 school   (Intercept) 2.749    1.658
 lea      (Intercept) 0.153    0.392
 Residual             8.516    2.918
Number of obs: 31022, groups:  school, 2410; lea, 131

Fixed effects:
            Estimate Std. Error t value
(Intercept)   5.3190     0.0581    91.5
```

Man kann sich also merken: In einem rein geschachtelten Design, bei dem die Ausprägungen der Gruppenvariablen individuell identifizierbar sind, spielt die Spezifizierung keine Rolle. Das Modell für geschachtelt und gekreuzt ist das Gleiche. Man kann diesen Fall daran erkennen, dass die Kreuztabelle für die Variable der unteren Ebene immer nur einen Eintrag enthält, der nicht 0 ist.

6.6.3 Gekreuzt

Enthält die Kreuztabelle der Gruppenvariablen überall Einträge größer 0 (und die Kodierung ist korrekt), entspricht dies einem vollständig gekreuzten Design. Nehmen wir zur Veranschaulichung ein nicht psychologisches Beispiel, sodass die Zuordnung nicht sofort offensichtlich ist wie bei den Schulen. In *lme4* gibt es einen Datensatz zu einer Penicillin-Studie *Penicillin*. Die Gruppenvariablen sind Petrischale (*plate*) und Penicillin-Art (*sample*). War das Design gekreuzt oder geschachtelt? Wenn die Daten korrekt kodiert sind, dann lässt sich dies ohne viel Vorwissen herausfinden.

```
data("Penicillin")

table(Penicillin$plate, Penicillin$sample)
```

```
  A B C D E F
  a 1 1 1 1 1 1
  b 1 1 1 1 1 1
  c 1 1 1 1 1 1
  d 1 1 1 1 1 1
  e 1 1 1 1 1 1
  f 1 1 1 1 1 1
  g 1 1 1 1 1 1
  h 1 1 1 1 1 1
  i 1 1 1 1 1 1
  j 1 1 1 1 1 1
  k 1 1 1 1 1 1
  l 1 1 1 1 1 1
  m 1 1 1 1 1 1
  n 1 1 1 1 1 1
  o 1 1 1 1 1 1
  p 1 1 1 1 1 1
  q 1 1 1 1 1 1
  r 1 1 1 1 1 1
  s 1 1 1 1 1 1
  t 1 1 1 1 1 1
  u 1 1 1 1 1 1
  v 1 1 1 1 1 1
  w 1 1 1 1 1 1
  x 1 1 1 1 1 1
```

Jede Kombination kommt einmal vor. Wir haben also ein gekreuztes Design (ein klassisches Experiment), das mit folgendem Code spezifiziert wird:

```
m <- lmer(diameter ~ 1 + (1 | sample) + (1 | plate), data = Penicillin)

summary(m)
```

```
Linear mixed model fit by REML ['lmerMod']
Formula: diameter ~ 1 + (1 | sample) + (1 | plate)
   Data: Penicillin

REML criterion at convergence: 331

Scaled residuals:
    Min      1Q  Median      3Q     Max
-2.0792 -0.6714  0.0629  0.5838  2.9796

Random effects:
 Groups   Name        Variance Std.Dev.
 plate    (Intercept) 0.717    0.847
 sample   (Intercept) 3.731    1.932
 Residual             0.302    0.550
Number of obs: 144, groups:  plate, 24; sample, 6

Fixed effects:
            Estimate Std. Error t value
(Intercept)   22.972      0.809    28.4
```

In diesem Fall wäre es auch nicht möglich ein geschachteltes Design zu spezifizieren, da sich in den einzelnen Experimentalzellen nur ein Objekt befindet. Bei diesem Beispiel kann man also keinen großen Fehler machen.

6.6.4 Der kritische Fall

Schauen wir uns einen weiteren nicht psychologischen Datensatz an, der kritischer ist. *Oxide* aus dem Paket *nlme*. Die Gruppenvariablen sind *Lot* (Los, Zusammenfassung mehrerer Wafer) und *Wafer* (Scheiben). Ohne genau zu wissen, was inhaltlich gemacht wurde, könnten wir wieder versuchen das Design herauszufinden.

```
data(Oxide, package = "nlme")

table(Oxide$Lot, Oxide$Wafer)

    1 2 3
  1 3 3 3
  2 3 3 3
  3 3 3 3
  4 3 3 3
  5 3 3 3
  6 3 3 3
  7 3 3 3
  8 3 3 3
```

Nach der Kreuztabelle würden wir denken, dass dies ein gekreuztes, balanciertes Design ist, da alle Kombinationen häufiger als Null und gleich oft vorkommen. Und hier würden wir einen großen Fehler machen, denn tatsächlich sind *Wafer* und *Lot* geschachtelt. Aus der Kodierung der Daten wird dies aber nicht deutlich.

```
head(Oxide, 18)

Grouped Data: Thickness ~ 1 | Lot/Wafer
   Source Lot Wafer Site Thickness
1       1   1     1    1      2006
2       1   1     1    2      1999
3       1   1     1    3      2007
4       1   1     2    1      1980
5       1   1     2    2      1988
6       1   1     2    3      1982
7       1   1     3    1      2000
8       1   1     3    2      1998
9       1   1     3    3      2007
10      1   2     1    1      1991
11      1   2     1    2      1990
12      1   2     1    3      1988
13      1   2     2    1      1987
14      1   2     2    2      1989
15      1   2     2    3      1988
16      1   2     3    1      1985
17      1   2     3    2      1983
18      1   2     3    3      1989
```

Es sieht so aus, als ob bei Lot 1 und Lot 2 dieselben Wafer verwendet wurden, das ist allerdings nicht der Fall. Nur innerhalb eines Lots ist der Wafer derselbe. Pro Wafer wurden drei Messungen gemacht (*Site*), jeder Wafer wurde also mehrfach verwendet, allerdings nicht zwischen den Lots. Das korrekte Modell muss also folgendermaßen definiert werden:

```
mod4 <- lmer(Thickness ~ 1 + (1 | Lot / Wafer), data = Oxide)

summary(mod4)
```

```
Linear mixed model fit by REML ['lmerMod']
Formula: Thickness ~ 1 + (1 | Lot/Wafer)
   Data: Oxide

REML criterion at convergence: 454

Scaled residuals:
   Min     1Q Median     3Q    Max
-1.875 -0.499  0.105  0.551  1.792

Random effects:
 Groups    Name        Variance Std.Dev.
 Wafer:Lot (Intercept)  35.9     5.99
 Lot       (Intercept) 129.9    11.40
 Residual               12.6     3.55
Number of obs: 72, groups:  Wafer:Lot, 24; Lot, 8

Fixed effects:
            Estimate Std. Error t value
 (Intercept)  2000.15       4.23     473
```

Das folgende Modell wäre falsch.

```
mod4 <- lmer(Thickness ~ 1 + (1 | Lot) + (1 | Wafer), data = Oxide)

summary(mod4)
```

```
Linear mixed model fit by REML ['lmerMod']
Formula: Thickness ~ 1 + (1 | Lot) + (1 | Wafer)
   Data: Oxide

REML criterion at convergence: 491

Scaled residuals:
   Min     1Q Median     3Q    Max
-2.611 -0.427  0.109  0.398  2.281

Random effects:
 Groups   Name        Variance Std.Dev.
 Lot      (Intercept) 139.00   11.79
 Wafer    (Intercept)   1.49    1.22
 Residual              38.35    6.19
Number of obs: 72, groups:  Lot, 8; Wafer, 3
```

```
Fixed effects:
            Estimate Std. Error t value
(Intercept)  2000.15       4.29     466
```

Hier sind die Unterschiede zwischen den Modellen deutlich zu erkennen. Für die Standardabweichung bei *Wafer* kommt im richtigen Modell 5.99 heraus, im falschen 1.22. Allein aus den Daten hätten wir das korrekte Modell nicht identifizieren können. Dies hätte nur geklappt, wenn die Daten korrekt kodiert gewesen wären, also jeder einzigartige Wafer eine eigene ID bekommen hätte.

```
Oxide$Wafer_unique <- paste(Oxide$Wafer, Oxide$Lot, sep = "|")

table(Oxide$Lot, Oxide$Wafer_unique)[, 1:15]
```

```
   1|1 1|2 1|3 1|4 1|5 1|6 1|7 1|8 2|1 2|2 2|3 2|4 2|5 2|6 2|7
 1   3   0   0   0   0   0   0   0   3   0   0   0   0   0   0
 2   0   3   0   0   0   0   0   0   0   3   0   0   0   0   0
 3   0   0   3   0   0   0   0   0   0   0   3   0   0   0   0
 4   0   0   0   3   0   0   0   0   0   0   0   3   0   0   0
 5   0   0   0   0   3   0   0   0   0   0   0   0   3   0   0
 6   0   0   0   0   0   3   0   0   0   0   0   0   0   3   0
 7   0   0   0   0   0   0   3   0   0   0   0   0   0   0   3
 8   0   0   0   0   0   0   0   3   0   0   0   0   0   0   0
```

Wären also die Daten korrekt kodiert gewesen, dann hätten wir nur ein geschachteltes Modell berechnen können. Für das falsche gekreuzte Modell hätte uns R einen Fehler ausgegeben. Bei fremden Daten sollte man also ganz besonders aufpassen, zumindest wenn die Struktur nicht auf ein geschachteltes Design hinweist.

Zum Abschluss ist noch zu erwähnen, dass ab 4-Ebenen-Modellen verschiedene Gruppenvariablenpaare gekreuzt und geschachtelt sein können. Hier sollte man wirklich aufpassen, um größere Fehler zu vermeiden. Wenn die Kodierung korrekt vorgenommen wurde, lässt sich aber auch in diesem Fall die Kreuztabellen-Technik anwenden. Typische Anwendungsfälle gemischter Modelle in der Psychologie umfassen jedoch meist nur zwei Ebenen, die keiner Einteilung in gekreuzt und geschachtelt oder einer Mischung davon bedürfen. Nachdem wir geklärt haben, was gekreuzt und geschachtelt bedeutet, schauen wir uns nun an, wie man ein gemischtes Modell berichten würde.

6.7 Das Berichten eines gemischten Modells

Es gibt keine festen Regeln, wie man ein gemischtes Modell berichtet. In R gibt es jedoch viele Hilfsfunktionen, die einen gut verständlichen Output produzieren. Diesen kann man fast unverändert in einer Abschlussarbeit oder Publikation verwenden. Insbesondere die Funktion `tab_model` aus *sjplot* (Lüdecke, 2021) ist hilfreich.

Schauen wir uns hierzu noch mal das Ausgangsbeispiel mit den Schulen an (das Ergebnis ist als Screenshot in ▶*Abbildung 6.3* dargestellt).

```
data(Exam)

library(sjPlot)
```

```
mixed_model <- lmer(normexam ~ standLRT + type + (standLRT | school),
                    data = Exam)

tab_model(mixed_model)
```

	normexam		
Predictors	*Estimates*	*CI*	*p*
(Intercept)	-0.11	-0.21 – -0.01	**0.029**
standLRT	0.56	0.52 – 0.60	**<0.001**
type [Sngl]	0.21	0.08 – 0.35	**0.002**
Random Effects			
σ^2	0.55		
$\tau_{00\ school}$	0.08		
$\tau_{11\ school.standLRT}$	0.01		
$\rho_{01\ school}$	0.57		
ICC	0.15		
N_{school}	65		
Observations	4059		
Marginal R^2 / Conditional R^2	0.329 / 0.430		

Abbildung 6.3: Zusammenfassung eines gemischten Modells über die Funktion *tab_model*.

Ein solcher Output würde von den meisten Betreuern und Reviewern sofort akzeptiert werden. Wir erhalten die Effekte und ihre Genauigkeit mit einem Konfidenzintervall (standardmäßig 95 %). Wir sehen die Anzahl der Individuen (*Observations*) und die Anzahl der Gruppen (64). Auch der *ICC*, den wir im *Abschnitt 6.4.1* kennengelernt haben, wird angezeigt. Scheinbar neu sind die Kennwerte für σ^2, τ, ρ.

Das Zeichen σ^2 steht für die Varianz der Residuen, also nichts Neues. Das τ ist die Varianz der Zufallseffekte, also auch schon bekannt, wobei sich τ_{00} auf die Varianz der Konstanten und τ_{11} auf die Varianz des Anstiegs bezieht. Hat man mehr Gruppen (mehr Ebenen) und mehr Effekte, würden hier auch entsprechend mehr Varianzen aufgeführt werden. Wichtig ist zu beachten, dass τ (unquadriert) bereits die Varianz ist und nicht die Standardabweichung. Das ist etwas verwirrend, denn für die Residuen-Varianz wird σ^2 verwendet (eine quadrierte Größe). In der Literatur ist jedoch das τ als Varianz oft anzutreffen, weshalb es auch so berichtet werden sollte.

Bisher sind also alle Statistiken bekannt, über ρ haben wir jedoch noch nichts gehört. ρ gibt die Korrelation zwischen Zufallseffekten an, in diesem Fall ist ρ_{01} die Korrelation zwischen den verschiedenen Konstanten und Anstiegen. Je besser die Schulen (höhere Konstanten), desto größer ist der Effekt von *standLRT*.

Neben ρ sind auch die R^2-Werte neu. Natürlich kennt jeder R^2, aber bei gemischten Modellen gibt es nicht nur ein R^2. Marginal R^2 bezieht sich nur auf die festen Effekte, bei conditional R^2 sind auch die Zufallseffekte enthalten, weshalb es immer größer ist. Es ist sinnvoll beides zu berichten, jedoch ist marginal R^2 bedeutsamer. Dieser Wert gibt an, wie viel Varianz tatsächlich auf die UVs zurückgeht. Bei conditional R^2 ist die Varianz zwischen den Gruppen enthalten, aber die können wir meist nicht wirklich erklären. So mag es zwar sein, dass jede Schule einen anderen Anstieg für *standLRT* hat, aber warum das so ist, wissen wir nicht.

Die Funktion `tab_model` ist sehr flexibel und kann unter anderem auch standardisierte Effekte, BIC, AIC, AICC, Devianz, log-Likelihood, und bayesianische Kredibilitätsintervalle angeben. Die Bezeichner in der Tabelle lassen sich komplett individualisieren (z. B. für die deutsche Sprache). Wir zeigen hier ein Beispiel für den *sleepstudy*-Datensatz (das Ergebnis ist als Screenshot in ▶*Abbildung 6.4* dargestellt).

```
m <- lmer(Reaction ~ Days + (Days | Subject), data = sleepstudy)

tab_model(m, show.aic = T, string.ci = "95% CI", string.pred = "IV",
          show.std = T)
```

	Reaction				
IV	*Estimates*	*std. Beta*	*95% CI*	*standardized CI*	*p*
(Intercept)	251.41	0.00	238.03 – 264.78	-0.31 – 0.31	**<0.001**
Days	10.47	0.54	7.44 – 13.50	0.38 – 0.69	**<0.001**
Random Effects					
σ^2	654.94				
$\tau_{00\ \text{Subject}}$	612.10				
$\tau_{11\ \text{Subject.Days}}$	35.07				
$\rho_{01\ \text{Subject}}$	0.07				
ICC	0.72				
N_{Subject}	18				
Observations	180				
Marginal R^2 / Conditional R^2	0.279 / 0.799				
AIC	1755.628				

Abbildung 6.4: Zusammenfassung eines gemischten Modells mit manuell festgelegten Statistiken und Bezeichnern.

Im Fließtext kann man auf eine solche Tabelle verweisen und sich auf die Effekte und Konfidenzintervalle konzentrieren. Auch die Varianzkomponenten und R^2 wird man üblicherweise diskutieren. Prinzipiell muss man es aber nicht übertreiben. Ein gemischtes Modell ist nur der Zweck zum Ziel, entscheidend ist die inhaltliche Fragestellung. Sind die Effekte klein oder ungenau gemessen, sind auch noch so ein toller AIC oder die Berechnung von τ auf die achte Nachkommastelle irrelevant.

6.8 Weiterführende Themen

Die bisherigen Ausführungen sollten genügen, um in gemischte Modelle einzusteigen und eigene Analysen durchzuführen. Beschäftigt man sich länger mit gemischten Modellen, so tauchen wiederkehrende Fragen auf. In diesem Abschnitt gehen wir kurz auf zwei solcher Fragen ein. (1) Wie kann man Variablen bei gemischten Modellen standardisieren oder zentrieren? (2) Wie berechnet man gemischte Modelle für nichtlineare Zusammenhänge?

6.8.1 Standardisierung und Zentrierung

Die Standardisierung und Zentrierung von Variablen ist bei gemischten Modellen kompliziert, da es nicht nur eine Möglichkeit gibt. Man kann über alle Datenpunkte hinweg standardisieren/zentrieren oder innerhalb der Gruppen. Es kann hierfür keine generellen Empfehlungen geben, da dies von der Fragestellung abhängt (Enders & Tofighi, 2007). Eine Standardisierung kann mit der Funktion `model_parameters` über das Paket *parameters* leicht vorgenommen werden.[16]

```
library(parameters)

m <- lmer(Reaction ~ Days + (Days | Subject), data = sleepstudy)

model_parameters(m, standardize = "refit")
```

```
# Fixed Effects

Parameter   | Coefficient |   SE |         95% CI |   t(174) |      p
--------------------------------------------------------------------
(Intercept) |    1.41e-15 | 0.16 | [-0.32, 0.32] | 8.76e-15 | > .999
Days        |        0.54 | 0.08 | [ 0.38, 0.69] |     6.77 | < .001

# Random Effects

Parameter                    | Coefficient
------------------------------------------
SD (Intercept: Subject)      |        0.67
SD (Days: Subject)           |        0.30
Cor (Intercept~Days: Subject) |       0.75
SD (Residual)                |        0.45
```

Man könnte sich stattdessen auch der Funktion `scale` bedienen und die Variablen per Hand standardisieren.

```
m2 <- lmer(scale(Reaction) ~ scale(Days) + (scale(Days) | Subject), data = sleepstudy)

summary(m2)
```

```
Linear mixed model fit by REML ['lmerMod']
Formula: scale(Reaction) ~ scale(Days) + (scale(Days) | Subject)
   Data: sleepstudy
```

16 Diese Funktion benutzt auch `tab_model` im Hintergrund.

```
REML criterion at convergence: 306

Scaled residuals:
   Min      1Q Median      3Q     Max
-3.954 -0.463  0.023  0.463  5.179

Random effects:
 Groups   Name        Variance Std.Dev. Corr
 Subject  (Intercept) 0.4441   0.666
          scale(Days) 0.0917   0.303    0.75
 Residual             0.2064   0.454
Number of obs: 180, groups:  Subject, 18

Fixed effects:
            Estimate Std. Error t value
(Intercept) 1.41e-15   1.61e-01    0.00
scale(Days) 5.35e-01   7.90e-02    6.77

Correlation of Fixed Effects:
            (Intr)
scale(Days) 0.665
```

Möchte man nur zentrieren, so sollte man für `scale` die Parameter entsprechend setzen. Für den Datensatz *sleepstudy* ergibt eine Zentrierung nicht wirklich viel Sinn, da die UV verhältnisskaliert ist. Wir nehmen also stattdessen den Datensatz *Chem97*, den wir bereits bei den geschachtelten Modellen kennengelernt haben.

```
Chem97$gcsescore_scaled <- scale(Chem97$gcsescore, scale = F)

m <- lmer(score ~ gcsescore_scaled + (gcsescore_scaled | lea / school), data = Chem97)

boundary (singular) fit: see ?isSingular

summary(m)
```

```
Linear mixed model fit by REML ['lmerMod']
Formula: score ~ gcsescore_scaled + (gcsescore_scaled | lea/school)
   Data: Chem97

REML criterion at convergence: 141486

Scaled residuals:
   Min      1Q Median      3Q     Max
-4.200 -0.623  0.079  0.661  4.213

Random effects:
 Groups     Name             Variance Std.Dev. Corr
 school:lea (Intercept)      1.1218   1.059
            gcsescore_scaled 0.1523   0.390    -0.45
 lea        (Intercept)      0.0123   0.111
            gcsescore_scaled 0.0175   0.132    -1.00
 Residual                    5.0493   2.247
Number of obs: 31022, groups:  school:lea, 2410; lea, 131
```

```
Fixed effects:
                Estimate Std. Error t value
(Intercept)       5.6315     0.0301     187
gcsescore_scaled  2.5305     0.0242     105

Correlation of Fixed Effects:
            (Intr)
gcsscr_scld -0.324
optimizer (nloptwrap) convergence code: 0 (OK)
boundary (singular) fit: see ?isSingular
```

Eine Standardisierung oder Zentrierung innerhalb der Gruppen kann man über verschiedene Hilfspakete wie *data.table* (Dowle & Srinivasan, 2021) oder *dplyr* (Wickham, François et al., 2021) erreichen. Im Paket *misty* (Yanagida, 2021) gibt es hierfür auch die Funktion `center`.

```
library(misty)

Chem97$gcsescore_group_centered <- center(
  Chem97$gcsescore, "CWC",
  cluster = paste(Chem97$lea, Chem97$school)
)
```

`CWC` steht hier für „centering within cluster", also am Mittelwert der Gruppe zentrieren. Die Gruppe bilden wir über eine ID, die Region (*lea*) und Schule (*school*) kombiniert. Anschließend kann man wieder ein gemischtes Modell berechnen.

```
m <- lmer(score ~ gcsescore_group_centered + (gcsescore_group_centered | lea / school),
          data = Chem97)

summary(m)
```

```
Linear mixed model fit by REML ['lmerMod']
Formula: score ~ gcsescore_group_centered + (gcsescore_group_centered |        lea/
school)
   Data: Chem97

REML criterion at convergence: 143231

Scaled residuals:
    Min      1Q Median      3Q     Max
-4.219 -0.626  0.061  0.655  3.947

Random effects:
 Groups     Name                     Variance Std.Dev. Corr
 school:lea (Intercept)              3.5182   1.876
            gcsescore_group_centered 0.2881   0.537    0.44
 lea        (Intercept)              0.0000   0.000
            gcsescore_group_centered 0.0155   0.124     NaN
 Residual                            4.9858   2.233
Number of obs: 31022, groups:  school:lea, 2410; lea, 131
```

```
Fixed effects:
                        Estimate Std. Error t value
 (Intercept)              5.2520     0.0425   123.6
gcsescore_group_centered  2.4468     0.0267    91.6

Correlation of Fixed Effects:
            (Intr)
gcsscr_grp_ 0.181
optimizer (nloptwrap) convergence code: 0 (OK)
boundary (singular) fit: see ?isSingular
```

Das war die technische Seite der Standardisierung bzw. Zentrierung. Wie sieht es mit der inhaltlichen Seite aus? Ob eine Standardisierung/Zentrierung überhaupt notwendig oder wünschenswert ist, hängt von der Fragestellung ab. Generell gibt es gute Argumente, die Rohdaten nicht zu standardisieren. Unstandardisierte Koeffizienten sind unabhängig von der Reliabilität der Messung. Verwendet man beispielsweise eine Kurz- und Langform eines Fragebogens in zwei Studien, so werden standardisierte Effektgrößen nicht gleich sein, weil die Reliabilität des kurzen Fragebogens üblicherweise schlechter ist (Baguley, 2009). Obwohl sich inhaltlich nichts verändert hat, bekäme man mit der Kurzversion kleinere standardisierte Koeffizienten. Man könnte dafür korrigieren, aber wozu, wenn man auch gleich unstandardisierte Koeffizienten benutzen kann, die unabhängig von der Reliabilität sind. Auch die Spannweite der Variablen hat bei standardisierten Koeffizienten einen Einfluss, bei unstandardisierten nicht. Zwar gibt es in diesem Fall ebenfalls Korrekturformeln, aber diese werden kaum verwendet. Tendenziell macht man also weniger falsch, wenn man unstandardisierte Koeffizienten berechnet.

Unstandardisierte Koeffizienten zu benutzen bringt den weiteren Vorteil, dass diese fast immer bedeutungshaltiger sind als standardisierte. Das liegt daran, dass unstandardisierte Effekte sich auf die ursprünglichen Einheiten der Variablen beziehen. Kennt man sich in einem Inhaltsgebiet gut aus, werden einem unstandardisierte Effekte weit mehr sagen als die standardisierten. Hengartner & Plöderl (2018) geben hierfür ein gutes Beispiel. In einer Metaanalyse wurde ein Effekt von Antidepressiva von $d = 0.3$ (mit einem sehr engen Konfidenzintervall) gefunden. Die meisten Psychologen würden sagen, dass dies zwar ein kleiner, aber doch bedeutsamer Effekt ist. Schaut man sich hingegen den unstandardisierten Effekt an, ist dieser ungefähr 2 Punkte auf der „Hamilton Rating-Scale for Depression". Nur klinisch geschulte Profis können diesen Effekt sinnvoll interpretieren. Tatsächlich wird von Experten erst eine Veränderung von 3 Punkten als klinisch relevant angesehen. Und erst ab 7 Punkten können Kliniker im Verhalten des Patienten eine minimale Verbesserung erkennen. Das sagt weit mehr aus als $d = 0.3$.

Im Vergleich zur Standardisierung ist die Zentrierung weniger invasiv und kann hilfreich sein, wenn man den Mittelwert intervallskalierter Daten auf einen interessanten Wert bringen möchte, z. B. einen Referenzwert aus einer bedeutsamen vorherigen Untersuchung oder einen theoretisch abgeleiteten Wert.

Die Zentrierung am Mittelwert der Stichprobe wird häufig für die Analyse von Interaktionen empfohlen. Jedoch gibt es hierzu keine einheitliche Position, sondern vielmehr einen Streit (siehe Iacobucci et al., 2016 für eine gute Zusammenfassung). Hinzu kommt, dass die Interpretation von Interaktionen auch ohne Zentrierung zu viel Verwirrung bei Anwendern führen kann (Afshartous & Preston, 2011). Bei gemischten Modellen wird dies nochmals verkompliziert, denn das dahinterliegende Modell lässt sich nicht mehr so einfach mathematisch analysieren. So kann es durchaus passieren, dass Statistiken wie der *p*-Wert sich für Anstiege ändern, nur weil man die Daten standardisiert hat, was bei der normalen Regression üblicherweise nicht möglich ist.

Insgesamt lässt sich sagen, dass eine Standardisierung oder Zentrierung sinnvoll sein kann, sofern man eine gute inhaltliche Begründung dafür hat. In allen anderen Fällen spricht nichts dagegen, die Rohdaten so zu lassen, wie sie sind. Im Übrigen ist eine Transformation bei den besten Variablen, die wir in der Wissenschaft haben, nämlich verhältnisskalierten Variablen, nicht erlaubt. Trotzdem kann es zur Standardisierung und Zentrierung keine pauschalen Ratschläge geben, was sich auch darin zeigt, dass wir uns hierzu im Autorenteam nicht einig sind.

6.8.2 Nicht-lineare Zusammenhänge

Nicht-lineare Zusammenhänge lassen sich genauso spezifizieren wie bei der normalen Regression. Wir schauen uns hier beispielhaft zwei Fälle an: einen quadratischen Zusammenhang und eine dichotome AV, bei der ein logistisches Modell angebracht ist.

Beim Datensatz *sleepstudy* könnten wir von einem quadratischen Zusammenhang zwischen Deprivation und Reaktionszeit ausgehen. Je länger die Deprivation, desto größer die Verschlechterung der Reaktionszeit.

```
m <- lmer(Reaction ~ I(Days^2) + (I(Days^2) | Subject), data = sleepstudy)

summary(m)
```

```
Linear mixed model fit by REML ['lmerMod']
Formula: Reaction ~ I(Days^2) + (I(Days^2) | Subject)
   Data: sleepstudy

REML criterion at convergence: 1760

Scaled residuals:
   Min     1Q Median     3Q    Max
-3.544 -0.457 -0.008  0.484  5.366

Random effects:
 Groups   Name        Variance Std.Dev. Corr
 Subject  (Intercept) 754.216  27.463
          I(Days^2)     0.371   0.609   0.36
 Residual             708.432  26.616
Number of obs: 180, groups:  Subject, 18

Fixed effects:
            Estimate Std. Error t value
(Intercept)  267.085      7.090   37.67
I(Days^2)      1.103      0.162    6.83
```

```
Correlation of Fixed Effects:
          (Intr)
I(Days^2) 0.160
```

Wir benutzen `I` um eine Berechnung innerhalb der Formel-Syntax durchzuführen. Alternativ könnten wir auch vorher die quadratische Variable erzeugen und dann ins Modell aufnehmen.

```
sleepstudy$Days_squared <- sleepstudy$Days^2

m2 <- lmer(Reaction ~ Days_squared + (Days_squared | Subject), data = sleepstudy)

summary(m2)
```

```
Linear mixed model fit by REML ['lmerMod']
Formula: Reaction ~ Days_squared + (Days_squared | Subject)
   Data: sleepstudy

REML criterion at convergence: 1760

Scaled residuals:
   Min     1Q Median     3Q    Max
-3.544 -0.457 -0.008  0.484  5.366

Random effects:
 Groups   Name         Variance Std.Dev. Corr
 Subject  (Intercept)  754.216  27.463
          Days_squared   0.371   0.609   0.36
 Residual              708.432  26.616
Number of obs: 180, groups:  Subject, 18

Fixed effects:
             Estimate Std. Error t value
(Intercept)   267.085      7.090   37.67
Days_squared    1.103      0.162    6.83

Correlation of Fixed Effects:
            (Intr)
Days_squard 0.160
```

Für dichotome AVs bringt eine Transformation der Variable nicht viel. Stattdessen muss man auf ein logistisches Modell umsteigen (in *lme4* mit der Funktion `glmer` über den `family`-Parameter). Im folgenden simulierten Datenbeispiel wird die Remission (ja = 1 oder nein = 0) bei Lungenkrebs in Abhängigkeit des Krebsstatus (*CancerStage*) und der Erfahrung des behandelnden Arztes (*Experience*) modelliert. Wir spezifizieren `family = binomial`, um eine logistische Regression zu berechnen.

```
library(bts)

data(hdp)

m <- glmer(remission ~ CancerStage + Experience + (1 | DID), data = hdp,
           family = binomial)

summary(m)
```

```
Generalized linear mixed model fit by maximum likelihood (Laplace Approximation)
['glmerMod']
  Family: binomial  ( logit )
Formula: remission ~ CancerStage + Experience + (1 | DID)
   Data: hdp

     AIC      BIC   logLik deviance df.resid
    7447     7489    -3717     7435     8519

Scaled residuals:
   Min     1Q Median     3Q    Max
-3.370 -0.446 -0.201  0.401  6.936

Random effects:
 Groups Name        Variance Std.Dev.
 DID    (Intercept) 4.03     2.01
Number of obs: 8525, groups:  DID, 407

Fixed effects:
                Estimate Std. Error z value Pr(>|z|)
(Intercept)    -3.064689   0.000334   -9188   <2e-16 ***
CancerStageII  -0.474641   0.000333   -1423   <2e-16 ***
CancerStageIII -1.111179   0.000334   -3332   <2e-16 ***
CancerStageIV  -2.457413   0.000333   -7369   <2e-16 ***
Experience      0.123729   0.000335     370   <2e-16 ***
---
Signif. codes:  0 '***' 0.001 '**' 0.01 '*' 0.05 '.' 0.1 ' ' 1

Correlation of Fixed Effects:
            (Intr) CncSII CnSIII CncSIV
CancerStgII 0.000
CancrStgIII 0.000  0.000
CancerStgIV 0.000  0.000  0.000
Experience  0.000  0.000  0.000  0.000
optimizer (Nelder_Mead) convergence code: 0 (OK)
Model failed to converge with max|grad| = 0.212709 (tol = 0.002, component 1)
Model is nearly unidentifiable: very large eigenvalue
 - Rescale variables?
```

Die Interpretation der Koeffizienten erfolgt analog zu der bei einer normalen logistischen Regression. Um Odds-Ratios zu erhalten, müsste man auf die Koeffizienten die exponentielle Funktion anwenden. Wir sehen aber schon, dass sich mit steigendem Status die Odds-Ratios verschlechtern (negative Werte unter *Estimate*), wohingegen mehr Erfahrung die Odds-Ratios verbessert (positiver Wert unter *Estimate*).

Zusammenfassung

Gemischte Modelle sind nicht ohne Grund en vogue. Sie sind flexibel und für viele Fragestellungen die ideale Analyseform. Hierarchische Strukturen, wie sie häufig in der Psychologie zu finden sind, können mit gemischten Modellen leicht berücksichtigt werden. Aber auch Within-Designs können mit gemischten Modellen meist adäquater analysiert werden als mit klassischen Methoden. Dabei verliert man nichts, denn ein gemischtes Modell ohne Zufallseffekte entspricht der normalen Regression. Komplizierter werden Analysen, sobald man über zwei Ebenen hinausgeht. In diesem Fall muss man das Design der Studie kennen, um kein falsches Modell zu spezifizieren. Die meisten gemischten Modelle in der Psychologie haben jedoch eine Zwei-Ebenen-Struktur. Das Interpretieren und Berichten eines gemischten Modells ist ähnlich zur normalen Regression und aufgrund vieler Hilfsfunktionen in R sehr komfortabel. Der Fokus sollte auf den Anstiegen liegen und darauf, wie präzise diese geschätzt werden. Hinzu kommen jedoch auch Parameter für die Zufallseffekte, die angeben, wie stark Effekte zwischen den Gruppen streuen. Man geht also nicht von einem einzigen Parameter aus, sondern von einer Verteilung von Parametern. Das ist die Essenz gemischter Modelle und erklärt, warum sie so mächtig sind.

Die R-Funktionen in diesem Kapitel

In diesem Kasten stellen wir Ihnen die Funktionen, die wir in diesem Kapitel benutzt haben, noch einmal zusammen. Wenn Funktionen nicht schon vorinstalliert sind, werden sie zusammen mit dem Paket, aus dem sie stammen, aufgelistet (`Paket::Funktion`). Funktionen, die Sie bereits aus früheren Kapiteln kennen, sind hier weggelassen.

Funktion	Kurze Beschreibung
`lme4::glmer`	Gemischtes generalisiertes Modell berechnen
`lme4::lmer`	Gemischtes lineares Modell berechnen
`lme4::lmList`	Berechnung mehrerer Regressionen nach einer Gruppenvariable
`lme4::ranef`	Ausgabe aller Zufallseffekte pro Gruppe
`mimosa::determine_levels`	Kategorisierung von Variablen in untere und obere Ebene
`mimosa::run_app`	Starten einer grafischen Oberfläche für 2-Level-Modelle
`misty::center`	Zentrierung von Variablen innerhalb oder zwischen Gruppen
`parameters::model_parameters`	Ausgabe von Parametern aus Modellen, unter anderem auch standardisierte Parameter
`scale`	Zentrierung und Standardisierung von Variablen
`sjPlot::tab_model`	Publikationsreifer Output für (gemischte) Modelle
`stats::aggregate`	Anwendung einer Funktion auf eine Variable nach einer Gruppenvariable

Ergänzende und weiterführende Literatur

Hox, J. J., Moerbeek, M., & Van de Schoot, R. (2017). *Multilevel analysis: Techniques and applications.* Routledge.

Bietet eine gute Einführung in die Mehrebenen-Analyse

Conjoint-Analyse

7

ÜBERBLICK

Lernziele

In diesem Kapitel sollen Sie lernen, wie man Präferenz-Modelle mithilfe von Conjoint-Analysen erstellt. Insbesondere sollen Sie nach dem Durcharbeiten des Textes in der Lage sein,

- metrische und monotone Präferenz-Modelle für einzelne Proband*innen zu erstellen,
- diese individuellen Modelle zusammenzufassen und
- optimale reduzierte Versuchspläne für Conjoint-Experimente zu bestimmen.[1]

Die Conjoint-Analyse ist ein Verfahren, welches hauptsächlich in der Marktforschung Anwendung findet. In diesem Kontext beantwortet die Conjoint-Analyse die Frage, welche Produkte Kunden bevorzugen und wie dabei einzelne Eigenschaften der Produkte gewichtet werden. Wenn Sie z. B. einen neuen Laptop für das Studium benötigen, spielen sicher der Preis und die Leistung eine wichtige Rolle, aber vielleicht auch das Design, die Größe und weitere Faktoren. Hersteller von Laptops haben einen Vorteil, wenn sie wissen, welche Produktkonstellationen erfolgversprechend sind. Um das herauszufinden, kann man die Conjoint-Analyse verwenden. Aber der Anwendungsbereich beschränkt sich nicht nur auf Marktforschung im engeren Sinne. Die Conjoint-Analyse lässt sich im Prinzip auf alle Präferenz-Urteile anwenden. So haben Hainmueller et al. (2014) beispielsweise mit einer Conjoint-Analyse untersucht, welche demografischen Eigenschaften ein Bewerber auf das US-Präsidentenamt idealerweise haben sollte.

In diesem Kapitel schauen wir uns an, was hinter der Conjoint-Analyse steckt, und werden merken: nicht ganz so viel. Denn tatsächlich lassen sich Präferenz-Urteile genauso gut mit einer Methode analysieren, die Sie bereits kennen: Regression. Am Ende möchte man nur vorhersagen, wie gut Produkte (oder andere Objekte) bewertet werden (AV), abhängig von ihren Eigenschaften (UVs). Wir werden sehen, dass die sogenannten Teilnutzenwerte (part-worths) der Conjoint-Analyse den Beta-Gewichten der Regression entsprechen und dass die Wichtigkeit von Attributen leicht aus dem Verhältnis der Betas berechnet werden kann. Wir schauen uns auch an, wie man mit ordinalskalierten Präferenzen umgeht (monotone Modelle).

Conjoint-Analysen gibt es in verschiedenen Varianten. Bei der sogenannten auswahlbasierten (choice-based) Conjoint-Analyse geht es um die konkrete Wahl zwischen verschiedenen Alternativen. Im einfachsten Fall bekommt man also zwei Objekte und muss sagen, welches man bevorzugt. Diese Art von Conjoint-Analyse behandeln wir hier nicht, sie entspricht jedoch, zumindest bei zwei Objekten, der logistischen Regression. Wir werden uns in diesem Kapitel auf die traditionelle Conjoint-Analyse konzen-

1 Bei einer echten Studie fängt man damit an. Für das Buch ist die Versuchsplanung jedoch nur ein Nebenschauplatz.

trieren, bei der alle Objekte direkt in eine Rangordnung gebracht werden. Diese Art der Conjoint-Analyse ist etwas einfacher zu handhaben und man kann sie auch anwenden, wenn die AV eine kontinuierliche Variable ist (wie die Präferenz auf einer Ratingskala). Im letzteren Fall ist die Analyse äquivalent zu einer Regression, was einen wichtigen Erkenntnisgewinn in diesem Kapitel darstellt.

Bevor wir loslegen, installieren wir die nötigen Pakete für die Analyse, allen voran das Paket für die Conjoint-Analyse *radiant*[2] (Nijs, 2021) und die Hilfspakete *plyr* (Wickham, 2020) für die Datenumstrukturierung und *psych* (Revelle, 2021) für die Dummykodierung. Falls Sie diese Pakete bereits vorher installiert hatten, können Sie diesen Schritt natürlich überspringen.

```
install.packages(c("radiant", "plyr", "psych"))
```

Wenn Sie bisher noch keine Daten aus unserem Buch benutzt haben, sollten Sie auch das Datenpaket *bts* installieren, welches unter anderem einen Conjoint-Datensatz enthält (eine Anleitung zum Datenpaket finden Sie im *Kapitel Zur Arbeit mit diesem Buch*). Hierfür benötigen Sie vorab *librarian* (oder ein anderes Paket, welches Pakete direkt von github installieren kann). Die folgenden Befehle sind auszuführen:

```
install.packages("librarian")

librarian::shelf("johannes-titz/bts")
```

Nun laden wir alle notwendigen Pakete und setzen einen Seed für Zufallsprozesse, sodass die Ergebnisse exakt reproduzierbar sind.

```
library(radiant)

library(plyr)

library(psych)

library(bts)

set.seed(16061915)
```

7.1 Metrische Individualanalyse

Wir fangen mit dem einfachsten Fall an. Eine Analyse für nur einen Probanden bzw. einer Probandin, bei dem oder der wir davon ausgehen, dass seine bzw. ihre Präferenzen intervallskaliert sind. Der Datensatz, den wir uns anschauen, enthält die Bewertung verschiedener Eissorten. Der Datensatz kommt ursprünglich von der Firma xlstat und ist im Internet frei verfügbar.[3] Zur einfacheren Analyse haben wir ihn bereits ins richtige Format (sogenanntes long-Format) überführt und können ihn hier direkt laden. Wir schauen uns beispielhaft die Zeilen 1-3 und 21-23 an:

```
data(icecream)

d <- icecream
```

2 Eine gängige Alternative ist das Paket *conjoint*, welches jedoch schon lange nicht mehr aktualisiert wurde.

3 *https://help.xlstat.com/s/article/conjoint-analysis-with-prohibited-pairs-in-excel?language=en_US*

```
d[c(1:3, 21:23), ]
```

```
   Observations    Flavor        Packaging      Light     Organic   individual
1     Profile 1 Raspberry Homemade waffle No low fat Not organic Individual 1
2     Profile 1 Raspberry Homemade waffle No low fat Not organic Individual 2
3     Profile 1 Raspberry Homemade waffle No low fat Not organic Individual 3
21    Profile 2 Chocolate            Cone No low fat     Organic Individual 6
22    Profile 2 Chocolate            Cone No low fat     Organic Individual 7
23    Profile 2 Chocolate            Cone No low fat     Organic Individual 8
   ranking
1        1
2        6
3        5
21       4
22       4
23       6
```

Die Kombination von 4 möglichen Attributen (Geschmack, Verpackung, Fettanteil, Bio) bildet hierbei ein Profil (Spalte 1). 10 Profile wurden von 15 Proband*innen (*individual*) geordnet (*ranking* von 1 bis 10). Wir versuchen uns nun Schritt für Schritt an die Conjoint-Analyse heranzutasten. Wie bereits angekündigt, schauen wir uns im einfachsten Fall zunächst nur einen Probanden bzw. eine Probandin an:

```
individual_one <- d[d$individual == "Individual 1", ]
```

Auch gehen wir darüber hinweg, dass die Rangordnung nur Ordinalskalenniveau besitzt.[4] Wir nehmen also an, dass die Abstände zwischen den Rängen alle gleich groß sind. Dann können wir direkt mit der Funktion `conjoint` die Conjoint-Analyse berechnen:

```
c1 <- conjoint(individual_one, rvar = "ranking",
               evar = c("Flavor", "Packaging", "Light", "Organic"))
```

```
summary(c1)
```

```
  Conjoint analysis
  Data                 : individual_one
  Response variable    : ranking
  Explanatory variables: Flavor, Packaging, Light, Organic

  Conjoint part-worths:
    Attributes          Levels     PW
   Flavor       Chocolate        0.000
   Flavor       Mango            5.000
   Flavor       Raspberry       -1.500
   Flavor       Strawberry       5.000
   Flavor       Vanilla          3.500
   Packaging    Cone             0.000
   Packaging    Homemade waffle  0.000
   Packaging    Pint            -2.000
```

4 Wir werden in einem späteren Abschnitt sehen, dass selbst bei Ordinalskalenniveau die metrische Lösung den Ausgangspunkt bildet.

```
   Light          Low fat          0.000
   Light          No low fat      -1.000
   Organic        Not organic      0.000
   Organic        Organic          1.400
   Base utility ~                  3.800

  Conjoint importance weights:
   Attributes    IW
    Flavor     0.596
    Packaging 0.183
    Light      0.092
    Organic    0.128

  Conjoint regression results:

                                coefficient
   (Intercept)                        3.800
   Flavor|Mango                       5.000
   Flavor|Raspberry                  -1.500
   Flavor|Strawberry                  5.000
   Flavor|Vanilla                     3.500
   Packaging|Homemade waffle         -0.000
   Packaging|Pint                    -2.000
   Light|No low fat                  -1.000
   Organic|Organic                    1.400
```

Das Argument rvar steht für „response variable", also die abhängige Variable (AV) und evar steht für „explanatory variable", also die unabhängige Variable (UV). Die zwei wichtigsten Ergebnisse einer Conjoint-Analyse sind die Teilnutzenwerte von Attributsausprägungen und die Wichtigkeit von Attributen. Diese werden uns im Output angezeigt.

Die Interpretation der Teilnutzenwerte ist dabei analog zur Regression mit Dummyvariablen für die Eigenschaften. Die *base utility* ist wie die Konstante der Regression zu behandeln und beträgt hier 3.8. Die Teilnutzenwerte sind die Koeffizienten der Regression. Ein konkretes Beispiel: Mango hat einen Teilnutzenwert von 5, geht man von der Baseline 3.8 aus (entspricht: nicht Bio, geringer Fettanteil und Waffel), würde also ein Nutzen von 3.8 + 5 = 8.5 entstehen. Bei Schokolade hingegen ist der Teilnutzenwert 0, und somit würde ein Nutzen von 3.8 entstehen. Analog kann man auch die Art der Verpackung, den Fettanteil und Bio/nicht Bio einbeziehen und bekommt so Nutzenwerte für alle möglichen Konstellationen.

Proband*in 1 bevorzugt Erdbeere (+5) oder Mango (+5) in einer Waffel (+0), mit niedrigem Fettanteil (+0) und Bio (+1.4), resultierend in einem Gesamtnutzen von 10.2. Das hätten wir aber auch ohne die Analyse direkt an der Rangordnung ablesen können, oder? Nicht ganz, denn Erdbeere mit Waffel, niedrigem Fettanteil und Bio kam überhaupt nicht vor. Bestimmte Profile wurden ausgelassen, denn die Anzahl möglicher Konstellationen ist $4 \times 3 \times 2 \times 2 = 48$. Alle 48 Profile in eine Rangordnung zu bringen, würde die meisten Proband*innen überfordern. Selbst eine Bewertung auf einer

Ratingskala wäre bei 48 Produkten recht aufwendig. Oft reduziert man also den Versuchsplan und muss aus den vielen Profilen geschickt die relevanten auswählen. Wie das geht, schauen wir uns später an. Jetzt wollen wir uns erst mal auf die Wichtigkeit von Attributen konzentrieren.

Die Wichtigkeit der Attribute (hier als Gewichte, *weights* bezeichnet) sehen wir in der nächsten Tabelle des Outputs. In der Summe ergeben die Gewichte 1 und Geschmack ist das wichtigste Attribut, Fettanteil das unwichtigste. Wie genau kommt man auf die Wichtigkeit der Attribute? Zunächst bildet man für jedes Attribut die Spannweite der Teilnutzenwerte:

```
range_flavor <- 5 - (-1.5)

range_packaging <- 0 - (-2)

range_light <- 0 - (-1)

range_organic <- 1.4 - 0

ranges <- cbind(range_flavor, range_packaging, range_light, range_organic)

ranges

     range_flavor range_packaging range_light range_organic
[1,]          6.5               2           1           1.4
```

Und nun normiert man diesen Vektor, sodass die Summe 1 ergibt.

```
ranges / sum(ranges)

     range_flavor range_packaging range_light range_organic
[1,]    0.5963303       0.1834862  0.09174312     0.1284404
```

Und wir bekommen exakt die gleichen Werte, wie sie im Output stehen.

Die bisherigen Ergebnisse hätten wir auch mit einer Regressionsanalyse berechnen können. Tatsächlich steht in der letzten Tabelle des großen Outputs genau diese. Der Unterschied zu den spezifischen Teilnutzenwerten ist nur, dass die Baseline-Bedingung (Schokolade, Kegel-Waffel, geringer Fettanteil und nicht Bio) nicht explizit angegeben wird, da die entsprechenden Teilnutzenwerte sowieso alle 0 sind. Wir prüfen nach, ob die Regressionstabelle wirklich einer normalen Regression entspricht:

```
summary(lm(ranking ~ Flavor + Packaging + Light + Organic, data = individual_one))


Call:
lm(formula = ranking ~ Flavor + Packaging + Light + Organic,
    data = individual_one)

Residuals:
   1   16   31   46   61   76   91  106  121  136
-0.3 -0.2  0.3 -0.2  0.2  0.2 -0.3 -0.2  0.2  0.3

Coefficients:
                        Estimate Std. Error t value Pr(>|t|)
(Intercept)               3.8000     0.8426   4.510    0.139
```

```
FlavorMango                  5.0000     0.9747   5.130     0.123
FlavorRaspberry             -1.5000     0.9747  -1.539     0.367
FlavorStrawberry             5.0000     0.8660   5.774     0.109
FlavorVanilla                3.5000     0.9747   3.591     0.173
PackagingHomemade waffle     0.0000     0.8944   0.000     1.000
PackagingPint               -2.0000     0.8660  -2.309     0.260
LightNo low fat             -1.0000     0.5916  -1.690     0.340
OrganicOrganic               1.4000     0.4899   2.858     0.214

Residual standard error: 0.7746 on 1 degrees of freedom
Multiple R-squared:  0.9927, Adjusted R-squared:  0.9345
F-statistic: 17.06 on 8 and 1 DF,  p-value: 0.1852
```

Und tatsächlich bekommen wir genau dieselben Werte heraus. Vorteilhaft ist beim normalen *lm*-Output, dass man auch R^2 bekommt, was hier extrem hoch ist. Unser Conjoint-Modell funktioniert also ziemlich gut, die Präferenz für bestimmte Eisprodukte wird von den Eigenschaften der Produkte determiniert. Das muss nicht immer der Fall sein, weshalb es sich lohnt R^2 anzuschauen.

Wie auch bei der Regression, ist bei der Conjoint-Analyse nicht nur die Vorhersage relevant, sondern welche UVs (Eigenschaftsausprägungen) besonders stark zur Vorhersage beitragen. So kann man im letzten Output direkt ablesen, dass insbesondere die Eissorte relevant ist und dort Mango und Erdbeere starke Effekte produzieren.

Nach der Interpretation des Conjoint-Ergebnisses für den vereinfachten Fall, versuchen wir nun die komplizierteren Fälle abzuarbeiten. Als Erstes schauen wir uns an, was passiert, wenn die AV tatsächlich als ordinalskaliert behandelt wird.

7.2 Monotone Individualanalyse

Wenn die AV ordinalskaliert ist, sollten die Nutzenwerte monoton mit den Rängen steigen. Um dies nachzuprüfen, sagen wir zunächst den Nutzen für jedes Profil voraus und erstellen anschließend eine Grafik (siehe ▶*Abbildung 7.1*). Die Funktion `predict` kann für alle Modelle (nicht nur *conjoint*-Modell) genutzt werden, um eine Vorhersage für bestimmte Daten zu machen. Als erstes Argument übergibt man das Modell, als zweites die Daten. Die Daten sollten alle UVs enthalten, die auch im Modell vorkommen. Als Rückgabewert bekommt man ein Objekt, welches unter anderem die vorhergesagte AV als Variable *Prediction* enthält.

```
individual_one_predicted <- predict(cl, individual_one)

individual_one <- cbind(individual_one,
                        utility = individual_one_predicted$Prediction)

plot(individual_one$ranking, individual_one$utility, xlab = "Rang",
     ylab = "Gesamtnutzen", pch = 16)
```

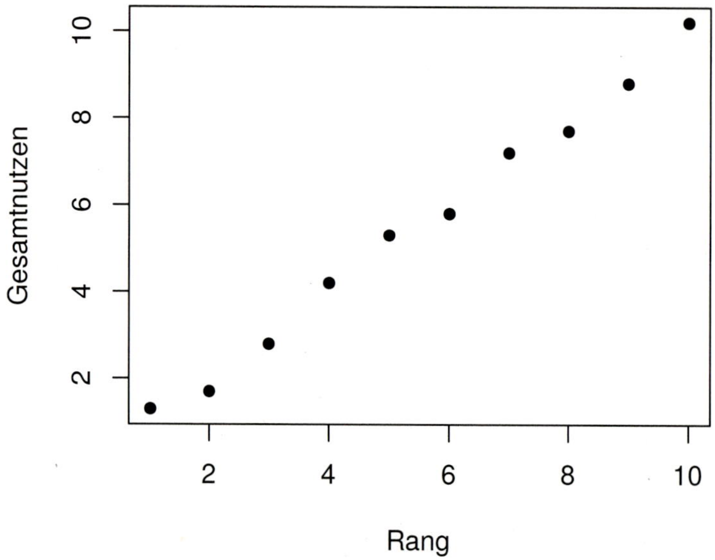

Abbildung 7.1: Gesamtnutzen in Abhängigkeit vom Präferenz-Rang für Proband*in 1.

Anschließend plotten wir das ursprüngliche Ranking des Probanden bzw. der Probandin und die entsprechenden Gesamtnutzenwerte (siehe ▶*Abbildung 7.1*). Bei Proband*in 1 besteht bereits eine monotone Beziehung zwischen diesen Variablen, sodass keine weitere Anpassung nötig ist. Schauen wir uns ein Beispiel an, bei dem dies nicht der Fall ist, Proband*in 4 (▶*Abbildung 7.2*).

```
individual_four <- d[d$individual == "Individual 4", ]

evar <- c("Flavor", "Packaging", "Light", "Organic")

rvar <- "ranking"

c4 <- conjoint(individual_four, rvar = rvar, evar = evar)

individual_four_predicted <- predict(c4, individual_four)

individual_four <- cbind(individual_four,
                         utility = individual_four_predicted$Prediction)

plot(individual_four$ranking, individual_four$utility, xlab = "Rang",
     ylab = "Gesamtnutzen", pch = 16)
```

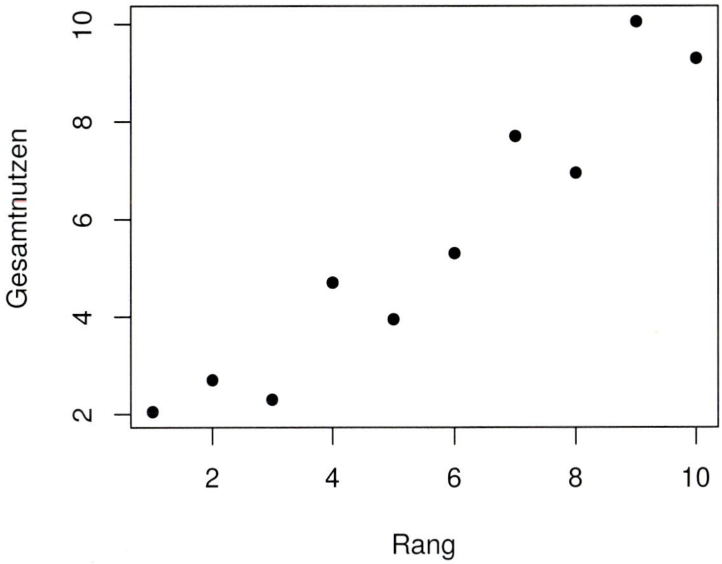

Abbildung 7.2: Gesamtnutzen in Abhängigkeit vom Präferenz-Rang für Proband*in 4 (Verletzung der Monotonie).

Hier gibt es deutliche Verletzungen der Monotonie. Wenn wir die Nutzen in Ränge umwandeln, würden diese nicht zu den Rängen der Proband*innen passen. Beispielsweise würde Rang 3 zu Rang 2 werden, da Rang 3 den zweitniedrigsten Gesamtnutzen hat. Um zu erreichen, dass die Nutzen monoton mit den Rängen steigen, benutzen wir ein zweistufiges Verfahren.

Zunächst suchen wir das beste monotone Modell, wofür wir die Funktion `isoreg` (isotone Regression) aus dem Standardpaket *stats* verwenden:[5]

```
isoreg <- isoreg(individual_four$ranking, individual_four$utility)
```

```
isoreg$yf
```

```
    [1] 2.050 2.500 2.500 4.325 4.325 5.300 7.325 7.325 9.675 9.675
```

```
plot(isoreg, main = "", xlab = "Rang", ylab = "Gesamtnutzen", pch = 16)
```

5 Achtung, `isoreg` kann nicht mit einer Häufung von gleichen UV-Werten umgehen. Gibt es also geteilte Ränge, kann man die Funktion nicht verwenden.

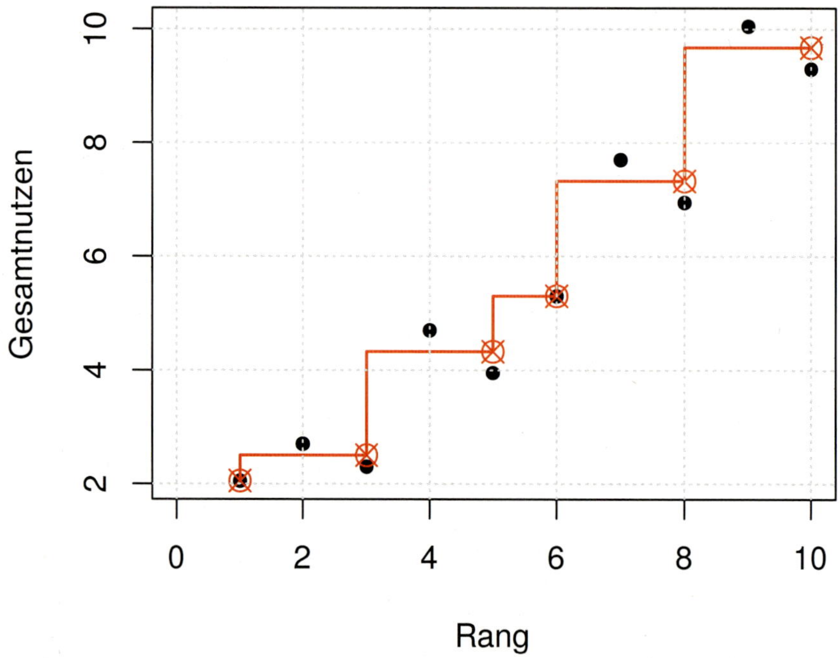

Abbildung 7.3: Gesamtnutzen in Abhängigkeit vom Präferenz-Rang für Proband*in 4. Das beste monotone Modell ist in Rot dargestellt.

Die Funktion `isoreg` nimmt zwei Argumente auf, `x` und `y`, und gibt ein Objekt zurück, welches unter anderem die vorhergesagten *y*-Werte über *yf* enthält. Die isotone Regression klingt komplizierter, als sie ist. Tatsächlich geht es nur darum, dass der Anstieg

$$\frac{\Delta y}{\Delta x}$$

an keiner Stelle negativ ist, eben ein monotones Modell. Die rote Linie in ▶*Abbildung 7.3* zeigt das beste monotone Modell im Sinne der Kleinsten-Quadrate-Schätzung. Der Nutzen von Rang 2 und 3 muss auf 2.5 angepasst werden, der von 4 und 5 auf 4.325. Diese Werte hätte man auch per Hand berechnen können. Denn 2.5 ist genau die Mitte zwischen den Gesamtnutzen von Rang 2 und 3 und 4.325 zwischen Rang 4 und 5:

```
isoreg$y[isoreg$x]
    [1]  2.05  2.70  2.30  4.70  3.95  6.95  5.30 10.05  9.30  7.70
mean(c(2.7, 2.3))
   [1] 2.5
mean(c(4.7, 3.95))
   [1] 4.325
```

Der dahinterliegende Algorithmus nennt sich pool-adjacent-violators algorithm (PAVA, siehe z. B. Leeuw et al., 2009) und er führt zum besten monotonen Modell. Falls mehr als zwei Werte nicht monoton sind, muss man eben alle diese Werte mitteln. Es kann so auch zur Anpassung bereits angepasster Werte kommen.

Nun kommt der zweite Schritt. Die transformierten Nutzenwerte werden als neue Rangwerte benutzt. Das ist etwas außergewöhnlich, weshalb wir es nochmals wiederholen: Die Nutzenwerte werden nun zu den neuen Rängen! Dies führt dazu, dass das gesamte Modell sich einem monotonen Modell annähert, also einer nicht-metrischen Lösung des Conjoint-Problems. Für Details zum Verfahren, welches auch als monotone ANOVA bezeichnet wird, ist das Kapitel *Conjoint-Analyse* von Backhaus et al. (2016) zu empfehlen. Wir konzentrieren uns hier hauptsächlich auf eine mögliche Umsetzung der Prozedur in R.

Intuitiv lässt sich das Verfahren kurz folgendermaßen erklären. Es ist natürlich erlaubt Ränge monoton zu transformieren. Wenn ein(e) Proband*in also Rang 1, 2, 3 vergeben hat, dürfen wir diese verändern, sofern die schwache Monotonie eingehalten wird. Wir könnten also auch die Ränge 2, 2, 2 vergeben oder 1.5, 1.5, 3 oder 1, 2.5, 2.5 oder viele andere Varianten, die teilweise identisch wären. Nicht erlaubt ist jedoch 2, 1, 3 oder andere Ränge, die die schwache Monotonie verletzen. Nun müssen wir nur die Transformationen finden, die optimal sind. Also diejenigen, die dazu führen, dass die Nutzenwerte monoton mit den Rängen steigen. Und hierfür benutzen wir den geschilderten PAVA-Algorithmus. Schritt für Schritt bekommen wir so bessere Ränge. Zur Illustration schauen wir uns zunächst einen Schritt bei diesem iterativen Prozess an und präsentieren anschließend die finale Lösung.

```
individual_four$ranking2 <- isoreg$yf[isoreg$x]

c4b <- conjoint(individual_four, rvar = "ranking2", evar = evar)

individual_four_predicted <- predict(c4b, individual_four)

individual_fourb <- cbind(individual_four,
                          utility2 = individual_four_predicted$Prediction)

isoreg <- isoreg(individual_fourb$ranking2, individual_fourb$utility2)

isoreg$yf

   [1] 2.371250 2.500000 2.500000 4.271458 4.271458 5.085833 7.271458 7.271458

   9.728542 9.728542

plot(isoreg, main = "", xlab = "Rang", ylab = "Gesamtnutzen", pch = 16)
```

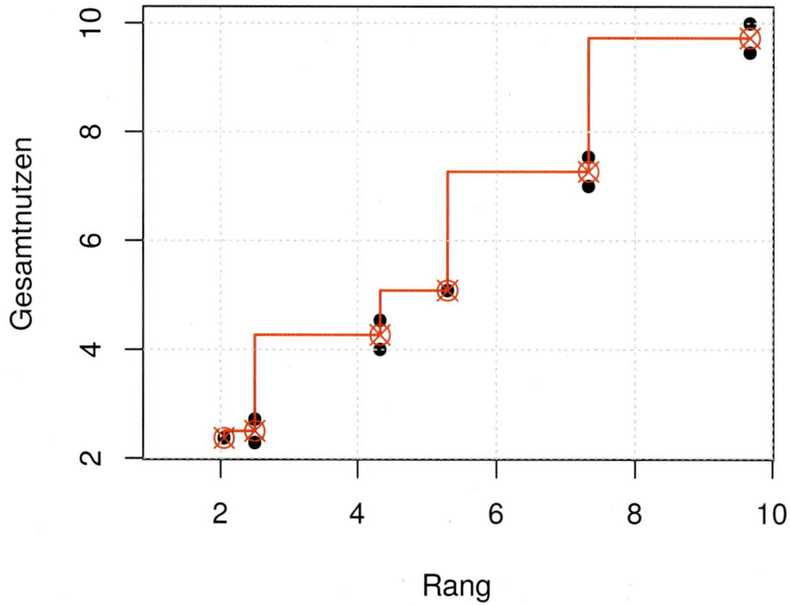

Abbildung 7.4: Gesamtnutzen in Abhängigkeit vom Präferenz-Rang für Proband*in 4, zweiter Iterationsschritt. Das beste monotone Modell ist in Rot dargestellt.

In ▶*Abbildung 7.4* sehen wir, dass zwar ein anderes monotones Modell entsteht, die Nutzenwerte nun aber tatsächlich näher an den idealen Werten sind. Wenn wir diese Prozedur von monotoner Regression und Anpassung der Rangwerte häufig wiederholen, werden die Nutzenwerte irgendwann monoton mit den transformierten Rängen steigen. Um das zu erreichen, benutzen wir eine Hilfsfunktion, die im Wesentlichen das macht, was wir soeben taten: eine monotone Regression mit den Ergebnissen der Conjoint-Analyse durchführen, um besser passende Ränge zu bestimmen. Diese Funktion wenden wir anschließend wiederholt an und bekommen so die optimalen Ränge und Koeffizienten. Um das Folgende nachvollziehen zu können, sollten Sie wissen, wie man eigene Funktionen in R schreibt. Eine Einführung hierfür finden Sie in *Kapitel 3*.

Die Hilfsfunktion namens `monoconjoint` braucht einen Datensatz (`data`), die UVs (`evar`) und die AV (`rvar`).

```
monoconjoint <- function(data, evar, rvar) {
  ca <- conjoint(data, rvar = rvar, evar = evar)
  utility <- predict(ca, data)$Prediction
  mono <- isoreg(unlist(data[rvar]), utility)
  return(mono)
}
```

Zunächst wird eine Conjoint-Analyse durchgeführt, anschließend der Gesamtnutzen berechnet. Im letzten Schritt wird die isotone Regression angewandt und deren Ergebnis zurückgegeben. Um abzuschätzen, wie nah wir an der idealen Lösung sind, schreiben wir noch eine Funktion `calc_stress` für das sogenannte STRESS-Maß (siehe Backhaus et al., 2016, 472).

```
calc_stress <- function(mono) {
  stress <- sqrt(
    sum((mono$yf - mono$y)^2) /
      sum((mono$y - mean(mono$y))^2)
  )
  stress
}
```

Im Zähler steht die Abweichung der monotonen Rangwerte von den tatsächlichen Rangwerten (Zeile 3). Der Nenner (Zeile 4) dient nur einer Standardisierung, sodass lineare Transformationen der Rangwerte keinen Einfluss haben.

Nun bauen wir uns noch eine sehr einfache Schleife mit `repeat`, die die Funktion `monoconjoint` wiederholt aufruft und das STRESS-Maß prüft.

```
individual_four <- individual_four[order(individual_four$ranking), ]
individual_four$ranking_orig <- individual_four$ranking
i <- 0
repeat {
  i <- i + 1
  result <- monoconjoint(individual_four, evar = evar, rvar = rvar)
  individual_four$ranking <- result$yf
  if (calc_stress(result) <= 1e-3 | i >= 100) {
    print(paste("Lösung im Iterationsschritt", i))
    break
  }
}

  [1] "Lösung im Iterationsschritt 31"
```

Zunächst wird der Datensatz nach den Rängen sortiert, um Fehler beim späteren Zusammenfügen zu vermeiden. Außerdem speichern wir die originalen Ränge noch mal extra ab, da wir sie gleich überschreiben werden.

Der Zähler *i* wird mit 0 initialisiert. Bei jedem Durchlauf wird dieser Zähler erhöht. Das ist praktisch, um eine maximale Anzahl an Iterationen festlegen zu können. Ansonsten könnte das Programm in einer Endlosschleife landen, wenn das Ergebnis nicht konvergiert. Die *if*-Anweisung enthält aber noch eine andere Bedingung für das Verlassen (*break*) der Schleife. Wenn das STRESS-Maß sehr gering ist (hier kleiner als 0.001), ist die Lösung gut genug und wir können aufhören.

Das Symbol `|` steht für ein logisches ODER. Die Schleife endet also, wenn entweder ein monotones Modell gefunden wurde oder 100 Schritte erreicht wurden. Man kann die Grenze auch anders festlegen, für unser Beispiel sollten 100 Schritte ausreichen. Die Schleife würde man im Idealfall noch in eine Funktion packen und könnte dann die maximale Anzahl der Schritte als Parameter festlegen (mehr hierzu im *Kapitel 10*).

Wichtig ist beim Programm, dass die Ränge immer wieder überschrieben werden (`individual_four$ranking <- result$yf`), ansonsten würden sie natürlich nicht konvergieren.

Nun können wir uns das finale Ergebnis anschauen. Wir plotten das finale monotone Modell (▶*Abbildung 7.5*) und berechnen die Conjoint-Analyse für dieses Modell.

```
plot(result, main = "", xlab = "Rang", ylab = "Gesamtnutzen", pch = 16)
```

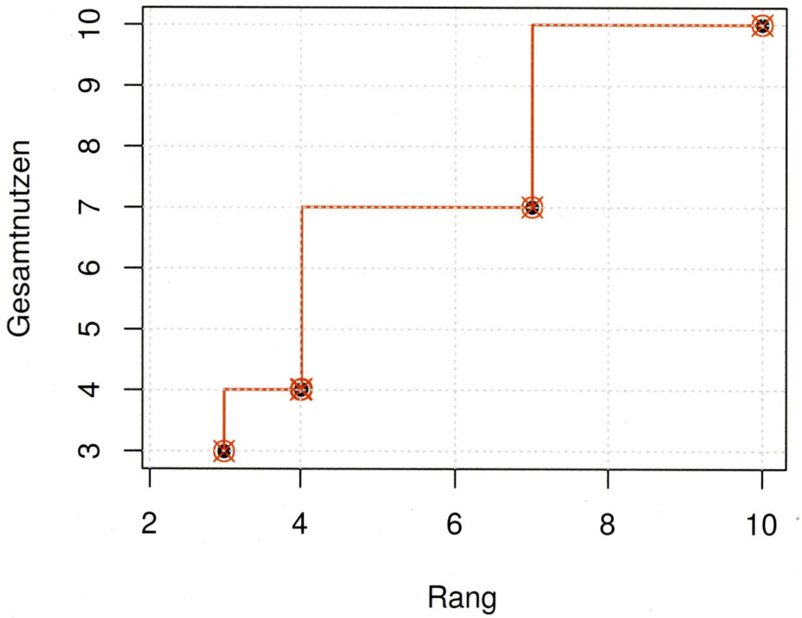

Abbildung 7.5: Gesamtnutzen in Abhängigkeit vom Präferenz-Rang für Proband*in 4, finaler Iterationsschritt. Das beste monotone Modell ist in Rot dargestellt.

```
c4_mono <- conjoint(individual_four, rvar = rvar, evar = evar)

summary(c4_mono)
```

```
Conjoint analysis
Data                  : individual_four
Response variable     : ranking
Explanatory variables: Flavor, Packaging, Light, Organic

Conjoint part-worths:
   Attributes          Levels     PW
 Flavor       Chocolate        0.000
 Flavor       Mango           -4.989
 Flavor       Raspberry       -6.999
 Flavor       Strawberry      -3.998
 Flavor       Vanilla         -1.997
 Packaging    Cone             0.000
```

→ *Fortsetzung*

```
  Packaging   Homemade waffle  6.002
  Packaging   Pint             5.007
  Light       Low fat          0.000
  Light       No low fat      -2.997
  Organic     Not organic      0.000
  Organic     Organic         -0.997
  Base utility ~               6.989

 Conjoint importance weights:
  Attributes    IW
   Flavor    0.412
   Packaging 0.353
   Light     0.176
   Organic   0.059

 Conjoint regression results:

                          coefficient
  (Intercept)                   6.989
  Flavor|Mango                 -4.989
  Flavor|Raspberry             -6.999
  Flavor|Strawberry            -3.998
  Flavor|Vanilla               -1.997
  Packaging|Homemade waffle     6.002
  Packaging|Pint                5.007
  Light|No low fat             -2.997
  Organic|Organic              -0.997
```

Wie stark unterscheiden sich diese Werte von der metrischen Lösung?

```
c4_metric <- conjoint(individual_four, rvar = "ranking_orig", evar = evar)

summary(c4_metric)
```

```
 Conjoint analysis
 Data                 : individual_four
 Response variable    : ranking_orig
 Explanatory variables: Flavor, Packaging, Light, Organic

 Conjoint part-worths:
    Attributes          Levels     PW
  Flavor      Chocolate         0.000
  Flavor      Mango            -3.750
  Flavor      Raspberry        -7.250
  Flavor      Strawberry       -3.750
  Flavor      Vanilla          -1.750
  Packaging   Cone              0.000
  Packaging   Homemade waffle   6.000
  Packaging   Pint              5.750
  Light       Low fat           0.000
  Light       No low fat       -2.750
  Organic     Not organic       0.000
  Organic     Organic          -0.600
```

→ *Fortsetzung*

```
 Base utility ~              6.050

Conjoint importance weights:
 Attributes    IW
  Flavor     0.437
  Packaging  0.361
  Light      0.166
  Organic    0.036

Conjoint regression results:

                          coefficient
 (Intercept)                    6.050
 Flavor|Mango                  -3.750
 Flavor|Raspberry              -7.250
 Flavor|Strawberry             -3.750
 Flavor|Vanilla                -1.750
 Packaging|Homemade waffle      6.000
 Packaging|Pint                 5.750
 Light|No low fat              -2.750
 Organic|Organic               -0.600
```

```
utility <- predict(c4_mono, individual_four)$Prediction

utility_metric <- predict(c4_metric, individual_four)$Prediction

plot(utility_metric, utility, xlab = "Gesamtnutzen metrisch",
     ylab = "Gesamtnutzen ordinal", pch = 16)
```

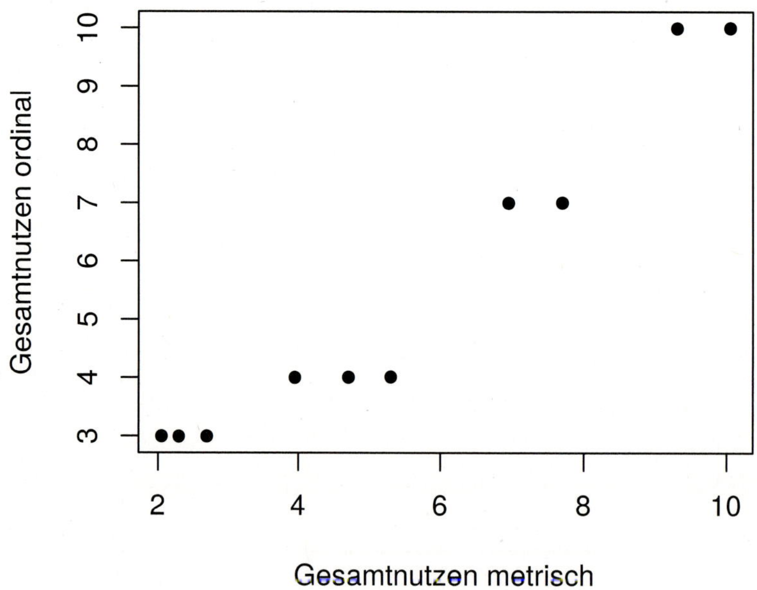

Abbildung 7.6: Beziehung zwischen ordinalem und metrischem Gesamtnutzen.

Der Unterschied bei den Gewichten und Teilnutzenwerten ist nicht so groß, aber das hängt natürlich immer vom konkreten Fall ab und lässt sich nicht generalisieren. Der Nutzen (▶*Abbildung 7.6*) selbst unterscheidet sich, was aber bei den deutlich verschiedenen Annahmen zu erwarten ist. Aus einer theoretischen Perspektive ist der monotone Ansatz zu favorisieren. Wenn die Ranganpassungen jedoch sehr stark von den ursprünglichen Rängen abweichen, wird die Aufklärungskraft niedrig sein. Andererseits spricht wenig dagegen ein metrisches Modell zu benutzen, bei dem das R^2 sehr hoch ist.

Bisher haben wir nur Individualanalysen durchgeführt. Im Grunde ist dies immer der erste Schritt bei einer Conjoint-Analyse. Um eine Empfehlung für oder gegen bestimmte Produkte zu geben, ist es aber sinnvoll diese Individualanalysen zusammenzufassen.

7.3 Zusammenfassung von Individualanalysen

Um Individualdaten zusammenzufassen, sollte man sich zunächst die Frage stellen, was das Ziel der Analyse ist. So wäre es beispielsweise möglich, für jeden Probanden und jede Probandin eine Conjoint-Analyse zu berechnen und dann beispielsweise Koeffizienten oder Attributsgewichte zu mitteln. Dies erinnert stark an eine Metaanalyse oder eine Mehrebenenanalyse. In den meisten Fällen ist diese Vorgehensweise, zumindest für die Koeffizienten, nicht sinnvoll, da Präferenzen sich zu stark unterscheiden. Beispielsweise könnte es sein, dass es Personen gibt, die klar Mango-Eis bevorzugen, aber Schokoladen-Eis nicht mögen sowie Personen, bei denen es genau umgekehrt ist. Beim Mitteln dieser beiden Gruppen würde es so aussehen, als ob Schokolade und Mango nicht besonders präferiert werden. Schauen wir uns hierfür ein Beispiel an, Proband*in 5 und 9.

```
individual_five <- d[d$individual == "Individual 5", ]

individual_nine <- d[d$individual == "Individual 9", ]


c5 <- conjoint(individual_five, rvar = rvar, evar = evar)

summary(c5)

   Conjoint analysis
   Data                 : individual_five
   Response variable    : ranking
   Explanatory variables: Flavor, Packaging, Light, Organic

   Conjoint part-worths:
      Attributes        Levels     PW
    Flavor        Chocolate     0.000
    Flavor        Mango         6.167
    Flavor        Raspberry    -1.833
    Flavor        Strawberry    2.500
    Flavor        Vanilla       2.167
    Packaging     Cone          0.000
```

→ *Fortsetzung*

```
 Packaging    Homemade waffle -0.333
 Packaging    Pint            -1.500
 Light        Low fat          0.000
 Light        No low fat       1.833
 Organic      Not organic      0.000
 Organic      Organic          1.800
 Base utility ~                2.433

Conjoint importance weights:
 Attributes    IW
  Flavor    0.609
  Packaging 0.114
  Light     0.140
  Organic   0.137

Conjoint regression results:

                            coefficient
 (Intercept)                      2.433
 Flavor|Mango                     6.167
 Flavor|Raspberry                -1.833
 Flavor|Strawberry                2.500
 Flavor|Vanilla                   2.167
 Packaging|Homemade waffle       -0.333
 Packaging|Pint                  -1.500
 Light|No low fat                 1.833
 Organic|Organic                  1.800
```

```
c9 <- conjoint(individual_nine, rvar = rvar, evar = evar)

summary(c9)
```

```
Conjoint analysis
Data                  : individual_nine
Response variable     : ranking
Explanatory variables: Flavor, Packaging, Light, Organic

Conjoint part-worths:
   Attributes          Levels     PW
 Flavor       Chocolate        0.000
 Flavor       Mango           -5.667
 Flavor       Raspberry       -7.667
 Flavor       Strawberry      -2.000
 Flavor       Vanilla         -0.667
 Packaging    Cone             0.000
 Packaging    Homemade waffle  1.333
 Packaging    Pint             1.000
 Light        Low fat          0.000
 Light        No low fat      -2.333
 Organic      Not organic      0.000
 Organic      Organic         -1.400
 Base utility ~                9.867
```

→ *Fortsetzung*

```
Conjoint importance weights:
 Attributes    IW
  Flavor    0.602
  Packaging 0.105
  Light     0.183
  Organic   0.110

Conjoint regression results:

                          coefficient
 (Intercept)                    9.867
 Flavor|Mango                  -5.667
 Flavor|Raspberry              -7.667
 Flavor|Strawberry             -2.000
 Flavor|Vanilla                -0.667
 Packaging|Homemade waffle      1.333
 Packaging|Pint                 1.000
 Light|No low fat              -2.333
 Organic|Organic               -1.400
```

```
c_combined <- conjoint(bind_rows(individual_five, individual_nine), rvar = rvar,
                       evar = evar)

summary(c_combined)
```

```
Conjoint analysis
Data                 : bind_rows(individual_five, individual_nine)
Response variable    : ranking
Explanatory variables: Flavor, Packaging, Light, Organic

Conjoint part-worths:
  Attributes          Levels     PW
 Flavor       Chocolate       0.000
 Flavor       Mango           0.250
 Flavor       Raspberry      -4.750
 Flavor       Strawberry      0.250
 Flavor       Vanilla         0.750
 Packaging    Cone            0.000
 Packaging    Homemade waffle 0.500
 Packaging    Pint           -0.250
 Light        Low fat         0.000
 Light        No low fat     -0.250
 Organic      Not organic     0.000
 Organic      Organic         0.200
 Base utility ~               6.150

Conjoint importance weights:
 Attributes    IW
  Flavor    0.821
  Packaging 0.112
```

→ *Fortsetzung*

```
  Light     0.037
  Organic   0.030

Conjoint regression results:

                           coefficient
 (Intercept)                     6.150
 Flavor|Mango                    0.250
 Flavor|Raspberry               -4.750
 Flavor|Strawberry               0.250
 Flavor|Vanilla                  0.750
 Packaging|Homemade waffle       0.500
 Packaging|Pint                 -0.250
 Light|No low fat               -0.250
 Organic|Organic                 0.200
```

Proband*in 5 liebt Mango, mag Schokolade aber nicht besonders. Proband*in 9 mag Schokolade, aber Mango nicht besonders. Fasst man beide zusammen, dann sieht es so aus, als ob Vanille der Favorit ist; weil beide Vanille in Ordnung finden. Aber in der Realität würden die zwei Proband*innen selten Vanille-Eis essen, sofern es Schokolade und Mango in der Auswahl gibt.

Wenn also die Frage ist, was Personen tatsächlich kaufen würden, sollte man dies für jeden Probanden und jede Probandin einzeln herausfinden. Basierend darauf lassen sich Präferenzanteile in der Stichprobe berechnen. Wichtig ist, dass diese Vorgehensweise nicht gleichzusetzen ist mit der jeweiligen empirisch gefundenen Präferenz der Proband*innen. Bestimmte Varianten von Produkten wurden nicht gezeigt, könnten aber der eigentliche Favorit sein.

Wir berechnen also zunächst den Nutzen aller möglichen Varianten und bestimmen dann, welches Produkt den höchsten Nutzen hat. Gibt es ein Unentschieden, ziehen wir zufällig eines der gleichwertigen Produkte. Wir benutzen im Folgenden, aufgrund der einfacheren Handhabung, die metrische Lösung, man kann die Vorgehensweise aber auch auf die nicht-metrische Lösung übertragen.

Zunächst brauchen wir alle Produktkombinationen. Die Funktion `expand.grid` erstellt alle Kombinationen der übergebenen Variablen.

```
all_products <- expand.grid(
  Flavor = unique(d$Flavor), Packaging = unique(d$Packaging),
  Light = unique(d$Light), Organic = unique(d$Organic))
  head(all_products)

       Flavor        Packaging      Light     Organic
  1  Raspberry Homemade waffle No low fat Not organic
  2  Chocolate Homemade waffle No low fat Not organic
  3 Strawberry Homemade waffle No low fat Not organic
  4    Vanilla Homemade waffle No low fat Not organic
  5      Mango Homemade waffle No low fat Not organic
  6  Raspberry            Cone No low fat Not organic
```

Nun erstellen wir für jeden Probanden und jede Probandin ein eigenes Conjoint-Modell. Hierfür benutzen wir eine weitere Hilfsfunktion: `run_conjoint_for_inidividual`.

```
run_conjoint_for_individual <- function(individual, data) {
  conjoint(data[data$individual == individual, ], rvar = "ranking",
           evar = c("Flavor", "Packaging", "Light", "Organic"))
}
```

Die Hilfsfunktion braucht den Proband*innen-Namen und den Dataframe und dient hier nur der einfacheren Handhabung.

```
conjoints <- lapply(unique(d$individual), run_conjoint_for_individual, d)

predictions <- lapply(conjoints, predict, all_products)

winning_profile_number <- lapply(
  predictions,
  function(x) sample(which(x$Prediction == max(x$Prediction)), 1)
)

unlist(winning_profile_number)

    [1] 48  7 25 14 13 49 11 10 17  9  5 17 22  6 26
```

Die Funktion `lapply` ist eine sogenannte *Functional* und der funktionalen Programmierung zuzuordnen. `lapply` wendet auf alle Elemente des ersten Parameters (hier die Individuen) eine Funktion (zweiter Parameter) an. Das heißt, es werden für alle Individuen Conjoint-Analysen berechnet. Parameter, die nach dem zweiten folgen (hier nur *d*) werden direkt an die Funktion übergeben. In der Variable *conjoints* befinden sich jetzt also 15 Conjoint-Analysen.

Auf diese wenden wir nun die Funktion `predict` an. In der Variable *predictions* befinden sich 15 Dataframes, die die Vorhersagen enthalten. Aus diesen bestimmen wir im nächsten Schritt die Elemente mit den höchsten Vorhersagewerten (Gesamtnutzen) über `which` und `max`. Die Funktion `sample` dient nur zur Abdeckung des Falles mehrerer gleichwertiger Gesamtnutzenwerte. Es wird also zufällig ein Wert aus allen maximalen Vorhersagewerten gezogen. Gibt es nur einen maximalen Wert, so wird eben dieser gezogen. Im Idealfall führt man diese Prozedur wiederholt durch, sodass sich Unentschieden in den Anteilen ausgleichen können. Wir passen den Code entsprechend an, indem wir einfach die Anzahl der Proband*innen künstlich um das 100-fache erhöhen (Zeile 4):

```
conjoints <- lapply(unique(d$individual), run_conjoint_for_individual, d)

predictions <- lapply(conjoints, predict, all_products)

winning_profile_number <- lapply(
  rep(predictions, 100),
  function(x) sample(which(x$Prediction == max(x$Prediction)), 1)
)

winning_profiles <- all_products[unlist(winning_profile_number), ]
```

Dies führt dazu, dass bei Unentschieden verschiedene Produkte gewinnen können und wir somit eine genauere Schätzung für die Anteile bekommen. Man könnte dies auch als eine Art Mini-Simulation ansehen: Man tut so, als ob 100 Mal die gleichen 15 Proband*innen Eis kaufen. Manche haben klare Präferenzen und wählen immer das gleiche Produkt, andere haben keine klaren Präferenzen und wählen je nach Durchlauf unterschiedliche Produkte.

Im letzten Schritt werden die Profil-Ziffern in die eigentlichen Profile umgewandelt und wir können die Präferenz-Anteile berechnen, z. B. für die Sorte:

```
frequency <- sort(table(winning_profiles$Flavor))

frequency


  Chocolate    Vanilla      Mango Strawberry  Raspberry
        270        274        279        328        349

round(prop.table(frequency), 2)


  Chocolate    Vanilla      Mango Strawberry  Raspberry
       0.18       0.18       0.19       0.22       0.23
```

Würden wir hingegen einfach nur den besten Rang jeder Person nehmen (in diesem Datensatz Rang 10, hoher Rang bedeutet höherer Nutzen), kommt etwas anderes heraus:

```
frequency_empirical <- sort(table(d[which(d$ranking == 10), "Flavor"]))

round(prop.table(frequency_empirical), 2)


  Chocolate Strawberry  Raspberry    Vanilla      Mango
       0.13       0.13       0.20       0.20       0.33
```

In den meisten Fällen wird die gerade durchgeführte Zusammenfassung von Individualanalysen ausreichen, um die wichtigste Frage der Conjoint-Analyse zu beantworten: Welche Produkte bevorzugen Kunden? Darauf aufbauend kann man planen, was man als Unternehmer überhaupt anbietet und in welcher Stückzahl. Trotzdem kann es auch von Interesse sein, die Gewichte der Attribute zumindest im Groben zu kennen. Hier ist eine Mittelung über die Proband*innen hinweg in vielen Fällen weniger verzerrend als bei den Präferenzen. So wird mit hoher Wahrscheinlichkeit die Eissorte ausschlaggebend für fast alle Proband*innen sein, die Verpackung hingegen nebensächlich.

Trotzdem kann man sich auch Szenarien vorstellen, bei denen die Mittelung der Gewichte zu Problemen führt. Beispielsweise bei Veganern, für die das (hier nicht gelistete) Attribut vegan/nicht vegan automatisch das höchste Gewicht bekommt, sofern es wenig vegane Sorten gibt. Über die Streuung der Gewichte kann man solche Probleme erkennen und gegebenenfalls genauere Analysen durchführen. Denkbar wären beispielsweise Cluster-Analysen (z. B. beschrieben in Sedlmeier und Burkhardt, 2021) und/oder Diskriminanzanalysen. Um das Kapitel nicht ausufern zu lassen, schauen wir uns hier einfach nur die Verteilung der Gewichte über die Proband*innen hinweg an. Am einfachsten und schnellsten geht dies mit einem Boxplot. Hierfür müssen wir zunächst die Individualgewichte in einen Dataframe überführen:

```
importance_weights <- lapply(conjoints, function(x) x$model_list$full$tab$IW)
names(importance_weights) <- unique(d$individual)
importance_weights_df <- ldply(importance_weights, "data.frame")
head(importance_weights_df)
```

```
            .id Attributes    IW
1 Individual 1     Flavor 0.596
2 Individual 1  Packaging 0.183
3 Individual 1      Light 0.092
4 Individual 1    Organic 0.128
5 Individual 2     Flavor 0.358
6 Individual 2  Packaging 0.384
```

Die Gewichte sind im Conjoint-Objekt gut versteckt unter `model_list$fulltab$IW`. Wir greifen darauf wieder über `lapply` zu. Der Liste *importance_weights* geben wir anschließend die Namen der Proband*innen und überführen sie in einen Dataframe. Hierfür benutzen wir die Funktion `ldply` aus *plyr* (Wickham, 2020).

Und nun erstellen wir den gewünschten Boxplot (siehe ▶*Abbildung 7.7*).

```
boxplot(IW ~ Attributes, data = importance_weights_df)
```

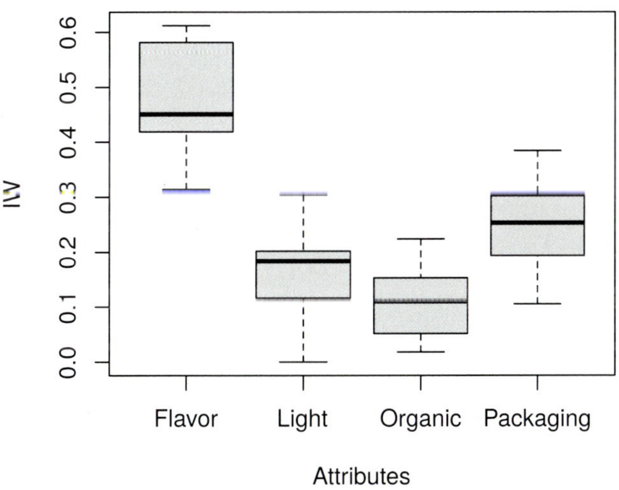

Abbildung 7.7: Boxplots, die die Verteilung der Gewichte der Attribute über die Proband*innen hinweg darstellen.

Tatsächlich scheint für fast alle Proband*innen die Eissorte am wichtigsten zu sein, ob es ein Bioeis ist oder nicht, scheint hingegen relativ unwichtig. Die Streuung der Gewichte ist im Allgemeinen nicht zu groß und für einen Eisverkäufer wären diese Ergebnisse sicher ausreichend. Er könnte beispielsweise Bioeis komplett aus dem Sortiment nehmen, ohne viel Kundschaft zu verlieren, denn den Kunden ist dieses Attribut nicht so wichtig. An den Eissorten hingegen sollte man nicht drehen, denn wenn das Lieblingseis nicht dabei ist, wiegt dies schwer.

Natürlich sind solche Aussagen nur gültig, wenn die Proband*innen der Studie repräsentativ für alle potenziellen Kunden sind. Auch können sich Präferenzen und die Kundschaft in kurzer Zeit sehr stark wandeln, was auch abhängig von dem Angebot der Konkurrenz ist. Eine einzelne, isolierte Conjoint-Analyse ist also kein Ersatz für strategische Planung und Innovation. Sie ist lediglich ein Werkzeug unter vielen, um herauszufinden, wie Menschen sich vielleicht verhalten werden.

In gewisser Hinsicht ist die Conjoint-Analyse auch ein technischer Kompromiss, da man versucht etwas über Profile herauszufinden, die nicht bewertet wurden. Dieses technische Problem schauen wir uns im letzten Abschnitt an.

7.4 Versuchsplanung

In den bisherigen Ausführungen haben wir stets so getan, als ob die Attribute unabhängig sind, aber könnte es nicht sein, dass die Attribute sich gegenseitig beeinflussen? Da wir nur einige Profile getestet haben, wäre es doch möglich, dass Mangoeis immer in einer Waffel präsentiert wurde und Schokoladeneis immer in einem Becher. Bevorzugt nun jemand Mangoeis gegenüber Schokoladeneis, könnte man auch behaupten, dass diese Person eigentlich nur die Waffel gegenüber einem Becher bevorzugt. Schauen wir uns doch mal die Korrelation zwischen den UVs an.

```
flavor_dummy <- dummy.code(d$Flavor)

packaging_dummy <- dummy.code(d$Packaging)

round(cor(cbind(flavor_dummy, packaging_dummy)), 2)
```

```
                Chocolate Mango Raspberry Strawberry Vanilla Homemade waffle
Chocolate            1.00 -0.25     -0.25      -0.25   -0.25            0.10
Mango               -0.25  1.00     -0.25      -0.25   -0.25            0.10
Raspberry           -0.25 -0.25      1.00      -0.25   -0.25            0.10
Strawberry          -0.25 -0.25     -0.25       1.00   -0.25           -0.41
Vanilla             -0.25 -0.25     -0.25      -0.25    1.00            0.10
Homemade waffle      0.10  0.10      0.10      -0.41    0.10            1.00
Pint                -0.41  0.10      0.10       0.10    0.10           -0.67
Cone                 0.38 -0.25     -0.25       0.38   -0.25           -0.41
                 Pint  Cone
Chocolate       -0.41  0.38
Mango            0.10 -0.25
Raspberry        0.10 -0.25
Strawberry       0.10  0.38
Vanilla          0.10 -0.25
Homemade waffle -0.67 -0.41
Pint             1.00 -0.41
Cone            -0.41  1.00
```

Da wir mit kategorialen Variablen arbeiten, müssen wir diese zunächst dummykodieren. Hierfür bietet sich die Funktion `dummy.code` aus dem Paket *psych* (Revelle, 2021) an.

Tatsächlich zeigen sich die unerwünschten Korrelationen. Beispielsweise wird Schokoladeneis in keinem Profil mit einem Becher (*pint*) kombiniert, weshalb hier eine negative Korrelation entsteht. Da ein unvollständiges Design vorliegt, sind solche Probleme nicht statistisch lösbar. Somit sind auch die gefundenen Effekte und Präferenzen nicht ganz korrekt. Eine Lösung besteht darin, Proband*innen mehr Profile zu zeigen, aber welche Profile genau? Im Idealfall natürlich alle möglichen, was in einem vollständigen Design resultieren würde und einem Experiment gleicht. Praktisch wird dies aber nicht möglich sein, weshalb eine geeignete Auswahl der Profile notwendig ist.

Schauen wir uns zunächst an, wie gut überhaupt ein Design mit nur 10 Profilen werden kann. Hierfür benutzen wir die Funktion `doe` (design of experiment), für die wir aber zunächst die UVs anders kodieren müssen. `doe` nimmt die Attribute als Zeichenkette mit dem Semikolon als Trennzeichen auf (ähnlich zu einer *csv*-Datei). Wir benutzen `paste`, um die Zeichenketten zu erstellen:

```
a1 <- paste("Flavor", paste(unique(d$Flavor), collapse = ";"), sep = ";")
a2 <- paste("Packaging", paste(unique(d$Packaging), collapse = ";"), sep = ";")
a3 <- paste("Light", paste(unique(d$Light), collapse = ";"), sep = ";")
a4 <- paste("Organic", paste(unique(d$Organic), collapse = ";"), sep = ";")
attributes <- c(a1, a2, a3, a4)
attributes
```

```
[1] "Flavor;Raspberry;Chocolate;Strawberry;Vanilla;Mango"
[2] "Packaging;Homemade waffle;Cone;Pint"
[3] "Light;No low fat;Low fat"
[4] "Organic;Not organic;Organic"
```

```
summary(doe(attributes, trials = 10))
```

```
Experimental design
# trials for partial factorial: 10
# trials for full factorial   : 60

Attributes and levels:
Flavor: Raspberry, Chocolate, Strawberry, Vanilla, Mango
Packaging: Homemade_waffle, Cone, Pint
Light: No_low_fat, Low_fat
Organic: Not_organic, Organic

Design efficiency:
 Trials D-efficiency Balanced
     10        0.389    FALSE

Partial factorial design correlations:
** Note: Variables are assumed to be ordinal **
          Flavor Packaging Light Organic
Flavor     1.000    -0.233 0.000   0.000
Packaging -0.233     1.000 0.000   0.000
Light      0.000     0.000 1.000   0.309
```

→ *Fortsetzung*

```
Organic    0.000     0.000 0.309   1.000

Partial factorial design:
 trial      Flavor        Packaging      Light     Organic
     6 Raspberry             Cone No_low_fat     Organic
    11 Raspberry             Pint    Low_fat Not_organic
    19 Chocolate             Cone    Low_fat Not_organic
    22 Chocolate             Pint No_low_fat     Organic
    25 Strawberry Homemade_waffle No_low_fat Not_organic
    32 Strawberry            Cone    Low_fat     Organic
    41   Vanilla             Cone No_low_fat Not_organic
    48   Vanilla             Pint    Low_fat     Organic
    52     Mango Homemade_waffle    Low_fat     Organic
    57     Mango             Pint No_low_fat Not_organic

Estimable effects from partial factorial design:

  Flavor|Chocolate
  Flavor|Strawberry
  Flavor|Vanilla
  Flavor|Mango
  Packaging|Cone
  Packaging|Pint
  Light|Low_fat
  Organic|Organic
  Flavor|Chocolate:Packaging|Cone

Full factorial design:
 trial      Flavor        Packaging      Light     Organic
     1 Raspberry Homemade_waffle No_low_fat Not_organic
     2 Raspberry Homemade_waffle No_low_fat     Organic
     3 Raspberry Homemade_waffle    Low_fat Not_organic
     4 Raspberry Homemade_waffle    Low_fat     Organic
     5 Raspberry             Cone No_low_fat Not_organic
     6 Raspberry             Cone No_low_fat     Organic
     7 Raspberry             Cone    Low_fat Not_organic
     8 Raspberry             Cone    Low_fat     Organic
     9 Raspberry             Pint No_low_fat Not_organic
    10 Raspberry             Pint No_low_fat     Organic
    11 Raspberry             Pint    Low_fat Not_organic
    12 Raspberry             Pint    Low_fat     Organic
    13 Chocolate Homemade_waffle No_low_fat Not_organic
    14 Chocolate Homemade_waffle No_low_fat     Organic
    15 Chocolate Homemade_waffle    Low_fat Not_organic
    16 Chocolate Homemade_waffle    Low_fat     Organic
    17 Chocolate             Cone No_low_fat Not_organic
    18 Chocolate             Cone No_low_fat     Organic
    19 Chocolate             Cone    Low_fat Not_organic
    20 Chocolate             Cone    Low_fat     Organic
    21 Chocolate             Pint No_low_fat Not_organic
    22 Chocolate             Pint No_low_fat     Organic
    23 Chocolate             Pint    Low_fat Not_organic
    24 Chocolate             Pint    Low_fat     Organic
```

→ *Fortsetzung*

```
25 Strawberry Homemade_waffle No_low_fat Not_organic
26 Strawberry Homemade_waffle No_low_fat     Organic
27 Strawberry Homemade_waffle    Low_fat Not_organic
28 Strawberry Homemade_waffle    Low_fat     Organic
29 Strawberry            Cone No_low_fat Not_organic
30 Strawberry            Cone No_low_fat     Organic
31 Strawberry            Cone    Low_fat Not_organic
32 Strawberry            Cone    Low_fat     Organic
33 Strawberry            Pint No_low_fat Not_organic
34 Strawberry            Pint No_low_fat     Organic
35 Strawberry            Pint    Low_fat Not_organic
36 Strawberry            Pint    Low_fat     Organic
37    Vanilla Homemade_waffle No_low_fat Not_organic
38    Vanilla Homemade_waffle No_low_fat     Organic
39    Vanilla Homemade_waffle    Low_fat Not_organic
40    Vanilla Homemade_waffle    Low_fat     Organic
41    Vanilla            Cone No_low_fat Not_organic
42    Vanilla            Cone No_low_fat     Organic
43    Vanilla            Cone    Low_fat Not_organic
44    Vanilla            Cone    Low_fat     Organic
45    Vanilla            Pint No_low_fat Not_organic
46    Vanilla            Pint No_low_fat     Organic
47    Vanilla            Pint    Low_fat Not_organic
48    Vanilla            Pint    Low_fat     Organic
49      Mango Homemade_waffle No_low_fat Not_organic
50      Mango Homemade_waffle No_low_fat     Organic
51      Mango Homemade_waffle    Low_fat Not_organic
52      Mango Homemade_waffle    Low_fat     Organic
53      Mango            Cone No_low_fat Not_organic
54      Mango            Cone No_low_fat     Organic
55      Mango            Cone    Low_fat Not_organic
56      Mango            Cone    Low_fat     Organic
57      Mango            Pint No_low_fat Not_organic
58      Mango            Pint No_low_fat     Organic
59      Mango            Pint    Low_fat Not_organic
60      Mango            Pint    Low_fat     Organic
```

Wir bekommen eine andere Profilauswahl als die im tatsächlichen Datensatz, aber auch hier sehen wir deutliche Korrelationen zwischen Attributen. Außerdem ist die *D*-Efficiency relativ niedrig (0.389) und das Design ist unbalanciert.[6] Unter *trials* steht hier übrigens die Anzahl der Profile. Im Output sehen wir auch ganz unten das vollständige Design mit 60 Profilen.

Um eine Balance zwischen Anzahl an Profilen und der Genauigkeit der Schätzungen zu finden, eignet sich eine Abbildung. Wir plotten die *D*-Efficiency gegen die Anzahl der Profile (siehe ▶*Abbildung 7.8*):

6 Die *D*-Efficiency ist ein kompliziertes Konzept, welches man ohne die Verwendung fortgeschrittener linearer Algebra schwer erklären kann. Grob gesagt, gibt die *D*-Efficiency an, wie gut man die Effekte mit dem reduzierten Design schätzen kann. Je höher der Wert, desto besser; bei einem orthogonalen Design ist die *D*-Efficiency 1.

```
doe <- doe(attributes)

plot(doe$eff$Trials, doe$eff$`D-efficiency`, col = as.factor(doe$eff$Balanced),
     pch = 16, xlab = "Anzahl Profile", ylab = "D-Efficiency")
```

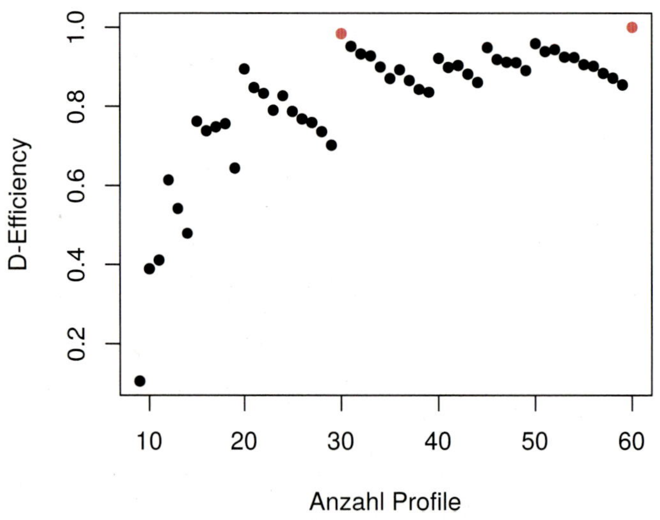

Abbildung 7.8: D-Efficiency in Abhängigkeit von der Anzahl an Profilen.

Ein guter Kompromiss wäre hier ein Design mit 20 Profilen gewesen (*D*-Efficiency von 0.895), jedoch wäre auch dieses unbalanciert (schwarze Punkte zeigen unbalancierte, rote balancierte Designs). Mit 30 Profilen wären wir ziemlich nah am Optimum (balanciert und *D*-Efficiency von 0.984) und hätten trotzdem viel gespart im Vergleich zu einem vollständigen Design. Schauen wir uns die 30er-Lösung an.

```
doe(attributes, trials = 30)$part

   trial     Flavor      Packaging     Light     Organic
1      2  Raspberry Homemade_waffle No_low_fat     Organic
2      3  Raspberry Homemade_waffle    Low_fat Not_organic
3      6  Raspberry            Cone No_low_fat     Organic
4      7  Raspberry            Cone    Low_fat Not_organic
5      9  Raspberry            Pint No_low_fat Not_organic
6     12  Raspberry            Pint    Low_fat     Organic
7     13  Chocolate Homemade_waffle No_low_fat Not_organic
8     16  Chocolate Homemade_waffle    Low_fat     Organic
9     17  Chocolate            Cone No_low_fat Not_organic
10    18  Chocolate            Cone No_low_fat     Organic
11    23  Chocolate            Pint    Low_fat Not_organic
12    24  Chocolate            Pint    Low_fat     Organic
13    25 Strawberry Homemade_waffle No_low_fat Not_organic
14    26 Strawberry Homemade_waffle No_low_fat     Organic
15    31 Strawberry            Cone    Low_fat Not_organic
16    32 Strawberry            Cone    Low_fat     Organic
```

→ *Fortsetzung*

```
17   34 Strawberry           Pint No_low_fat     Organic
18   35 Strawberry           Pint    Low_fat Not_organic
19   37    Vanilla Homemade_waffle No_low_fat Not_organic
20   40    Vanilla Homemade_waffle    Low_fat     Organic
21   43    Vanilla           Cone    Low_fat Not_organic
22   44    Vanilla           Cone    Low_fat     Organic
23   45    Vanilla           Pint No_low_fat Not_organic
24   46    Vanilla           Pint No_low_fat     Organic
25   51      Mango Homemade_waffle    Low_fat Not_organic
26   52      Mango Homemade_waffle    Low_fat     Organic
27   53      Mango           Cone No_low_fat Not_organic
28   54      Mango           Cone No_low_fat     Organic
29   57      Mango           Pint No_low_fat Not_organic
30   60      Mango           Pint    Low_fat     Organic
```

Dass man 30 Profile nicht mit einem Mal in eine Rangordnung bringen kann, sollte klar sein. Hier wäre es denkbar, ein Rating der einzelnen Profile vorzunehmen und daraus eine Rangordnung zu erstellen oder direkt die Ratings als AV zu verwenden.

Prinzipiell wäre es auch möglich, die Profile für jeden Probanden und jede Probandin per Zufall auszuwählen, was dann dazu führt, dass im Schnitt keine Korrelationen zwischen den Attributen bestehen. Bei einer geringen Anzahl an Profilen wird dies jedoch trotzdem zu erheblichen Korrelationen führen, was die Individualanalysen unbrauchbar macht. Da heterogene Individualanalysen nicht so einfach zusammengefasst werden können, bringt es wenig, wenn die Attribute im Schnitt unabhängig sind.

Man sollte also einen guten Kompromiss finden zwischen der zumutbaren Anzahl an Profilen für die Bewertung und der Genauigkeit der Schätzungen. Im Zweifelsfall sollte man nicht zu wenige Profile benutzen und stattdessen lieber Pausen zwischen den Bewertungen einführen. So kann die Motivation der Proband*innen aufrechterhalten werden und man bekommt sehr gute Individualanalysen. Eine angemessene Entlohnung der Proband*innen trägt sicher auch dazu bei, die Motivation aufrechtzuerhalten.

7.5 Ausblick

Conjoint-Analysen gibt es in vielen Variationen. In diesem Kapitel haben wir uns nur einen sehr kleinen Ausschnitt dieser Vielfalt angeschaut. Trotzdem lässt sich das hier Gelernte leicht auf andere Varianten übertragen. Im Grunde versucht man immer die Präferenz (AV) aus verschiedenen Eigenschaftsausprägungen (UVs) vorherzusagen. Verändert sich etwas am Design, so muss man nur das korrekte Modell wählen, um darauf zu reagieren. Beispielsweise würde man eine dichotome AV (wiederholte Wahl zwischen 2 Alternativen) nicht mit einer normalen Regression, sondern mit einer logistischen Regression untersuchen. Der Rest der Conjoint-Analyse bleibt aber gleich, man kann Teilnutzenwerte und Gewichte berechnen und einen Gesamtnutzen bestimmen. Anschließend kann man Präferenz-Anteile berechnen. Natürlich bleiben auch die „Pflichten" erhalten, beispielsweise eine gute Profil-Auswahl zu treffen und eine repräsentative Stichprobe zu erheben.

Zusammenfassung

Conjoint-Analysen helfen Forschenden herauszufinden, wie Präferenz-Urteile zustande kommen. Üblicherweise geht es um die Präferenz von Produkten in der Marktforschung (z. B. Laptops, Kosmetika, Lebensmittel etc.), die Methode lässt sich jedoch auf jegliche Präferenz-Urteile anwenden (z. B. Partnerwahl, Präferenz des Wohnortes etc.). Lässt man Proband*innen verschiedene Objekte in eine Rangreihe bringen, so lässt sich mithilfe der Conjoint-Analyse herausfinden, wie groß der Gesamtnutzen für jedes Objekt ist. In R lässt sich dieser Nutzen über das Paket *radiant* mithilfe der Funktion `conjoint` leicht berechnen. Als Alternative kann aber auch eine einfache Regression über `lm` durchgeführt werden. Für ein monotones Modell bedient man sich hingegen der isotonen Regression über `isoreg` und selbstgeschriebenen Hilfsfunktionen. Ein Vorteil der Conjoint-Analyse ist, dass man auch für fiktive Objekte den Nutzen berechnen kann. Es müssen also nicht alle möglichen Produktkombinationen bewertet werden, was Ressourcen spart. Zeigt man jedoch zu wenig Produktkombinationen, werden die Schätzungen der Nutzenwerte unzuverlässig. Hier ist eine geschickte Versuchsplanung gefragt, die man in R über die Funktion `doe` (design of experiments) erreicht. Ein schwieriges Problem bei Conjoint-Analysen ist die Zusammenfassung der Daten über verschiedene Proband*innen hinweg. Hierfür erstellen wir eigene Hilfsfunktionen und berechnen Präferenz-Anteile und durchschnittliche Gewichte der Attribute.

Die R-Funktionen in diesem Kapitel

In diesem Kasten stellen wir Ihnen die Funktionen, die wir in diesem Kapitel benutzt haben, noch einmal zusammen. Wenn Funktionen nicht schon vorinstalliert sind, werden sie zusammen mit dem Paket, aus dem sie stammen, aufgelistet (`Paket::Funktion`). Funktionen, die Sie bereits aus früheren Kapiteln kennen oder die im *base*-Paket enthalten sind, haben wir hier weggelassen.

Funktion	Kurze Beschreibung
`expand.grid`	Erstellung aller Kombinationen von Variablen
`lapply`	Functional, welches eine Funktion auf alle Elemente einer Variable anwendet
`plyr::ldply`	Erstellung eines Dataframes aus einer Liste
`psych::dummy.code`	Erstellung von dummykodierten Variablen
`radiant.design::doe`	Versuchsplanung für Conjoint-Analysen
`radiant.multivariate::conjoint`	Berechnung einer Conjoint-Analyse
`stats::isoreg`	Berechnung einer isotonen Regression
`stats::predict`	Vorhersage einer AV auf Basis eines Modells und Daten

Ergänzende und weiterführende Literatur

Backhaus, K., Erichson, B., Plinke, W., & Weiber, R. (2016). *Multivariate Analysemethoden: Eine anwendungsorientierte Einführung* (14. Auflage). Gabler Verlag. *https://doi.org/10.1007/978-3-662-46076-4*

Bietet eine hervorragende Einführung in die Conjoint-Analyse

Multidimensionale Skalierung

8

ÜBERBLICK

Lernziele

Nach dem Durcharbeiten dieses Kapitels sollen Sie

- einen Überblick über die Anwendung und die Ziele der MDS haben,
- Distanzen aus verschiedenen Ausgangsdaten berechnen können,
- Entscheidungen zur Anzahl der Dimensionen und der analytischen Vorgehensweise treffen können,
- die MDS durchführen und interpretieren können und
- eine Grundidee von der konfirmatorischen MDS besitzen.

Stellen Sie sich vor, Sie kennen die Entfernungen von fünf Städten, haben aber keine Landkarte, auf der diese Städte verzeichnet sind. Wie könnte diese Landkarte aussehen, damit die Entfernungen der Städte möglichst genau repräsentiert werden? Sie suchen die Koordinaten der Städte, die auf zwei unbekannten Dimensionen (einer x-Achse und einer y-Achse) liegen. Beide Achsen entsprechen latenten Variablen, denn zunächst haben sie noch keine Bedeutung, sind aber notwendig, um die Koordinaten zu bestimmen. Mit der multidimensionalen Skalierung (MDS) können Sie diese latenten Dimensionen und die entsprechenden Koordinaten bestimmen, wenn Sie zunächst nur die Distanz der verschiedenen Objekte kennen.

Der Vorteil gegenüber anderen Verfahren zur Bestimmung latenter Variablen ist, dass kein Vorwissen über die Objekte vorhanden sein muss und Sie auch keine anderen Bezugspunkte zu definieren brauchen, beispielsweise wie weit das Meer entfernt ist. Sie müssen nichts über die Städte wissen, außer deren Entfernung zueinander. Eine weitere Besonderheit der MDS besteht darin, dass die Ergebnisse in einer zweidimensionalen Grafik dargestellt werden können.[1] Das ermöglicht eine intuitive Interpretation von Dimensionen und ähnlichen Clustern, auch ohne das detaillierte Verständnis einzelner Berechnungsschritte (Young, 2013).

Im ersten Teil des Kapitels illustrieren wir die Funktionsweise der MDS an der Distanz verschiedener Städte. Die dimensionale Lösung hierfür kennen Sie schon: die Himmelsrichtungen. Im zweiten Teil des Kapitels werden wir anhand eines komplexen psychologischen Beispiels die Vorgehensweise der explorativen MDS demonstrieren und abschließend die Berechnung einer konfirmatorischen MDS zeigen.

Für alle Berechnungen der MDS benutzen wir das Paket *smacof* (Mair et al., 2018), weil es nach unserem Dafürhalten sehr intuitiv anzuwenden und sehr gut dokumentiert ist. Es gibt daneben zahlreiche Funktionen aus weiteren R-Paketen (z. B. *base:cmdscale, MASS::isoMDS, vegan::metaMDS*). Außerdem werden wir die Gewichtung verschiedener Distanzen in unseren Beispielen unberücksichtigt lassen. Dies ist eine typische Vorgehensweise für explorative Anwendungen der MDS in den Sozialwissenschaften.

1 Wenn es mehr als zwei Dimensionen gibt, benötigen Sie natürlich mehrere zweidimensionale Grafiken.

8.1 Einführungsbeispiel

Der Datensatz *Stadt_dist.csv* gibt die Entfernung (Luftlinie) der fünf größten Städte Deutschlands in Kilometern an.

```
Stadt_dist
```

```
          Hamburg Koeln Frankfurt Muenchen Berlin
Hamburg         0   357       393      613    254
Koeln         357     0       153      456    477
Frankfurt     393   153         0      304    423
Muenchen      613   456       304        0    504
Berlin        254   477       423      504      0
```

Mit der MDS versuchen wir die Städte in einem zweidimensionalen Koordinatensystem anzuordnen.[2] Der MDS-Algorithmus kann allein auf Basis der Entfernungen eine möglichst passende räumliche Konfiguration finden. Dabei ist zu Beginn unklar, wie viele Dimensionen für die Konfiguration genutzt werden sollten. Mathematisch gesehen löst die MDS ein Optimierungsproblem. Die Entfernungen der ermittelten Konfiguration sollte eine minimale Abweichung von den Entfernungen der Ausgangsmatrix besitzen.

Um die Koordinaten unserer Städte zu suchen, führen wir die MDS mit der Funktion `mds` aus dem Paket *smacof* durch. In dieser Funktion sind die Argumente `delta`, für eine symmetrische Matrix mit den jeweiligen Distanzen (sog. Distanzmatrix), und `ndim`, für die Anzahl der Dimensionen, zu definieren. Weitere Argumente und Methoden werden wir in den nächsten Abschnitten des Kapitels besprechen. Da der Datensatz *Stadt_dist* ein *data.frame* ist, muss dieser zunächst in eine Distanzmatrix konvertiert werden. Dafür nutzen wir die Funktion `as.dist`.

```
library(smacof)

Stadt_dist <- as.dist(Stadt_dist)

Stadt_mds_2d <- mds(delta = Stadt_dist, ndim = 2)

Stadt_mds_2d
```

```
Model: Symmetric SMACOF
Number of objects: 5
Stress-1 value: 0.001
Number of iterations: 1
```

Der Rückgabewert der MDS-Analyse ist ein eigenes Objekt in R, das eine Vielzahl an Informationen enthält, auf die wir im Laufe des Kapitels eingehen werden. Wir können das Objekt direkt in die Funktion `plot` übergeben und erhalten einen *Configuration Plot* (▶*Abbildung 8.1*). Diese Grafik zeigt uns eine mögliche Anordnung der Punkte im zweidimensionalen Raum entlang zweier Dimensionen.

```
plot(Stadt_mds_2d)
```

2 Eigentlich wissen wir an dieser Stelle noch gar nicht, ob eine zweidimensionale Lösung sinnvoll ist. In diesem Einführungsbeispiel setzen wir diese Annahmen voraus. Im *Abschnitt 8.5.4* erläutern wir die Entscheidung zur Anzahl der Dimensionen.

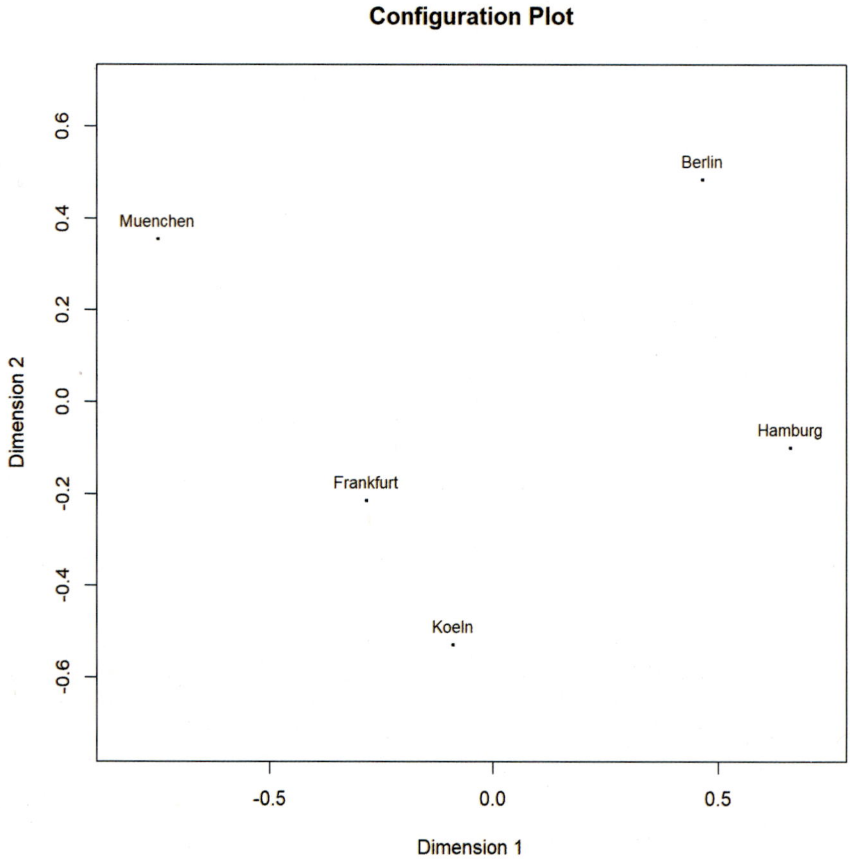

Abbildung 8.1: Configuration Plot der Städte im zweidimensionalen Raum nach einer MDS.

Die Konfiguration sieht zunächst etwas anders aus als die Anordnung der Städte auf der Landkarte. Sie erkennen aber sicher schnell, dass das Koordinatensystem gedreht und die Punkte für „Ost" und „West" gespiegelt werden müssten, um mit der typischen Kartierung übereinzustimmen. Wir rotieren zunächst unsere Punkte um 90 Grad gegen den Uhrzeigersinn, damit Hamburg nördlich liegt und spiegeln anschließend die Werte der Dimension 1. Der Befehl `%*%` ist der Operator für die Multiplikation von Matrizen.

```
theta <- 90 * pi / 180

rot <- matrix(c(cos(theta), sin(theta), sin(theta), cos(theta)), ncol = 2)

configs90 <- Stadt_mds_2d$conf %*% rot

plot(configs90, ylim = c(-.8, .8), xlim = c(-.8, .8))

text(configs90, labels = rownames(configs90), cex = 0.7, pos = 3)
```

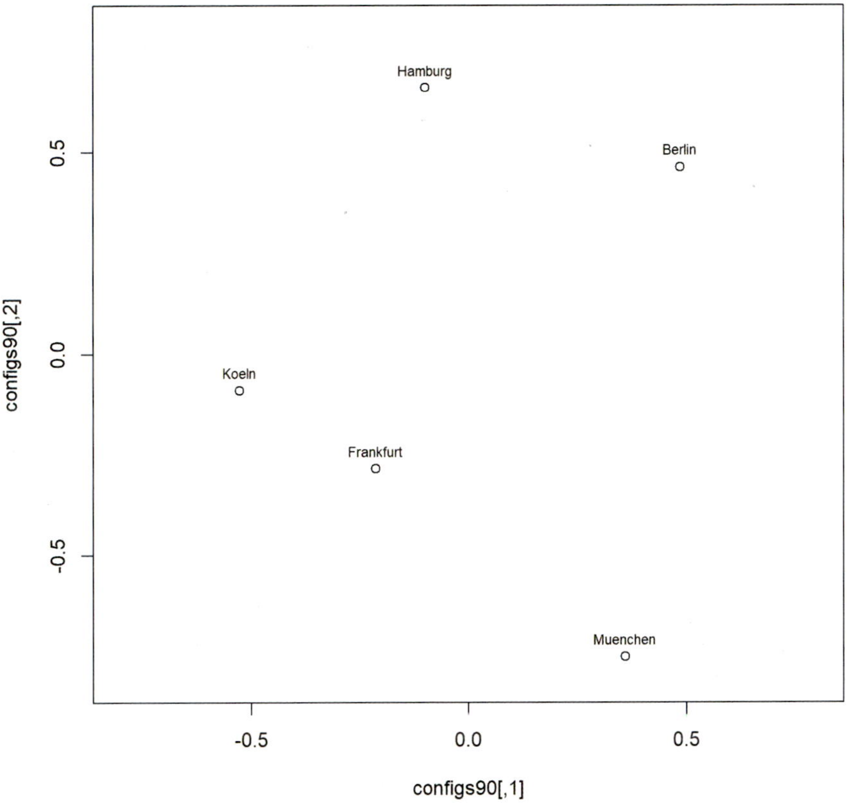

Abbildung 8.2: Konfiguration der Städte in einem zweidimensionalen Raum nach Rotation und Spiegelung der Punkte.

Diese Anordnung entspricht schon eher unserem Vorwissen. Die Punkte einer MDS dürfen rotiert und gespiegelt werden, um die dahinterliegenden Dimensionen zu identifizieren und zu interpretieren. Bevor wir ein sozialwissenschaftliches Datenbeispiel analysieren, sind noch einige Grundbegriffe zu klären, um die Ergebnisse interpretieren zu können.

8.2 Wege der Datenerhebung

Im Vorfeld einer MDS ist die Frage zu klären, wie die Distanzen verschiedener Items oder Objekte ermittelt werden können. Während in unserem Städtebeispiel einfach eine Entfernung bestimmt werden kann, ist dies bei psychologischen Variablen schwieriger. Eine typische Methode ist der paarweise Vergleich von Objekten und eine direkte Befragung der Unähnlichkeit. Beispielsweise könnten Sie Personen direkt auf einer mehrstufigen Skala befragen, wie ähnlich eine Straftat einer anderen ist (siehe *Abschnitt 8.5*). Alternativ ist es auch möglich, ein Referenzobjekt vorzugeben und anschließend mehrere Objekte von den Befragten hinsichtlich der Ähnlichkeit anordnen zu lassen. Dafür können beispielsweise Objekte auf einem Display dargestellt werden und das Referenzobjekt befindet sich in der Mitte. Die Befragten ordnen anschließend diese Objekte nach der Ähnlichkeit, sodass die räumliche Entfernung zum Referenzobjekt als Maß der Distanz genutzt werden kann. Diese Vergleiche sind bei einer großen Anzahl an Objekten allerdings sehr aufwendig, sodass manchmal andere Vorgehensweisen genutzt werden.

Eine Alternative bietet die Ermittlung einer Korrelationsmatrix. Dafür können Sie zunächst verschiedene Objekte hinsichtlich einer Skala bewerten. Sie können zum Beispiel Präferenzen erfragen: Wie gern essen Sie einen Apfel? Wie gern essen Sie eine Birne? Alternativ könnten Sie nach individuellen Ausprägungen fragen: Wie ängstlich sind Sie? Wie neugierig sind Sie? Aus den Antworten mehrerer befragter Personen kann dann eine Korrelationsmatrix erstellt werden, die in eine Distanzmatrix transformiert werden kann. Allerdings hat diese Vorgehensweise den Nachteil, dass eine Skalierung bereits auf einer Dimension (z. B. der individuellen Präferenz) erfolgt. Das kann möglicherweise die Skalierung auf den latenten Dimensionen einschränken.

8.3 Distanzen ermitteln

Wenn Sie die Ähnlichkeit bzw. Unähnlichkeit von Objekten direkt abfragen, können diese, wie im *Abschnitt 8.1* mit `as.dist`, in eine Distanzmatrix umgewandelt werden. Wenn Sie Distanzen nachträglich erstellen oder aus einer anderen Matrix ableiten (z. B. aus einer Korrelationsmatrix), gibt es einige Varianten, diese zu berechnen. Der allgemeine Fall einer Distanz zwischen zwei Objekten kann mit der *Formel 1* berechnet werden, wobei x und y die Vergleichsobjekte sind und i als Index für die n Eigenschaften der Objekte steht. Die Potenz p bestimmt die Art der Distanz. Dieses Vorgehen haben wir ausführlich bei der Clusteranalyse (Sedlmeier und Burkhardt, 2021) behandelt.

$$d_{x;y} = \left(\sum_{i=1}^{n} \left| x_i - y_i \right|^p \right)^{\frac{1}{p}} \tag{1}$$

In R ist *Formel 1* in der Funktion `dist` implementiert. Am gebräuchlichsten ist die Berechnung der euklidischen Distanz mit `p = 2`, die auch mit `method = "euclidean"` ausgeführt wird. Zur Demonstration haben wir die Koordinaten der fünf Städte aus der MDS-Analyse entnommen und berechnen die Distanzen zwischen den Punkten. Um die Koordinaten aus dem Ergebnis der MDS-Analyse zu erhalten, nutzen wir die Bezeichnung `$conf`. Diese Distanzen sind zunächst in der arbiträren Einheit der MDS-Dimensionen angegeben. Wir multiplizieren daher mit dem Wert 412.9 (das Verhältnis von MDS-Skala und km-Skala) und erhalten die Entfernungen in Kilometern.

```
Stadt_mds_2d$conf
```

```
                   D1          D2
Hamburg    0.66091904 -0.09899908
Koeln     -0.08953394 -0.52825437
Frankfurt -0.28422385 -0.21377021
Muenchen  -0.75046923  0.35603260
Berlin     0.46330799  0.48499107
```

```
round(dist(Stadt_mds_2d$conf, p = 2) * 412.9)

          Hamburg Koeln Frankfurt Muenchen
Koeln         357
Frankfurt     393   153
Muenchen      612   456       304
Berlin        255   477       423      504
```

Wenn Sie nicht direkt nach der Unähnlichkeit gefragt haben, sondern eine Korrelationsmatrix vorliegt, können Sie diese mit *Formel 2* in eine Distanzmatrix konvertieren, wobei r_{ij} die Korrelation darstellt.

$$\delta_{ij} = \sqrt{1 - r_{ij}} \tag{2}$$

Eine komfortable Möglichkeit zur Transformation einer Korrelationsmatrix bietet die Funktion `sim2diss` aus dem Paket *smacof*. Dazu geben Sie für das Argument `s` Ihre Ähnlichkeitsmatrix an und mit `method = corr` die Art der Ähnlichkeitsbestimmung. Wir haben in dem Datensatz *Obst* die Präferenzen von 4 Personen für 4 verschiedene Obstsorten exemplarisch angegeben. Anschließend korrelieren wir die Ergebnisse und transformieren diese in eine Distanzmatrix. Eine Übersicht für die Umrechnung verschiedener Ausgangsmatrizen geben Mair, de Leeuw und Groenen (2018).

```
Obst

  Apfel Birne Kirsche Aprikose
1     8     6       4        3
2     7     7       6        2
3     5     4       6        5
4     2     4       6        7

round(cor(Obst), 2)

         Apfel Birne Kirsche Aprikose
Apfel     1.00  0.80   -0.63    -0.94
Birne     0.80  1.00   -0.33    -0.93
Kirsche  -0.63 -0.33    1.00     0.38
Aprikose -0.94 -0.93    0.38     1.00
```

Die Korrelationsmatrix zeigt, dass die Präferenzen von Äpfeln und Birnen positiv Zusammenhängen, Aprikosen und Äpfel hingegen einen großen negativen Zusammenhang besitzen. Dies spiegelt sich auch in der Distanzmatrix wider. Während Äpfel und Birnen eine geringe Distanz aufweisen, haben Äpfel und Aprikosen eine große Distanz.

```
round(sim2diss(cor(Obst), method = "corr"), 2)

         Apfel Birne Kirsche Aprikose
Apfel     0.00  0.45    1.28     1.39
Birne     0.45  0.00    1.15     1.39
Kirsche   1.28  1.15    0.00     0.79
Aprikose  1.39  1.39    0.79     0.00
```

8.4 Wahl der MDS-Methode

Wir hatten eingangs erwähnt, dass die MDS auf einem Optimierungsproblem basiert. Wir beschreiben nun grob den Algorithmus der MDS, ohne zu sehr in die mathematischen Details zu gehen (diese sind bei Borg, Groenen und Mair, 2018 ausführlich dargestellt). Zunächst muss die Anzahl der Dimensionen mit `ndim` festgelegt werden (siehe *Abschnitt 8.5.4*). Anschließend beginnt die MDS mit einer initialen Startkonfiguration, das heißt die Objekte erhalten Koordinaten für die entsprechenden Dimensionen. In der Funktion `mds` gibt es die Möglichkeit, eine zufällige Startkonfiguration mit dem Argument `init = "random"` zu wählen oder eine Konfiguration nach Torgerson (1952) mit `init = "torgerson"`, was auch die Voreinstellung ist.

Die auf Basis der Startkonfiguration erstellten Distanzen weichen in der Regel erheblich von den empirischen Distanzen ab. Daher wird die Konfiguration durch Transformation verändert. Die Transformation muss in Abhängigkeit vom Skalenniveau (Verhältnis-, Intervall- oder Ordinalskala[3]) durchgeführt werden. In der Psychologie ist oftmals eine ordinale Transformation plausibel, denn es ist fragwürdig, ob Personen bei der Bewertung von Ähnlichkeit bzw. Unähnlichkeit eine intervall- oder verhältnisskalierte Repräsentation der Vergleichsdimensionen besitzen. Die zulässige Transformation kann mit dem Argument `type` definiert werden. Die transformierten und damit neu skalierten Distanzen werden als Disparitäten $\left(\hat{\delta}_{ij}\right)$ bezeichnet. Nun wird die Abweichung der Disparitäten der aktuellen Konfiguration von den empirischen Distanzen berechnet, was als Stressmaß bezeichnet wird (Kruskal 1964)[4]. Anschließend wird die Konfiguration durch auseinander- oder zusammen-„schieben" angepasst. Diese Teilschritte aus Neukonfiguration und Stressberechnung werden so oft wiederholt, bis das Stressmaß keine nennenswerten Änderungen mehr aufweist oder eine maximale Anzahl an Wiederholungen (Iterationen) erreicht ist.[5]

Der Stresswert ist auch ein Kriterium für die Güte der MDS. Je kleiner der Stresswert (am Ende der Wiederholungen), desto geringer sind die Abweichungen unserer neu skalierten Distanzen von den empirischen Distanzen. Häufig wird dieser Wert nach den Konventionen von Kruskal (1964) interpretiert (Stress < 0,05 als gut und Stress < 0,025 als exzellent). Allerdings weisen Mair et al. (2018) darauf hin, dass der Stresswert nicht unabhängig von der Anzahl der untersuchten Objekte ist, und sie schlagen daher den Vergleich mit zufälligen Distanzen mit der Funktion `randomstress` vor. Die Idee folgt den *Resampling-Verfahren.* Es werden zufällige Distanzmatrizen für die entsprechende Anzahl an Objekten und Dimensionen erzeugt und der Stresswert ermittelt. Anschließend kann der Stresswert der Analyse mit den zufälligen Stresswerten verglichen werden.

---

3 In der Literatur findet sich auch die Bezeichnung nonmetrische MDS, was gleichbedeutend mit der ordinalen MDS ist.

4 Tatsächlich gibt es eine Vielzahl an Algorithmen für das Stressmaß.

5 Die maximale Anzahl an Iterationen können Sie ebenfalls in der Funktion `mds` mit `itmax` und das Konvergenzkriterium können Sie mit `eps` festlegen. Wir benutzen bei unseren Analysen stets die Voreinstellungen.

Eine strengere Alternative ist die Durchführung eines Permutationstests. Die ermittelten Distanzen werden dabei zufällig den Objekten zugeordnet. Die Distanzmatrix enthält dadurch nur Distanzen, die auch empirisch ermittelt wurden. Anschließend wird der Stresswert der Permutation ermittelt. Dieses Vorgehen wird mehrmals wiederholt und als Vergleichsgrundlage für den empirischen Stresswert genutzt. Das Ergebnis wird wie ein Signifikanztest interpretiert, bei dem die Wahrscheinlichkeit des empirischen Stresswerts unter den zufällig permutierten Stresswerten angegeben wird. Für die Durchführung des Permutationstests kann die Funktion `permtest` genutzt werden. Wir wenden die Funktionen `randomstress` und `permtest` im *Abschnitt 8.5* an einem Datenbeispiel an.

An diesem Ablauf wird deutlich, dass eine MDS eine Vielzahl an Entscheidungen von den Anwender*innen verlangt. Eine besondere Herausforderung stellt die abschließende Interpretation der Konfiguration dar, die typischerweise anhand des Konfigurationsplots erstellt wird. Dabei ist es wichtig, dass die Anwender*innen inhaltliche Kenntnisse besitzen, um eine sinnvolle Interpretation durchführen zu können. Hätten wir anstelle der deutschen Städte verschiedene Orte aus Lettland genutzt, wäre eine entsprechende Rotation für die meisten Menschen unseres Sprachraums deutlich schwieriger gewesen.

Für die MDS existieren zwei globale Analysestrategien. Mit der explorativen MDS wird die Anzahl der latenten Dimensionen bestimmt, mit der eine Distanzmatrix möglichst gut beschrieben werden kann. Anschließend werden diese Dimensionen inhaltlich interpretiert. Dieses Vorgehen stellt den weit häufigeren Anwendungsfall einer MDS dar. Die konfirmatorische MDS dient zur Validierung theoretisch postulierter Dimensionen und Anordnungen der Vergleichsobjekte.

8.5 Explorative MDS in der Anwendung

Wir führen nun eine explorative MDS am Datensatz *Straftaten* durch. Diese Daten wurden in Anlehnung an die Arbeit von Bilsky et al. (2008) erhoben.[6] Die Befragten bewerteten dabei verschiedene Straftaten (Delikte) hinsichtlich ihrer Ähnlichkeit. Die Autoren postulieren eine zweidimensionale Struktur für die Bewertung von Straftaten, bestehend aus Eigentumsbezug (eigentums- vs. nicht eigentumsbezogen) und Opfertyp (konkret vs. anonym). Auch in unserer Befragung wurde exploriert, auf welche Dimensionen sich die Bewertungen 10 verschiedener Delikte zurückführen lassen. Dazu wurden die Straftaten hinsichtlich ihrer Ähnlichkeit von 30 Personen bewertet. Jede Spalte des Datensatzes gibt die Ähnlichkeit eines Paares von Straftaten an. Wir zeigen einen kleinen Ausschnitt des Datensatzes.

6 Ein ähnliches Beispiel benutzt auch Borg et al. (2018) zur Erläuterung der MDS.

```
Straftaten[1:5, 3:7]

  SacWid RauSte SteUnt WidKoe SteWid
1      4      5      5      2      5
2      5      5      5      5      5
3      3      5      5      2      5
4      5      4      5      4      5
5      5      3      5      2      4
```

Die erste Person beurteilte das Paar „Widerstand gegen die Staatsgewalt" und „Körperverletzung" (*WidKoe*) als ähnlich (niedriger Wert). ▶*Tabelle 8.1* zeigt die Abkürzungen und die dazugehörigen Straftaten.

Abkürzung	Bedeutung	Abkürzung	Bedeutung
Ein	Einbruchsdiebstahl	Unt	Unterlassene Hilfeleistung
Koe	Körperverletzung	Ver	Vergewaltigung
Rau	Raub	Wah	Wahlfälschung
Ste	Steuerhinterziehung	Wid	Widerstand gegen die Staatsgewalt
Tru	Trunkenheit am Steuer	Sac	Sachbeschädigung

Tabelle 8.1: Übersicht über die Abkürzungen im Datensatz *Straftaten*

8.5.1 Konzeptionelle Entscheidungen vor der Analyse

Bevor die MDS an dem Datensatz *Straftaten* durchgeführt werden kann, müssen einige konzeptionelle Entscheidungen zu der Wahl der Distanzmaße, der zulässigen Transformationen, der Anzahl der Dimensionen und zum Umgang mit mehreren Distanzmatrizen getroffen werden.

Distanzmaß

Da die Personen direkt nach der Unähnlichkeit befragt wurden, nutzen wir die Antworten direkt als Distanzmaß und führen keine weiteren Berechnungen der empirischen Bewertungen durch. Alternativ hätte auch jede Straftat hinsichtlich des Strafmaßes bewertet werden können. Die daraus resultierende Korrelationsmatrix hätte im Anschluss noch umgerechnet werden müssen (z. B. mit `sim2diss`).

Wahl der Transformationen

Wir nehmen an, dass Personen die vorgegebene Ähnlichkeit verschiedener Delikte hinsichtlich einer Rangordnung bewerten. Die Intervallskala könnte zwar anhand der visuell gleichen Abstände auf der Befragungsskala naheliegen, allerdings halten wir es für fraglich, ob dieses Skalenniveau der mentalen Repräsentation der Straftaten entspricht. Daher entscheiden wir uns konservativ für eine ordinale MDS, was zur Folge hat, dass die Distanzen nur mehr monoton transformiert werden dürfen.

Anzahl der Dimensionen

Aufgrund der Vorarbeit von Bilsky et al. (2008) führen wir die MDS mit zwei Dimensionen durch. In vielen Fällen ist aber vorab die Anzahl der Dimensionen unbekannt und stellt einen wichtigen Teil der Exploration dar. Im *Abschnitt 8.5.4* zeigen wir, wie Sie eine statistisch begründete Entscheidung zur Anzahl der Dimensionen treffen können.

Umgang mit mehreren Distanzmatrizen

Schließlich ist noch zu entscheiden, wie mit den verschiedenen Personenwerten umzugehen ist. In unserem Städtebeispiel gab es nur eine einzige Distanzmatrix. Nun haben wir es mit 30 Distanzmatrizen (für jede Person eine) zu tun. Liegen mehrere Distanzmatrizen vor, gibt es zwei grobe Analysestrategien. Zum einen kann eine Aggregation der Distanzmatrizen z. B. mit dem Mittelwert oder Median erfolgen, sodass am Ende eine einzige aggregierte Matrix zur MDS genutzt wird. Diese Analyse ist dann mit unserem Städtebeispiel vergleichbar. Zum anderen können wiederholt „Individualanalysen" durchgeführt und abschließend zusammengefasst werden. Eine spezielle Technik für diese Analyse ist der Indscal-Algorithmus. Dabei können die Dimensionen verschiedener Personen auch unterschiedlich gewichtet werden.

Zur Demonstration werden wir hier zunächst eine MDS für aggregierte Werte durchführen und anschließend noch einen Algorithmus zur wiederholten „Individualanalyse" vorstellen. Für die Aggregation nutzen wir die Mittelwerte aller Bewertungen.[7] Abschließend führen wir die Analyse mit dem Indscal-Algorithmus durch und werden sehen, dass sich die Interpretationen im vorliegenden Datenbeispiel kaum unterscheiden.

8.5.2 MDS mit aggregierten Daten

Die Distanzmatrix *St_dist_aggr* enthält aggregierte Werte des Datensatzes *Straftaten*.[8]

```
St_dist_aggr <- as.dist(St_dist_aggr)

St_dist_aggr
```

```
     Ein  Koe  Rau  Sac  Ste  Tru  Unt  Ver  Wah
Koe 4.17
Rau 2.03 3.77
Sac 2.37 4.10 3.03
Ste 3.77 4.90 3.10 4.60
Tru 4.53 3.23 4.50 3.70 4.70
Unt 4.67 3.03 4.53 4.77 4.90 3.77
Ver 4.80 2.07 4.33 4.63 5.00 4.30 4.07
Wah 4.67 4.93 4.70 4.63 3.33 4.90 4.90 4.97
Wid 4.37 3.13 4.50 4.00 4.27 4.57 4.43 4.73 4.20
```

7 Diese können im Zweifelsfall als gemittelte Ränge aufgefasst werden.

8 Da wir für diese Umrechnung keine Funktion in R gefunden haben, ist im Skript zum Kapitel die Funktion `get_distances_from_row` angegeben. Wenn Sie diese Funktion für andere Datenbeispiele nutzen, müssen Sie diese natürlich an die entsprechenden Namen und den Rohdatensatz anpassen.

Wir übergeben die Distanzen in die Funktion mds und wählen eine zweidimensionale Lösung.

```
St_mds_aggr <- mds(St_dist_aggr, ndim = 2, type = "ordinal")
```

```
St_mds_aggr
```

```
Model: Symmetric SMACOF
Number of objects: 10
Stress-1 value: 0.093
Number of iterations: 51
```

Der Stresswert von 0.093 ist akzeptabel. Zusätzlich berechnen wir den Permutationstest, um den ermittelten Stresswert zu bewerten.

```
set.seed(2022)
```

```
permtest(St_mds_aggr)
```

```
SMACOF Permutation Test
Number of objects: 10
Number of replications (permutations): 100

Observed stress value: 0.093
p-value: <0.001
```

Der *p*-Wert des Permutationstests zeigt, dass der von uns ermittelte Stresswert unter zufälligen Bedingungen sehr unwahrscheinlich ist. Das spricht für unsere zweidimensionale Lösung. Zum Schluss sind noch die gefundenen Dimensionen bzw. die Konfiguration zu interpretieren. Dafür geben wir aussagekräftige Bezeichnungen der Delikte an (▶*Abbildung 8.3*).

```
Namen_Straftaten <- c(
  "Einbruch", "Koerperverletzung", "Raub", "Sachbeschaedigung",
  "Steuerhinterziehung", "Trunkenheit", "Unterlassenen_Hilfe",
  "Vergewaltigung", "Wahlbetrug", "Widerstand_gegen_Staat")
```

```
rownames(St_mds_aggr$conf) <- Namen_Straftaten
```

```
plot(St_mds_aggr)
```

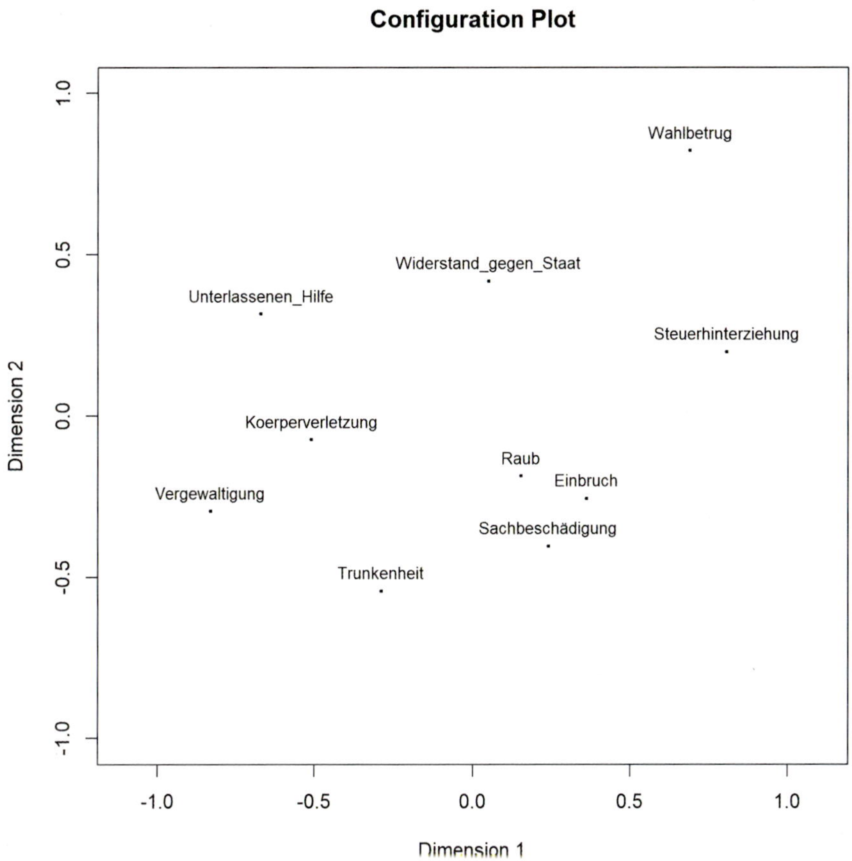

Abbildung 8.3: Konfiguration der Straftaten nach einer zweidimensionalen MDS.

Als Erstes fällt auf, dass die Straftaten Raub, Einbruch und Sachbeschädigung sehr nahe beieinanderliegen. Diese Delikte werden als besonders ähnlich wahrgenommen. Bilsky et al. (2008) interpretieren eine MDS mit ähnlicher Fragestellung nach den Dimensionen Eigentumsbezug und Opfertyp (konkret vs. unspezifisch). Unsere Ergebnisse lassen sich ebenso anordnen. Dazu rotieren wir die Punkte der Konfiguration um 220 Grad[9] und beschriften die Achsen entsprechend (▶*Abbildung 8.4*).

```
theta <- 220 * pi / 180

rot <- matrix(c(cos(theta), sin(theta), sin(theta), -cos(theta)), ncol = 2)

configs220 <- St_mds_aggr$conf %*% rot

plot(configs220, ylim = c(-.8, .8), xlim = c(-1.2, 1.0),
     ylab = "Eigentumsbezug", xlab = "Opfertyp", xaxt = "n", yaxt = "n")
```

9 Der Rotationswinkel kann mit etwas Augenmaß und im Zweifelsfall durch Ausprobieren gefunden werden. Außerdem haben wir das Ergebnis an der y-Achse gespiegelt, damit wir konsistent zu den Ergebnissen von Bilsky et al. (2008) sind (siehe *Abschnitt 8.5*).

```
axis(1, at = c(-.5, .5), labels = c("unspezifisch", "konkret"), tick = F)
axis(2, at = c(-.5, .5), labels = c("hoch", "gering"), tick = F)
text(configs220, labels = rownames(configs220), cex = 0.7, pos = 3)
```

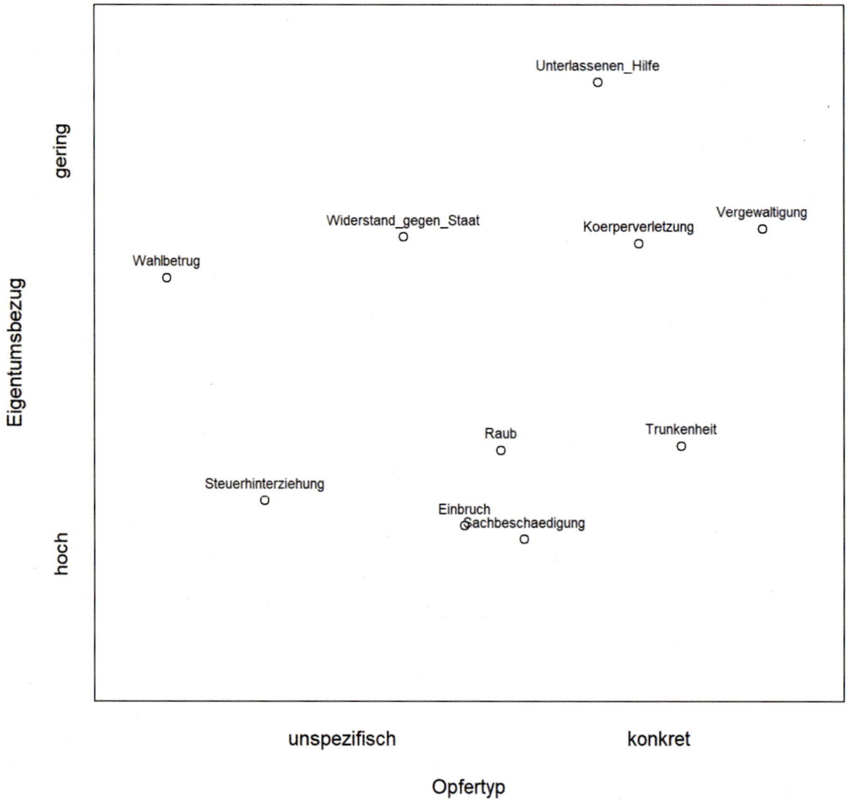

Abbildung 8.4: Die rotierte Konfiguration einer MDS nach Aggregation zu verschiedenen Straftatbeständen.

Um das Stressmaß zu verringern und eine noch bessere Konfiguration zu finden, könnten wir nun noch zufällige Startkonfigurationen ausprobieren (siehe *Abschnitt 1.4*). Allerdings ist die Interpretation der MDS schlüssig, sodass wir hier auf eine weitere Optimierung verzichten können. Diese Interpretation stellt das abschließende Ergebnis einer MDS dar. Eine weitere Exploration ist mit der Funktion `plot` und dem Argument `plot.type = "stressplot"` möglich. In dieser Grafik sind die Delikte in Abhängigkeit des Einflusses auf den Stresswert dargestellt. In ▶*Abbildung 8.5* ist erkennbar, dass Trunkenheit am Steuer, Vergewaltigung und Raub die größten Effekte auf die Stresswerte aufweisen. In der gesamten Konfiguration sind diese Delikte also tendenziell weniger passend.

```
plot(St_mds_aggr, plot.type = "stressplot")
```

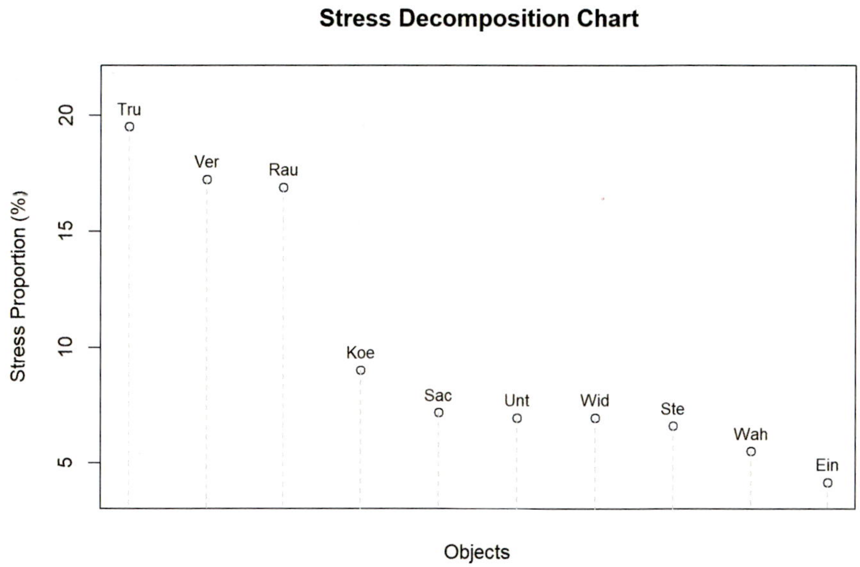

Abbildung 8.5: Stressplot für die aggregierte Konfiguration. Trunkenheit am Steuer besitzt den größten Einfluss auf den Stresswert. Dieses Delikt passt am wenigsten zur berechneten Konfiguration.

8.5.3 MDS mit Individualanalysen

Wir hatten zu Beginn des Abschnitts bereits erwähnt, dass die Aggregation der Ähnlichkeitswerte nur unter der Annahme sinnvoll ist, dass alle Personen die verschiedenen Dimensionen mit gleicher Stärke gewichten. Eine Alternative zur Aggregation bietet die wiederholte Individualanalyse. Diese läuft vom Prinzip genauso ab wie die MDS, aber mit nur einer Distanzmatrix. Allerdings werden nun die individuellen Konfigurationen so gewichtet, dass eine „generelle" Skalierung gefunden werden kann. Wenn eine Person der Eigentumsdimension wenig Bedeutung zukommen lässt und die Straftaten relativ kleine Werte auf dieser Dimension zeigen, sollte diese Dimension für diese Person „gestreckt" werden, damit die individuelle Konfiguration besser zu einer einheitlichen Skalierung passt (Details zum Indscal-Algorithmus sind bei Borg et al., 2018 angegeben). Wir können diese Analyse mit der Funktion `indscal` durchführen. Dazu muss für das Argument `delta` eine Liste mit den einzelnen Distanzmatrizen wie in unserem Beispiel *St_dist_ind* definiert werden.

```
St_mds_ind <- indscal(delta = St_dist_ind, ndim = 2, type = "ordinal")

St_mds_ind
```

```
Model: Three-way SMACOF
Number of objects: 10
Stress-1 value: 0.102
Number of iterations: 916
```

Der Stresswert der globalen Konfiguration steigt leicht, aber nicht nennenswert an. Mit der Funktion `plot` können wir erneut einen Konfigurationsplot erstellen. Diesmal aber angepasst an die 30 individuellen Bewertungen. Diese rotieren wir nun um 240 Grad,[10] um eine möglichst gute Vergleichbarkeit mit der aggregierten Matrix des vorangegangenen Abschnitts zu gewährleisten. Auch hier lassen sich die gleichen Dimensionen extrahieren (▶*Abbildung 8.6*).

```
rownames(St_mds_ind$gspace) <- Namen_Straftaten

theta <- 240 * pi / 180

rot <- matrix(c(cos(theta), sin(theta), sin(theta), -cos(theta)), ncol = 2)

configs240 <- St_mds_ind$gspace %*% rot

plot(configs240, ylim = c(-.8, .8), xlim = c(-1.2, 1.0),
     ylab = "Eigentumsbezug", xlab = "Opfertyp", xaxt = "n", yaxt = "n")

axis(1, at = c(-.5, .5), labels = c("unspezifisch", "konkret"), tick = F)

axis(2, at = c(-.5, .5), labels = c("gering", "hoch"), tick = F)

text(configs240, labels = rownames(configs240), cex = 0.7, pos = 3)
```

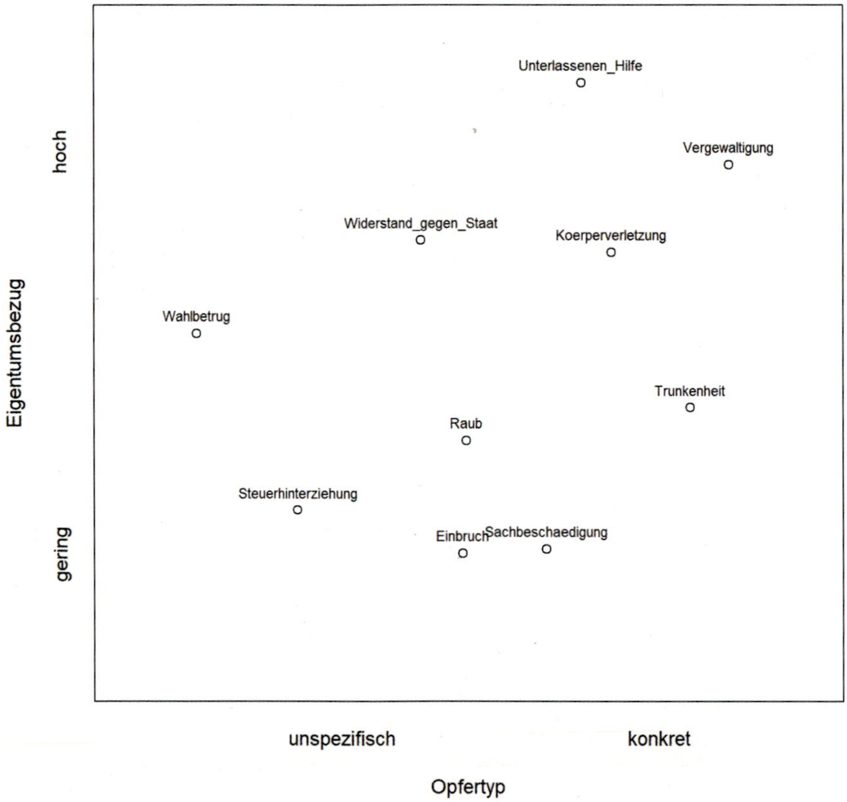

Abbildung 8.6: Die rotierte Konfiguration einer MDS nach Indscal-Algorithmus zu verschiedenen Straftatbeständen.

10 Bei der Indscal-Analyse sind die Koordinaten der gemeinsamen Konfiguration unter *gspace* gespeichert.

Auch wenn in unserem Datenbeispiel die aggregierte Analyse und die Individualanalyse zu nahezu identischen Ergebnissen führen, ist die Individualanalyse vorzuziehen, da diese die geringeren inhaltlichen Voraussetzungen besitzt. Wir haben hier aus didaktischen Gründen zunächst die aggregierte Analyse vorgeschlagen.

8.5.4 Exploration der Anzahl an Dimensionen

In unserem Datenbeispiel konnten wir die Anzahl der Dimensionen mit der vorhandenen Literatur (also der Theorie) begründen. In vielen Fällen der explorativen MDS ist aber zu Beginn noch keine Vorstellung darüber vorhanden, wie viele Dimensionen der Distanzbewertung zugrunde liegen. Die Entscheidung über die Anzahl der Dimensionen wird dann typischerweise anhand des Stressmaßes getroffen. Dazu führen Sie zunächst mehrere Analysen durch und erhöhen Schritt für Schritt die Anzahl der Dimensionen und bewerten anschließend die Stressmaße. Wir nutzen dafür eine `for`-Schleife und ermitteln außerdem die zufälligen Stresswerte auf Basis der Permutationen, die wir später noch betrachten.

```
Stress_emp_n <- NULL

Stress_rdm_n <- NULL

for (i in 1:9) {
  set.seed(i)
  Stress_emp_n[i] <- mds(St_dist_aggr, ndim = i, type = "ordinal")$stress
  Stress_rdm_n[i] <- mean(
    randomstress(n = 10, ndim = i, nrep = 100, type = "ordinal")
  )
}

round(Stress_emp_n, 3)

   0.199 0.093 0.051 0.012 0.007 0.003 0.002 0.001 0.001
```

Die Stresswerte sind mit aufsteigender Anzahl an Dimensionen angegeben. Mit jeder hinzugefügten Dimension verringert sich dann der Stresswert. Die Entscheidung, welcher Stresswert akzeptabel ist, ist letztendlich ein Kompromiss zwischen möglichst geringem Stress und möglichst wenig Dimensionen.

Borg et al. (2018) schlagen außerdem den „Screeplot of Stress" vor. Diese Grafik besitzt Ähnlichkeit zum Scree-Test der Faktorenanalyse. Auf der x-Achse wird die Anzahl an Dimensionen angegeben. Auf der y-Achse ist der dazugehörige Stresswert dargestellt. Diese Werte werden nun mit den zufälligen Stresswerten der Permutationstests verglichen. Während bei zufälligen Daten die Stresswerte gleichmäßig abfallen, zeigen die Stresswerte der empirischen Daten manchmal einen charakteristischen „Knick". Dieser Knick gibt einen Hinweis darauf, wann der Stresswert eine zufällige Abnahme repräsentiert. Allerdings zeigen nicht alle Befunde einen solchen „Knick". In unserem Datenbeispiel lassen sich keine Ableitungen aus dem Screeplot of Stress ziehen.

```
plot(Stress_emp_n, type = "b", col = "red", ylim = c(0, .6), ylab = "Stress",
     xlab = "Dimensionen n")

lines(Stress_rdm_n, type = "b", col = "blue")
```

```
legend("top", legend = c("zufaellig", "empirisch"), fill = c("blue", "red"))
```

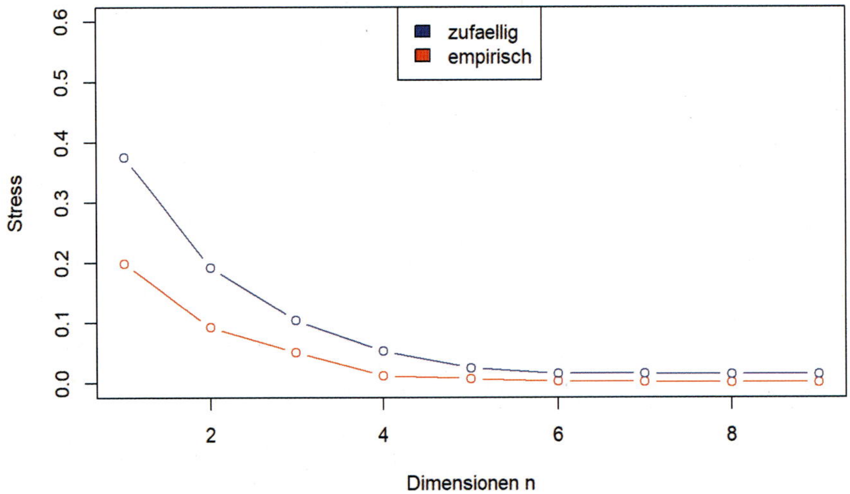

Abbildung 8.7: Der Screeplot of Stress zeigt für den Stresswert keinen besonderen Unterschied im Verlauf von empirischer und zufälliger Konfiguration.

8.6 Konfirmatorische MDS

Das Ziel der konfirmatorischen MDS ist es, eine Passung zwischen den empirischen Unähnlichkeitswerten und einer vorgegebenen Konfiguration bzw. Dimensionalität zu bestimmen. Borg et al. (2018) beschreiben zahlreiche Vorgehensweisen. Wir zeigen mit dem Constraint-Modell eine vergleichsweise einfache Möglichkeit der Prüfung.

Mit der Funktion `smacofConstraint` wird die Konfiguration einer explorativen MDS auf vordefinierte Skalen bzw. latente Variablen angepasst. Diese Skalen lassen sich entweder aus der Theorie oder einer vorangegangenen explorativen MDS (natürlich mit anderen Daten) ableiten. Wir benutzen die Skalen von Bilsky et al. (2008), die wir aus deren Abbildung 3 extrahiert und in R eingefügt haben (*BDim1* und *BDim2*).

```
BDim1 <- c(0.1, 1, .3, -1, 0.5, 0.8,  1.5, -1.2, -0.4)

BDim2 <- c(-.6, 0.2, -.4, -0.3, 1.1, 0.5, -0.2,  0.2,  0.2)
```

Die Dimension *BDim1* entspricht dem Opfertyp und die Dimension *BDim2* dem Eigentumsbezug.[11] Um die Daten in die Funktion `smacofConstraint` einzufügen, konvertieren wir sie zunächst in einen *data.frame*.

```
Bilsky <- data.frame(BDim1, BDim2)
```

11 Die Delikte sind auch hier alphabetisch nach Deliktnamen geordnet.

Da diese Werte auch einer MDS entstammen, sind die Skalenwerte zwar nach wie vor abstrakt, eine Prüfung der Übereinstimmung der Konfigurationen ist aber dennoch möglich. Die Untersuchung von Bilsky et al. (2008) zeigt noch einen weiteren Unterschied zu unserer Analyse. Das Delikt Sachbeschädigung wurde nicht erfragt und muss daher noch aus unseren Daten entfernt werden.

```
rownames(Bilsky) <- Namen_Straftaten[-4]

St_dist_aggr1 <- as.dist(as.matrix(St_dist_aggr)[-4, -4])
```

Nun können die Koordinaten (Skalenwerte) der theoretischen Anordnung mit dem Argument `external` zur MDS hinzugefügt werden. Außerdem definieren wir die Anfangskonfiguration (`init`). Diese entspricht natürlich auch der erwarteten Konfiguration. Mit `constraint.type = "ordinal"` wird die Transformationsregel der theoretischen Konfiguration definiert.

```
# Prüfung der Übereinstimmung der Konfigurationen

fit_St_confim <- smacofConstraint(
  delta = St_dist_aggr1, ndim = 2, type = "ordinal", external = Bilsky,
  constraint.type = "ordinal", init = Bilsky
)

permtest(fit_St_confim)

   SMACOF Permutation Test
   Number of objects: 9
   Number of replications (permutations): 100

   Observed stress value: 0.132
   p-value: <0.001
```

Die Analyse zeigt zwar einen vergleichsweise hohen Stresswert, aber eine gute Passung auf Basis des Signifikanztests und der grafischen Analyse (▶*Abbildung 8.8*). Vergleicht man die Grafiken inhaltlich, zeigt das Delikt „Trunkenheit am Steuer" eine geringe Passung mit der theoretischen Konfiguration.

```
row.names(fit_St_confim$conf) <- Namen_Straftaten[-4]

plot(fit_St_confim)
```

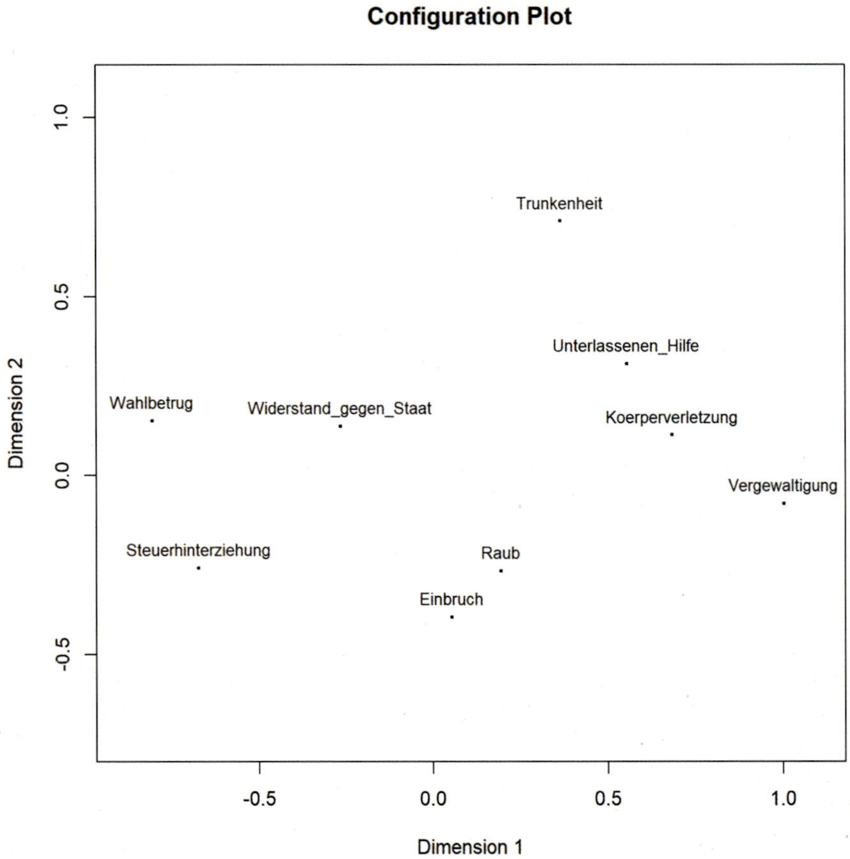

Abbildung 8.8: Konfiguration nach einer konfirmatorischen MDS.

Zusammenfassung

Die multidimensionale Skalierung ist ein Verfahren, um latente Bewertungsdimensionen von Objekten zu identifizieren. Dabei wird je nach Zielstellung zwischen explorativer und konfirmatorischer MDS unterschieden. Die Unähnlichkeit der Objekte, die als Distanzmatrix dargestellt wird, ist der Ausgangspunkt für die Analyse. Bei der explorativen MDS wird anhand des Stressmaßes die Güte einer dimensionalen Lösung bestimmt. Zur Interpretation wird meist die grafische Konfiguration herangezogen. Liegen mehrere Bewertungen vor (z. B. von verschiedenen Personen), können die Ergebnisse aggregiert oder mit Individualanalysen skaliert werden. Für die konfirmatorische MDS wird die zu erwartende Konfiguration und Dimensionalität für die empirischen Daten definiert. Auch hier dient das Stressmaß zur Bewertung der Güte der MDS.

Die R-Funktionen in diesem Kapitel

In diesem Kasten stellen wir Ihnen die Funktionen, die wir in diesem Kapitel benutzt haben, noch einmal zusammen. Wenn Funktionen nicht schon vorinstalliert sind, werden sie zusammen mit dem Paket, aus dem sie stammen, aufgelistet (`Paket::Funktion`). Funktionen, die Sie bereits aus früheren Kapiteln kennen, sind hier weggelassen.

Funktion	Kurze Beschreibung
`dist / as.dist`	Berechnung einer Distanzmatrix
`smacof::constraint`	Berechnung einer konfirmatorischen MDS
`smacof::indscal`	Berechnung einer MDS aus mehreren (individuellen) Distanzmatrizen
`smacof::mds`	Berechnung einer MDS
`smacof::permtest`	Berechnet einen Signifikanztest für den Stresswert auf Basis der empirischen, aber zufällig permutierten Distanzen
`smacof::plot` `(plot.smacof)`	Erstellung einer grafischen Abbildung mit dem Ergebnis einer MDS-Analyse. Mit dem Argument `plot.type` kann die Grafik gewählt werden.
`smacof::randomstress`	Berechnet den Stresswert auf Basis der zufälligen Distanzen
`smacof::sim2diss`	Transformation einer Ähnlichkeitsmatrix in eine Distanzmatrix

Ergänzende und weiterführende Literatur

Borg, I. & Staufenbihl, T. (2007) *Theorien und Methoden der Skalierung*. Huber: Bern.

Eine deutschsprachige Einführung mit einem Kapitel zur multidimensionalen Skalierung

Einzelfallanalyse

9

ÜBERBLICK

Lernziele

In diesem Kapitel sollen Sie lernen, die Ergebnisse von Einzelfallstudien auszuwerten. Insbesondere sollen Sie nach dem Durcharbeiten des Kapitels in der Lage sein, mithilfe von R-Funktionen

- visuelle Analysen in vielen Varianten durchzuführen,
- eine Vielzahl von Effektgrößen für Einzelfallergebnisse zu berechnen,
- inferenzstatistische Auswertungen mithilfe von Resampling-Verfahren (Randomisierungstests und Bootstrap) zu machen,
- Mehrebenenanalysen für eine größere Anzahl von Einzelfällen zu realisieren und
- einfache Metaanalysen für Einzelfälle durchzuführen.

Die systematische Analyse von Einzelfällen hat eine lange Tradition in Medizin, Psychologie und Sozialwissenschaften (Hurtado-Parrado & López-López, 2015). Seit Mitte des 20. Jahrhunderts wurde die Methode hauptsächlich zur Verhaltensanalyse und -modifikation eingesetzt, insbesondere bei Kindern (aber auch bei Jugendlichen und Erwachsenen) mit schwerwiegenden kognitiven Beeinträchtigungen und Verhaltensstörungen. Das hat sich in den letzten Jahrzehnten deutlich geändert: Einzelfallstudien finden immer häufiger Anwendung in allen möglichen inhaltlichen Bereichen, und es gibt viel Potenzial für einen weitergehenden Einsatz. Das hängt auch damit zusammen, dass das Randomisieren Einzug in die Einzelfallanalyse gehalten hat: die *experimentellen Einzelfalldesigns* mit dem *Multiple-Baseline Design* als bekanntestem Vertreter (Kazdin, 2021; Tanious & Onghena, 2021). Randomisiert wird bei diesen Designs jeweils der Zeitpunkt, zu dem eine Intervention einsetzt. Wenn nun ein Effekt unabhängig von diesem Zeitpunkt eintritt, erlaubt das Kausalschlüsse ähnlich denen im klassischen Gruppenexperiment (siehe Barlow et al., 2009; Sedlmeier & Renkewitz, 2018).

Traditionellerweise besteht die zentrale Auswertung der Ergebnisse von Einzelfallstudien darin, Unterschiede zwischen Phasen mit und ohne Intervention visuell zu analysieren. R bietet zahlreiche Möglichkeiten hierzu, mit denen wir uns zunächst befassen werden. Allerdings sind die Ergebnisse der visuellen Analyse oft nicht eindeutig. Deswegen wurden in den letzten Jahrzehnten viele Effektgrößenmaße für Einzelfalldesigns entwickelt, die wir danach vorstellen. Darüber hinaus gibt es mittlerweile viele Möglichkeiten der inferenzstatistischen Analyse von Einzelfallergebnissen. Wir werden dazu insbesondere einen Blick auf Resampling-Verfahren werfen, die Sie aus dem letzten Kapitel schon kennen. Wenn Ergebnisse aus vielen Einzelfallstudien zur Verfügung stehen, bietet es sich natürlich an, diese zusammenzufassen. Das kann mithilfe von Mehrebenenmodellen und Metaanalysen geschehen. Für beide Familien von Verfahren erläutern wir, welche Möglichkeiten R hierfür bietet.

Wir stützen uns für die visuelle Analyse (und auch für die Effektgrößenberechnung in *Abschnitt 9.2*) hauptsächlich auf das umfangreiche und komfortable Paket *scan* (Wilbert & Lueke, 2019; siehe auch Wilbert, 2021). Eine Alternative hierzu wäre eine Sammlung von drei Paketen (*SCVA*, *SCRT* und *SCMA*, Bulté & Onghena, 2013), die allerdings für die Benutzeroberfläche *R Commander* optimiert sind.[1] Ein weiteres Paket für die Berechnung von Effektgrößen in Einzelfallanalysen ist *SingleCaseES* (Pustejovsky et al., 2021). Ansonsten können Sie R-Code für unterschiedliche Aspekte der Auswertung von Einzelfallanalysen in vielen neueren einschlägigen Fachartikeln finden. Auf einige dieser neueren Arbeiten werden wir im Verlauf des Kapitels verweisen.

9.1 Visuelle Analyse

Neben den Methoden der visuellen Analyse, die wir in diesem Abschnitt vorstellen, existieren auch sehr komplexe Verfahren, die den Rahmen dieses Buches jedoch sprengen würden und zudem sehr selten benutzt werden (für einige Verweise auf solche Auswertungsverfahren siehe Fingerhut et al., 2021).

9.1.1 Die Basics

Fangen wir mit einem einfachen (fiktiven) Beispiel an, einem A-B Design mit vier Messungen pro Phase. Dazu müssen wir zunächst mit der Funktion *scdf* (single-case data frame) aus dem Paket *scan* die Daten in ein passendes Format bringen. Eine Möglichkeit besteht darin, den Phasen (hier als *A* und *B* bezeichnet) direkt die Werte zuzuordnen.

```
library(scan)

Person_A <- scdf(values = c(A = 3, 4, 5, 3, B = 6, 6, 8, 9))
```

Was macht die Funktion `scdf` daraus?

```
Person_A
```

```
#A single-case data frame with one case
 Case1: values mt phase
             3  1     A
             4  2     A
             5  3     A
             3  4     A
             6  5     B
             6  6     B
             8  7     B
             9  8     B
```

Die Funktion `scdf` hat offensichtlich automatisch eine weitere Variable mit dem Namen *mt* (measurement times) hinzugefügt, wobei die Voreinstellung ist, dass keiner der Messzeitpunkte fehlt (mehr dazu weiter unten).

1 Installation aller drei Pakete mitsamt R Commander mit *RcmdrPlugin.SCDA*. Für eine Einführung mit Tutorial siehe McGill (2017).

Und nun plotten wir dieses Ergebnis. Die Funktion `plot` nimmt in diesem Fall an, dass es keine fehlenden Werte gibt, und nummeriert die Messzeitpunkte sukzessiv von 1 bis 8 (▶*Abbildung 9.1*). Die voreingestellte Fall-Bezeichnung ist „Case 1“ (links oben in der Abbildung).

```
plot(Person_A)
```

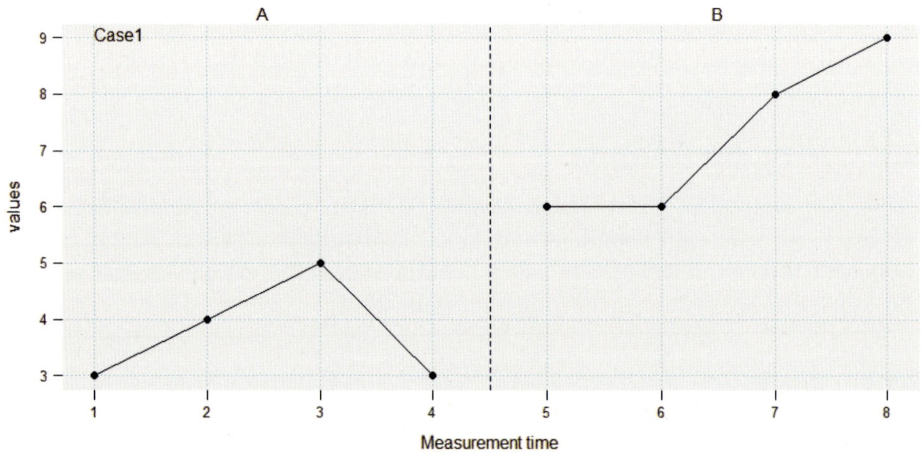

Abbildung 9.1: Plot für ein A-B Design mit den Standard-Voreinstellungen.

Eine andere Möglichkeit der Zuordnung von Werten zu Phasen besteht darin, erst die Messwerte anzugeben und sie dann den Phasen zuzuordnen. Wir machen das für die Ergebnisse in einem fiktiven A-B-A-B Design und geben bei der Gelegenheit der Person auch einen Namen (mit dem Argument `name`).

```
Person_B <- scdf(values = c(2, 3, 5, 3, 7, 6, 8, 9, 6, 5, 6, 8, 9, 11, 10),
                 phase.design = c(A = 4, B = 4, A = 3, B = 4),
                 name = "Hans")
```

Sehen wir uns auch hier an, wie `scdf` die Daten repräsentiert.

```
Person_B
```

```
#A single-case data frame with one case
 Hans: values mt phase
            2  1     A
            3  2     A
            5  3     A
            3  4     A
            7  5     B
            6  6     B
            8  7     B
            9  8     B
            6  9     A
            5 10     A
            6 11     A
```

```
    8 12    B
    9 13    B
   11 14    B
   10 15    B
```

Nun probieren wir einige Möglichkeiten zur Veränderung des Aussehens der Abbildung. Wichtig ist dabei das Argument `style`, dem man einen von mehreren möglichen Werten zuweist. Wir nehmen `"default"` (die Voreinstellung ist `grid` – versuchen Sie doch auch mal `yaxis, tiny, small, big, chart, ridge, annotate, grid, grid2, dark` oder `sienna`). Zudem fügen wir (mit den Argumenten `xlab` und `ylab`) eigene Beschriftungen für die x- und y-Achsen hinzu (▶*Abbildung 9.2*).

```
plot(Person_B, style = "default", xlab = "Messzeitpunkte", ylab = "Messwerte")
```

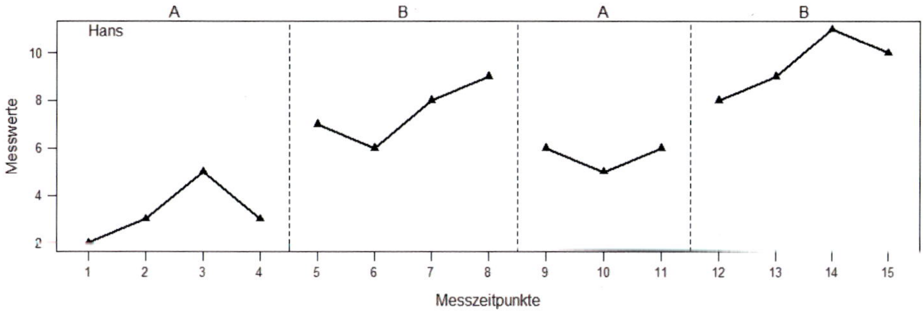

Abbildung 9.2: Plot für ein ABAB Design mit `style = "default"`.

Nun könnte man etwa noch bemängeln, dass die Verbindungslinien zwischen den Dreiecken zu dick sind, und es könnte sein, dass wir zur Abbildung der Datenpunkte keine Dreiecke, sondern lieber Punkte haben wollen. Außerdem wäre es informativ, die Angaben in den einzelnen Phasen noch weiter zusammenzufassen. All das ist kein Problem. Wir definieren zunächst mithilfe der Funktion `style_plotSC` einen eigenen Stil. Als Ausgangsbasis benutzen wir den Stil aus ▶*Abbildung 9.2* (`"default"`), dann wählen wir ausgefüllte Punkte als Symbole (`pch` = 16) und machen die Verbindungslinien dünner (`lwd` = 0.5).

```
neuer_stil <- style_plotSC(style = "default", pch = 16, lwd = 0.5)
```

Zusätzlich zeichnen wir mit dem Argument `lines` noch rot (`col = "red"`) gepunktete (`lty = "dotted"`) Trendlinien (`"trend"`) für die einzelnen Phasen ein.

```
plot(Person_B, style = neuer_stil, xlab = "Messzeitpunkte", ylab =
     "Messwerte", lines = list("trend", col = "red", lty = "dotted"))
```

Das Ergebnis sehen Sie in ▶*Abbildung 9.3.*

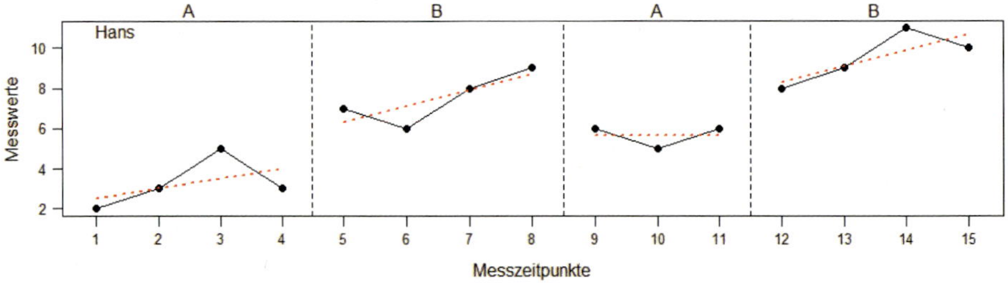

Abbildung 9.3: Plot für ein ABAB Design mit einem selbstdefinierten Stil.

Manchmal möchte man auch die Ergebnisse mehrerer Studienteilnehmer*innen in einem Plot vergleichen. Auch das geht mit dem *scan* Package. Nehmen wir an, wir hätten ein Multiple-Baseline Design mit drei Teilnehmerinnen, Anna, Beate und Christa. Bei Beate fehlt der vierte Messpunkt in der Baselinephase und wird deswegen mit NA gekennzeichnet.

```
Teilnehmerin_I <- scdf(
  values = c(A = 5, 7, 10, B = 11, 12, 7, 10, 18, 15, 14, 19), name = "Anna")


Teilnehmerin_II <- scdf(
  values = c(A = 3, 4, 3, NA, 5,  B = 7, 7, 9, 8, 10, 12), name = "Beate")


Teilnehmerin_III <- scdf(
  values = c(A = 9, 8, 8, 7, 5, 7, 6, B = 14, 15, 12, 16), name = "Christa")
```

Nun fügen wir die drei Teilnehmerinnen zusammen (mit der Funktion `c`) und erstellen einen Plot mit allen drei Datensätzen in einer Abbildung. Dabei fügen wir aus Vergleichsgründen noch jeweils eine Linie für den Median pro Phase hinzu (▶*Abbildung 9.4*). (Sollte die Abbildung nicht gut aussehen, probieren Sie es mal mit der Veränderung der Größe Ihres Zeichenfensters).

```
Alle_drei <- c(Teilnehmerin_I, Teilnehmerin_II, Teilnehmerin_III)

plot(Alle_drei, style = neuer_stil, xlab = "Sitzungen", ylab = "Verbesserung",
     lines = list("median", col = "blue"))
```

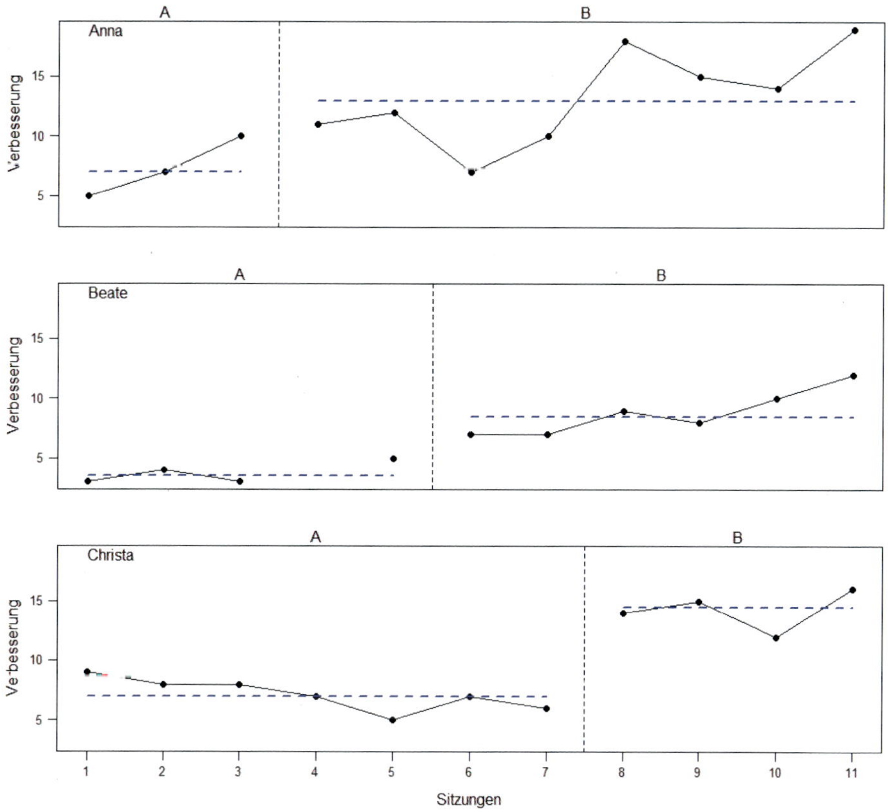

Abbildung 9.4: Ergebnisse für drei (fiktive) Teilnehmerinnen in einem Multiple-Baseline Design. Die gestrichelten Linien markieren jeweils den Median pro Phase.

9.1.2 Eine Person, mehrere abhängige Variablen

Wenn uns die Ergebnisse für mehrere abhängige Variablen bei einer oder mehreren Personen schon in einer externen Datei vorliegen, dann kann man die Daten natürlich direkt einlesen. Benutzen wir als Beispiel den Datensatz aus der Datei *Mehrere_AVs.csv*.

```
Mehrere_AVs

   Fall Messung Phase Pos_Emot Neg_Emot Angst Depression
1 Erwin       1     A      3.0      6.4    56         18
2 Erwin       2     A      4.2      4.0    45         19
3 Erwin       3     A      3.0      7.0    66         14
4 Erwin       4     A      4.0      6.0    50         17
5 Erwin       5     A      3.3      6.5    56         16
6 Erwin       6     B      5.0      4.0    50         15
7 Erwin       7     B      7.0      5.0    45         14
8 Erwin       8     B      6.5      3.4    46         13
9 Erwin       9     B      8.0      4.0    34         14
```

```
10 Erwin        10       B        7.0        2.0     38              12
11 Erwin        11       B        8.0        3.0     26              13
12 Erwin        12       B        8.6        2.0     30              11
13 Erwin        13       B        8.0        1.0     33              12
```

Uns liegen also nun die Werte für vier abhängige Variablen vor (für *Positive Emotionen*, *Negative Emotionen*, *Angst* und *Depressivität*), deren Ausprägungen Erwin 12 Tage lang kontinuierlich für sich registriert hat. Auf die Variablennamen können wir direkt zugreifen, indem wir den Datensatz durch die Funktion attach aktuell machen.

```
attach(Mehrere_AVs)
```

Und nun erstellen wir jeweils ein *scdf*-Objekt pro abhängiger Variable. Dabei reicht es, wenn wir die ja immer gleichen Phasenlängen (5 Baseline-Messungen und 8 Messungen während des Treatments) einmal festlegen (in der neuen Variable *Phasen*).

```
Phasen <- c(A = 5, B = 8)

Positive_Emotionen <- scdf(values = Pos_Emot, phase.design = Phasen,
                           name = "Erwin")

Negative_Emotionen <- scdf(values = Neg_Emot, phase.design = Phasen,
                           name = "Erwin")

Angst <- scdf(values = Angst, phase.design = Phasen, name = "Erwin")

Depressivitaet <- scdf(values = Depression, phase.design = Phasen,
                       name = "Erwin")
```

Zur Illustration plotten wir die Ergebnisse für zwei der Variablen, *Positive Emotionen* und *Angst* (▶*Abbildung 9.5* und ▶*Abbildung 9.6*).

```
plot(Positive_Emotionen,  xlab = "Tage", ylab = "Positive Emotionen")

plot(Angst, xlab = "Tage", ylab = "Selbsteingeschätzte Angstwerte")
```

▶*Abbildung 9.5* zeigt, dass sich Erwins positive Emotionen ohne Intervention (während der Baselinephase) nicht systematisch verändern, aber nach Einsetzen der Intervention (Phase B) deutlich ansteigen. Für die Selbsteinschätzung der Angst zeigt sich das umgekehrte Bild (▶*Abbildung 9.6*): Ohne Intervention hat Erwin durchgehend relativ hohe Angstwerte, die sich nach Beginn der Intervention deutlich reduzieren.

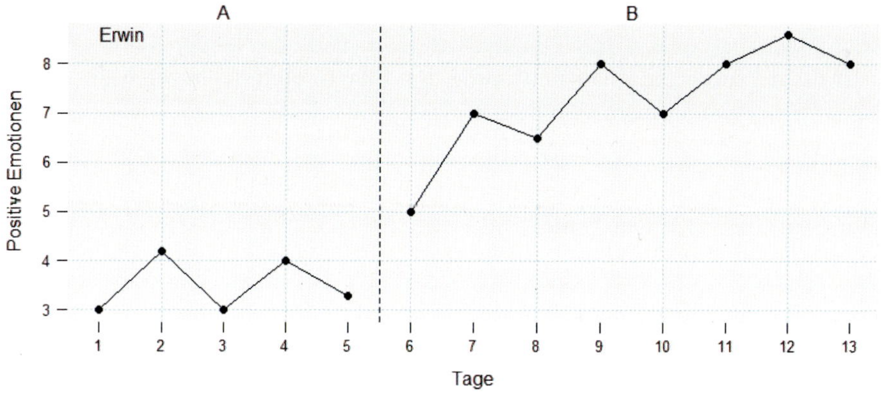

Abbildung 9.5: Selbsteingeschätzte positive Emotionen (Mittelwerte).

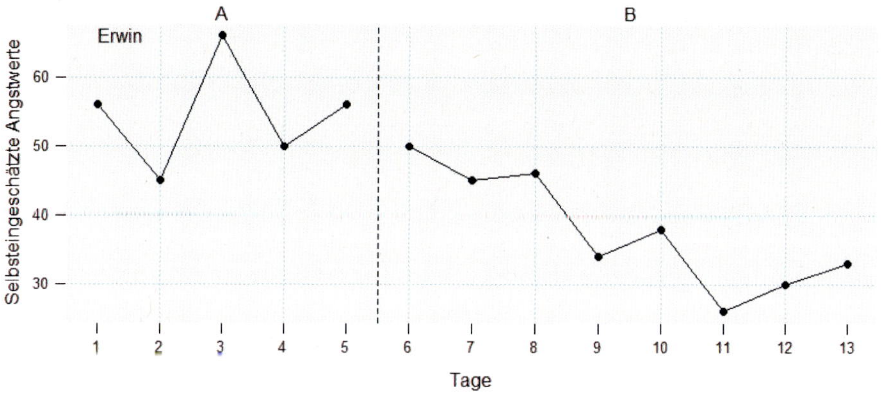

Abbildung 9.6: Selbsteingeschätzte Angstwerte.

9.1.3 Ein Beispiel aus der Literatur

Nun betrachten wir einen Ausschnitt aus einem realen Datensatz aus der Meditationsforschung (Matko et al., 2021). In dieser Studie durchliefen insgesamt 42 Teilnehmer*innen ein Multiple-Baseline Design mit drei unterschiedlich langen Baselines (7, 14 und 21 Tage) und vier unterschiedlichen Meditationsbedingungen. Wir konzentrieren uns hier auf sechs Teilnehmer*innen aus einer der Meditationsbedingungen mit unterschiedlich langen Baselines. Die Daten sind sehr umfangreich und deswegen lesen wir sie direkt aus der Datei *wellbeing_kurz.csv* ein.[2] Wir benutzen hierfür die Funktion `readSC` aus dem *scan* Paket. Dazu müssen wir festlegen, welche Variablen zur Bezeichnung des jeweiligen Falls (`cvar`), der Phasen (`pvar`), der AV (`dvar`)

2 Unsere Datei ist schon im passenden (englischen) Format abgespeichert (Dezimalpunkte und Kommas als Separatoren zwischen den Werten). Wenn das, wie üblicherweise in deutschen Excel-Dateien, nicht der Fall ist (Dezimalkommas und Strichpunkte als Separatoren), müsste das beim Einlesen mit zusätzlichen Argumenten angegeben werden (siehe Kapitel 1 aus Sedlmeier & Burkhardt, 2021).

und der Zeitschritte (mvar) benutzt wurden. Wenn man schon in der Datendatei durchgehend die voreingestellten Bezeichnungen benutzt (also case, phase, values und mt), dann ist diese Zuweisung nicht notwendig. Die Phasen sind in der ursprünglichen Datei mit "0" (= Baseline oder A) und "1" (= Treatment oder B) kodiert – das Argument phase.names kann benutzt werden, um diese Werte in "A" und "B" umzukodieren.

```
Wellbeing_Daten <- readSC(
"https://www.pearson.de/fortgeschritten_r/wellbeing-kurz.csv",
cvar = "case", pvar = "phase", dvar = "wellbeing",
mvar = "study_day", phase.names = c("A", "B"))
```

Das Einlesen funktioniert natürlich nur, wenn die Datei *wellbeing-kurz.csv* im aktuellen R-Verzeichnis liegt (ansonsten müsste der aktuelle Pfad noch mit angegeben werden). Wie sieht diese Datei aus? Wir betrachten – mit der Funktion print – nur die ersten 10 Messungen für die erste Person (mit der laufenden Nummer 11).

```
print(Wellbeing_Daten, cases = 1, rows = 10)

   #A single-case data frame with 6 cases
    11: baseline study_day wellbeing phase
               7         1         3     A
               7         2       4.2     A
               7         3         3     A
               7         4       4.2     A
               7         5       2.8     A
               7         6       2.6     A
               7         7       2.6     A
               7         8       3.4     B
               7         9       4.2     B
               7        10       3.8     B
   # ... up to 66 more rows
   #  5 more cases
```

Alle Variablen außer der Variable *baseline* sind nun in unseren Datenframe (*Wellbeing_Daten*) überführt.[3] Nun erstellen wir für die sechs dort enthaltenen Fälle (mit den Fallnummern 11 bis 16) Plots, in die wir auch die jeweiligen Phasen-Trends einzeichnen (damit die x-Achsenbeschriftungen nicht übereinander geplottet werden, lassen wir mit dem Argument xinc = 2 nur jeweils jeden zweiten Messzeitpunkt ausgeben).

```
plot(Wellbeing_Daten, lines = list("trend", col = "red"), style = neuer_stil,
    main = "Ergebnisse aus einer Meditationsstudie (Ausschnitt)", xinc = 2)
```

▶*Abbildung 9.7* zeigt die Ergebnisse. Jeweils 2 der 6 Teilnehmer*innen haben Baselines von einer, zwei oder drei Wochen durchlaufen (Phase A), bevor das Meditationstraining begann (Phase B).

3 In der Variable *baseline* steht in der Originaldatei noch die Länge der Baseline. Wir haben diese Variable in der Datendatei belassen, als Illustration dafür, dass man die Datendateien nicht unbedingt maßschneidern muss, bevor man Teile daraus in einen scdf (single case data frame) überführt.

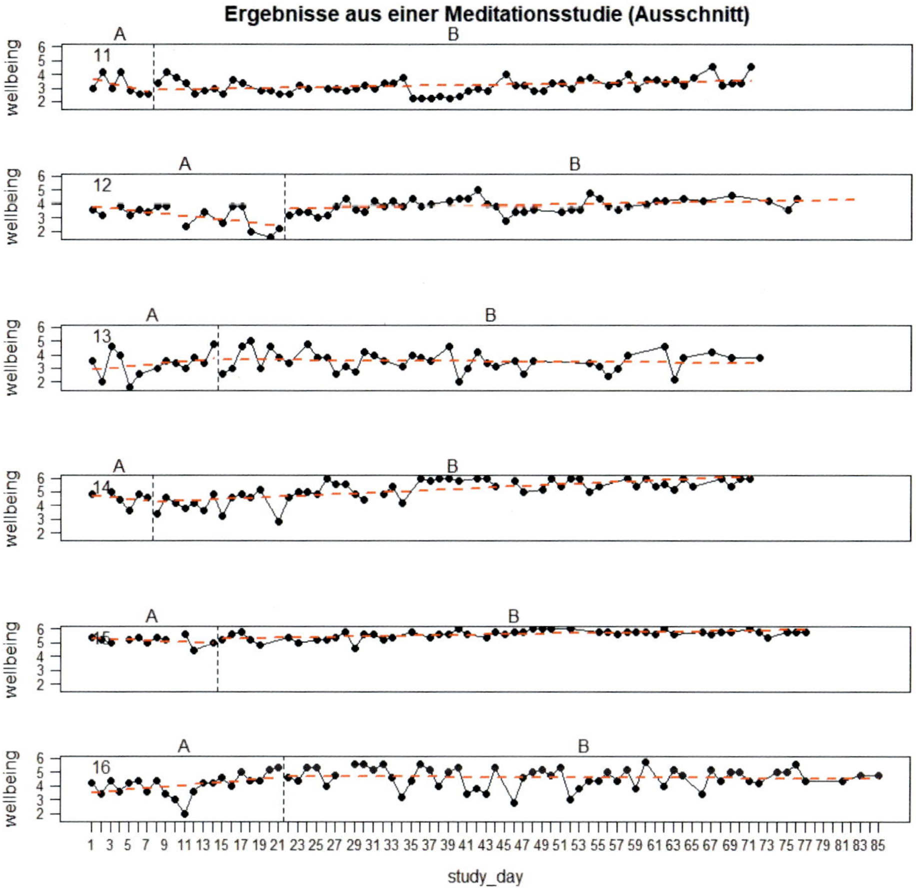

Abbildung 9.7: Ein kleiner Ausschnitt aus den Ergebnissen einer Meditationsstudie mit einem Multiple-Baseline Design (Matko et al., 2021).

In ▶*Abbildung 9.7* kann man schon die Grenzen der visuellen Analyse erkennen. Sechs Fälle auf einmal darzustellen führt, zumindest bei dieser Darstellungsweise, zu relativ kleinen Einzelabbildungen, und ohne die eingezeichneten Trendlinien würde man kaum sehen, dass das selbsteingeschätzte Wohlbefinden (*wellbeing*) in der Interventionsphase (Meditation) nie geringer, aber bei manchen Personen merklich höher ist als in der Baselinephase. Solche nicht unmittelbar eindeutigen Ergebnisse findet man nicht selten in Einzelfallstudien.

Eine zusätzliche visuelle Analysemöglichkeit, die sich vor allem bei vielen Werten und großen Schwankungen, wie etwa im Fall 16 ganz unten in ▶*Abbildung 9.7*, anbietet, besteht darin, die Datenreihen zu „glätten".

Geglättete Datenreihen

Sogenannte „Glätter" (smoother) werden häufig zur Analyse von Zeitreihen benutzt. Dabei werden die jeweiligen Datenpunkte durch einen Kennwert ersetzt, der aus dem Datenpunkt und denen davor und danach berechnet wird.[4] Das *scan* Paket stellt auch hierfür einige Möglichkeiten zur Verfügung. Zunächst sehen wir uns den Median-Glätter (Voreinstellung) und den Mittelwerts-Glätter (Argument `FUN = "movingMean"`) an. Je mehr Punkte links und rechts vom aktuellen Punkt zur Berechnung des jeweiligen Medians oder (arithmetischen) Mittelwerts benutzt werden, desto stärker werden die Datenreihen geglättet. Wir benutzen zunächst die Voreinstellung (1 Wert links und 1 Wert rechts vom aktuellen Datenpunkt: Argument `intensity = 1`) und illustrieren dann für den Mittelwerts-Glätter, wie sich die Kurve ändert, wenn wir 2 Nachbarpunkte für die Glättung verwenden. Eine weitere Glättungsmöglichkeit ist die lokale Regression (`FUN = "localRegression"`) ähnlich zur Lowess-Prozedur (siehe Sedlmeier & Renkewitz, 2018, 823 ff.).[5] Zu Letzterem müssen allerdings vollständige Datensätze vorliegen. Das `scan` Paket stellt die Funktion `fill_missing` zur Verfügung, die fehlende Werte linear interpoliert. Wir illustrieren alle drei Glätter anhand unseres Falls 16 aus *Wellbeing_Daten*.

```
WB_Beispiel <- Wellbeing_Daten$`16`

WB_median <- smooth_cases(WB_Beispiel)

WB_mean <- smooth_cases(WB_Beispiel, FUN = "movingMean")

WB_mean2 <- smooth_cases(WB_Beispiel, FUN = "movingMean", intensity = 2)

WB_regr <- smooth_cases(fill_missing(WB_Beispiel), FUN = "localRegression")

Im_Vergleich <- c(WB_Beispiel, WB_median, WB_mean, WB_mean2, WB_regr)

names(Im_Vergleich) <- c("Original", "Median-Glätter+-1",
                         "Mittelwerts-Glätter+-1", "Mittelwerts-Glätter+-2",
                         "Lokale Regression")

plot(Im_Vergleich, xinc = 2)
```

Die geglätteten Datenreihen in ▶*Abbildung 9.8* lassen nun schon eher ein Muster erkennen als das Original. Man sieht auch die für den Median-Glätter typischen längeren Reihen mit gleichen Werten (vor allem bei Variablen mit wenigen Ausprägungen ist das häufig zu beobachten). In diesem Beispiel suggeriert der Median-Glätter zunächst einen Niveauunterschied zwischen Baseline- und Interventionsphase. Allerdings wird auch ein Trend in der zweiten Hälfte der Baselinephase deutlich. Noch deutlicher legen Mittelwerts- und Regressions-Glätter nahe, dass die Werte für das Wohlbefinden schon in der zweiten Hälfte der Baselinephase angestiegen sind, was eher auf die Wirkung der Zeit als der Intervention hindeuten könnte. Dieser Eindruck verstärkt sich noch, wenn die Kennwerte noch stärker geglättet werden (durch Erhöhung der Werte

4 Manchmal werden diese Maße auch als „laufende Mediane" (running medians) oder „laufende Mittelwerte" (running means) bezeichnet.

5 Der Anteil der angrenzenden lokalen Datenpunkte zur Berechnung der lokalen Regression wird durch das Argument `intensity` festgelegt. Die Voreinstellung ist `intensity = 0.2`, was bedeutet, dass die 20 % nächsten Punkte zur Berechnung der lokalen Regressionsgeraden benutzt werden.

für das `intensity` Argument) – vergleiche „Mittelwerts-Glätter +-1“ und „Mittelwerts-Glätter+-2“ in der Abbildung).

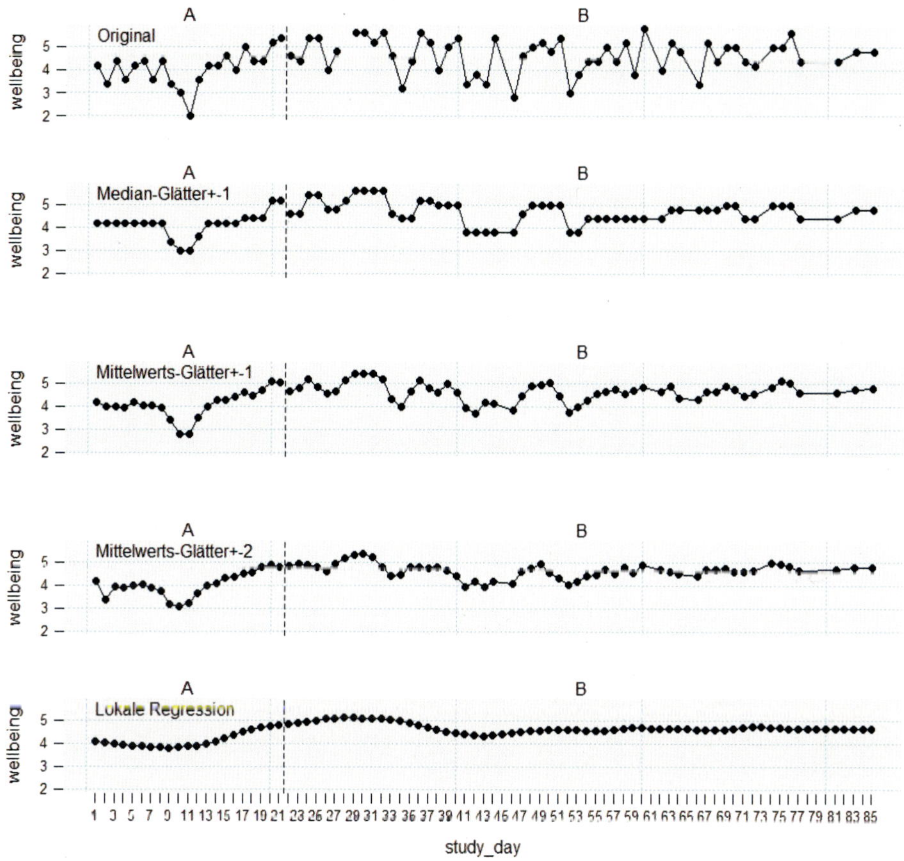

Abbildung 9.8: Geglättete Datenreihen für die Ergebnisse zu Fall 16 aus *Abbildung 9.7*. Mediane und Mittelwerte werden aus jeweils drei oder fünf (Mittelwerts-Glätter+-2) Werten berechnet (Wert selbst und die beiden oder vier Werte links und rechts vom aktuellen Wert)

Das Beispiel in ▶*Abbildung 9.8* illustriert, dass bei der Interpretation eines Ergebnisses in Einzelfallstudien sowohl Niveauunterschiede als auch Trends eine Rolle spielen. Beides kann man sich mithilfe von Effektgrößen genauer ansehen.

9.2 Effektgrößen

Zur Analyse der Effekte in Einzelfallstudien sind die gängigen Effektgrößen für Gruppenvergleiche, wie z. B. *r* und *d* (oder *g*), zum Vergleich von Baseline- und Interventionsphasen nur eingeschränkt geeignet, weil sie unabhängige Messungen und normalverteilte Werte in der Population voraussetzen (Solomon et al., 2015).[6] Insbesondere wenn man annehmen kann, dass Baseline- und Interventionsphasen keine systematischen Trends enthalten, werden solche (etwas modifizierte) Effektgrößen aber durchaus in der Forschung benutzt (siehe Harrington & Velicer, 2015; Maggin et al., 2011; Pustejovsky et al., 2014). Gebräuchlicher sind jedoch mittlerweile Maße, die auf verschiedene Arten das Ausmaß der Überlappung von Messwerten in Baseline- und Interventionsphase ausdrücken.[7] Allerdings gibt es nach wie vor keinen Konsens darüber, was die beste Wahl bei den Überlappungsmaßen ist, wohl aber einige Empfehlungen für spezifische Situationen (Manolov & Moeyaert, 2017; Pustejovsky, 2019 – siehe auch *Abschnitt 9.2.3*). Wir geben zunächst anhand eines Datenbeispiels einen Überblick über solche Maße und sehen uns dann ein spezielles Maß, *Tau-U*, etwas genauer an, alles mit Funktionen aus dem *scan* Paket.

9.2.1 Überblick

Um die Unterschiede zwischen den Effektgrößenmaßen zu demonstrieren, benutzen wir ein Beispiel aus der Literatur, die Werte aus Figure 1 C aus Brossart et al. (2018).[8]

```
Brossart_1C <- scdf(values = c(A = 8, 6, 5, 2, 1, B = 3, 9, 10, 4, 7),
                    name = "")

plot(Brossart_1C,  main = "Figure 1C aus Brossart et al., 2018")
```

Wenn man annimmt, dass positive Werte günstig sind, deutet der Verlauf der Datenpunkte in ▶*Abbildung 9.9* darauf hin, dass die Intervention erfolgreich war. In der Baselinephase (A) gehen die Werte kontinuierlich nach unten und in der Interventionsphase (B) steigen sie deutlich an und scheinen dann um ein vergleichsweise höheres Niveau herum zu variieren. Was sagen die Überlappungsmaße? (Für ausführlichere vergleichende Darstellungen der im Folgenden erläuterten Maße siehe Parker et al., 2011a; Pustejovski, 2019)

6 Die Effektgrößen *d* und *g* werden zwar auch als Ergänzung zum *t*-Test für abhängige Stichproben benutzt, beziehen sich dort jedoch auf die *Differenzwerte* (siehe Sedlmeier & Burkhardt, 2021, 183).

7 Manche Autoren benutzen „Effektmaß“ statt „Effektgröße“ als generellen Term, weil bei Nichtüberlappungsmaßen eben nur das Ausmaß der Nichtüberlappung, jedoch nicht der absolute Unterschied zwischen den Bedingungen gemessen wird (Manolov et al., 2021).

8 Wir beschränken uns bei der Beschreibung von Effektgrößen immer auf zwei Phasen, A und B. Eine Möglichkeit, andere Designs mit mehrfach wiederholten Phasen (z. B. bei einem ABAB Design) zu analysieren, besteht darin, diese zu jeweils einer Phase zusammenzufassen und dann die zusammengefassten Werte zu vergleichen.

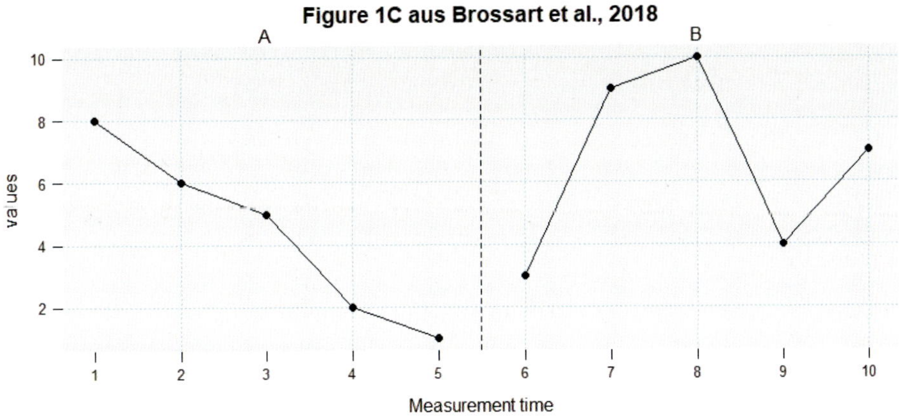

Abbildung 9.9: Daten aus Figure 1C aus Brossart et al. (2018).

Percentage non-overlapping data (PND)

Fangen wir an mit dem vielleicht einfachsten Maß, dem *PND*. Dieses Maß nimmt den höchsten oder niedrigsten Wert in der Baselinephase – je nach (positiver) „Richtung" des verwendeten Maßes – und überprüft, wie hoch der Anteil der Werte in der Interventionsphase ist, die extremer sind als dieser Vergleichswert. In unserem Beispiel ist der höchste Wert in der Baselinephase 8, und 2 von 5 Werten in der Interventionsphase sind höher. Es müsste sich also ein Wert von 40 % ergeben, was auch der Fall ist.

```
pnd(Brossart_1C)

  Percent Non-Overlapping Data
  Case PND Total Exceeds
        40%     5       2

  Mean  : 40 %
```

Das „Mean" deutet darauf hin, dass man mit diesem, wie auch mit allen anderen Koeffizienten, die wir hier diskutieren, mehrere Datenreihen zusammen auswerten kann (siehe unten). Der Wertebereich des PND geht natürlich von 0 (alle Werte in der Interventionsphase sind kleiner als der extremste Wert in der Baselinephase) bis 100 (alle Werte in der Interventionsphase sind größer). Wenn nun kleinere Werte „besser" wären, würden wir einen Wert von 0 erhalten, da nun der extremste Wert in der Baselinephase 1 wäre und alle Werte in der Interventionsphase höher. Die Voreinstellung bei allen Koeffizienten ist, dass höhere Werte „besser" sind (`decreasing = F`). Im umgekehrten Fall muss das Argument auf `T(RUE)` gesetzt werden.

```
pnd(Brossart_1C, decreasing = T)

  Percent Non-Overlapping Data
   Case PND Total Exceeds
        0%     5       0
  Mean  : 0 %
```

Percentage exceeding the median (PEM)

Statt des extremen Wertes könnte man auch einen typischen Wert, wie etwa den Median, als Vergleichsmaßstab benutzen. Genau das macht PEM.

```
pem(Brossart_1C)

   Percent Exceeding the Median
    PEM positives total binom.p
     60         3     5     0.5
   Alternative hypothesis: true probability > 50%
```

Die Funktion `pem` berechnet zusätzlich noch einen Binomialtest (Nullhypothese: Der tatsächliche Anteil von Werten in der Interventionsphase über/unter dem Median der Baselinephase beträgt 50 %).

Percentage exceeding the regression trend (PET)

Während bei PND und PEM zum Vergleich (gedachte) Linien benutzt werden, die parallel zur x-Achse verlaufen, ist bei PET die Vergleichslinie die Regressionsgerade in der Baselinephase. PET ermittelt den prozentualen Anteil der Werte in der Interventionsphase, die über (oder unter, je nach „Richtung") der in die Interventionsphase verlängerten Regressionsgerade liegen.

```
pet(Brossart_1C)

   Percent Exceeding the Trend
   N cases =  1
    PET binom.p PET CI
    100   0.031    100
   Binom.test: alternative hypothesis: true probability > 50%
   PET CI: Percent of values greater than upper 95% confidence threshold
   (greater 1.645*se above predicted value)
```

In unserem Beispiel liegen alle Werte in der Interventionsphase über der (in die Interventionsphase verlängerten) Regressionsgeraden und PET ergibt somit 100 %. Auch hier wird ein Binomialtest (Nullhypothese: 50 % liegen über der Regressionsgeraden) durchgeführt (in unserem Beispiel signifikant bei einem $\alpha = 0.05$), und zusätzlich wird auch noch ein Konfidenzintervall für den gefundenen Anteil berechnet.

Percentage of all non-overlapping data (PAND)

Bei PND und PEM wird immer nur ein Punkt in der Baselinephase (extremster Wert oder Median) als Vergleichswert benutzt. Wenn dieser eine Punkt nicht repräsentativ für die Baselinephase ist, kann die Effektgröße natürlich verfälscht sein. PAND ist ein Versuch, diese potenzielle Beeinträchtigung dadurch auszugleichen, dass zunächst nach der minimalen Anzahl von Punkten gesucht wird, durch deren Entfernung sich die Werte in der Baseline- und der Interventionsphase nicht mehr überlappen. In unserem Beispiel (Abbildung 9.9) wäre das der Fall, wenn man insgesamt vier Punkte entfernen würde (1 und 2 aus der Baselinephase und 6 und 9 aus der Interventionsphase).

PAND wird dann als das Komplement, also der Anteil der Werte, die nicht entfernt wurden, an allen Werten berechnet, in unserem Fall also als 6 von 10 oder 60 %.

```
pand(Brossart_1C)
```

```
Percentage of all non-overlapping data
PAND =  60 %
```

Die pand Funktion berechnet darüber hinaus standardmäßig auch noch einen Chi-Quadrat-Unabhängigkeitstest (Vierfeldertafel: Differenz zwischen den aufgrund der Randhäufigkeiten zu erwartenden und tatsächlich entfernten und nicht entfernten Punkten) und den Phi-Koeffizienten.

```
Φ =  0.2  ; Φ² =  0.04
```

Der Phi-Koeffizient (ϕ) kann wie eine Korrelation zwischen Phase (Baseline versus Intervention) und Ergebnis (Überlappung versus keine Überlappung) interpretiert werden.

Nonoverlap of all pairs (NAP)

Eine weitere Alternative zu den einfachen Nichtüberlappungsmaßen (PND und PEM) ist NAP. Bei diesem Koeffizienten werden tatsächlich alle möglichen Vergleiche zwischen Werten aus der Baseline- und der Interventionsphase durchgeführt. NAP wird berechnet als Anzahl der Vergleiche, bei denen die Werte in der Interventionsphase größer (oder kleiner, je nach „Richtung") sind, geteilt durch die Anzahl aller möglichen Vergleiche.[9] In Vergleiche $n_A \times n_B = 5 \times 5 = 25$.

```
nap(Brossart_1C)
```

```
Nonoverlap of All Pairs
 Case NAP Rescaled Pairs Positives Ties W    p
       72       44    25        18    0 7 0.15
```

Weil der Wert für NAP nur zwischen 50 und 100 variiert (hier: 72), wird er häufig neu skaliert (*Rescaled*: 44), sodass er zwischen 0 und 100 % variieren kann. Der NAP ist inhaltlich äquivalent zur Vergleichsprozedur beim Mann-Whitney U-Test (auch bekannt als Wilcoxon Rangsummentest – siehe Kapitel 8 in Sedlmeier und Burkhardt, 2021) und die Funktion nap liefert deswegen auch gleich den Testwert (*W*) und den *p*-Wert (hier 0.15). Dieser Wert ist bei einem konventionellen α von 5 % nicht signifikant.

9.2.2 Tau-U

Mit Ausnahme des PET betrachten alle bisher diskutierten Effektgrößenmaße nur Niveauunterschiede (ohne Berücksichtigung der absoluten Differenzen), jedoch ohne Berücksichtigung von Trends in den Daten. Das wohl mittlerweile am häufigsten benutzte Nichtüberlappungsmaß, *Tau-U*, bezieht dagegen beide Arten von Effekten, Niveauunterschiede und Trends, mit ein. Diese Effektgröße, der wir uns nun etwas ausführlicher widmen, ist, wie der Name schon nahelegt, eine Kombination von Rang-

9 Sowohl für PAND als auch NAP benutzt das *scan* Paket eine Adjustierung für ranggleiche Werte im Paarvergleich (ties).

korrelation (Kendalls *Tau*) und Niveauvergleich (Mann-Whitney *U*-Test). Durch diese Kombination ergeben sich flexible Auswertungsmöglichkeiten. Wir sehen uns zunächst die ursprünglichen Varianten von *Tau-U* an, und dann eine modifizierte Version.

Tau-U: ursprüngliche Varianten

Die Grundlage für die Berechnung aller *Tau-U* Varianten sind gerichtete Paarvergleiche: Es wird sukzessive (beginnend mit dem ersten Wert der Baselinephase) verglichen, ob die jeweils folgenden Werte größer, gleich oder kleiner sind als die vorausgehenden. Die Anzahl der jeweiligen Werte (größer, gleich, kleiner) ist dann die Grundlage für die jeweilige Berechnung (für eine ausführliche Beschreibung siehe Parker et al., 2011b).[10] Dabei werden Baseline- und Interventionsphase sowohl getrennt als auch im Vergleich behandelt, was zu den unterschiedlichen Varianten von *Tau-U* führt. In der ursprünglichen Version von *Tau-U* können, wenn der Baseline-Trend kontrolliert wird, Werte größer als 1 (oder kleiner als –1) resultieren (für ein Beispiel siehe Tarlow, 2017, 434). Parker et al. (2011b) bieten hierfür eine Korrektur an, mit der die Funktion `tau_u` als Voreinstellung arbeitet (`method = "complete"`; wenn man Werte ohne Korrektur haben möchte: `method = "parker"`). Die Funktion `tau_u` verwendet voreinstellungsmäßig Kendalls τ_b, zu dessen Berechnung ranggleiche Werte einbezogen werden (wenn man das nicht möchte: `tau_method = "a"`). Zur Illustration verwenden wir wieder unser Beispiel aus Abbildung 9.9.

```
tau_u_Beispiel <- tau_u(Brossart_1C)

tau_u_Beispiel

  Tau-U
  Method: complete
  Applied Kendall's Tau-b

  Case:
                                Tau SE_Tau    Z     p
  A vs. B                     0.440  0.383 1.15 0.251
  A vs. B - Trend A           0.529  0.262 2.02 0.044
  A vs. B + Trend B           0.328  0.262 1.25 0.212
  A vs. B + Trend B - Trend A 0.511  0.248 2.06 0.040
```

Sehen wir uns die vier Varianten von *Tau-U* nun etwas genauer an (weitere Informationen, wie etwa die Werte für Trend A und Trend B erhält man mit `$table`, in unserem Beispiel also `tau_u_Beispiel$table`). Der einfache Niveauunterschied (*A vs. B*) ist $Tau - U_{\text{A vs. B}} = 0.44$. Wenn man für den Niveauvergleich zwischen Baseline und Intervention den Baseline-Trend kontrollieren möchte, kann man die zweite Variante verwenden: $Tau - U_{\text{A vs. B – Trend A}} = 0.53$. In unserem Beispiel vergrößert sich das *Tau-U* dadurch, was auch Sinn macht. Wenn es keinen Trend in der Baseline gibt, man aber auch an dem Trend in der Interventionsphase interessiert ist, bietet sich die dritte Vari-

10 Um die Berechnung detailliert nachzuvollziehen, kann man sich für ein mittels der Funktion `tau_u` berechnetes Ergebnis die entsprechende Matrix mit `$matrix` ausgeben lassen.

ante an: $Tau - U_{\text{A vs. B + Trend B}} = 0.33$. In unserem Beispiel gibt es keinen positiven Trend in der Interventionsphase, was im Vergleich zu einer Reduktion des Wertes führt. Und schließlich gibt es noch die All-Inclusive-Variante: Wir sind sowohl an einem Niveauunterschied als auch an ansteigenden Werten in der Interventionsphase interessiert, wollen jedoch den Baseline-Trend statistisch kontrollieren: $Tau - U_{\text{A vs. B + Trend B - Trend A}} = 0.51$. Für unser Beispiel wäre wohl $Tau - U_{\text{A vs. B - Trend A}}$ die angemessene *Tau-U* Variante, die auch den höchsten Effekt hat.

Die `tau_u` Funktion führt Signifikanztests mithilfe der Standardnormalverteilung durch (z). Man sieht, dass sowohl $Tau - U_{\text{A vs. B - Trend A}}$ als auch $Tau - U_{\text{A vs. B + Trend B - Trend A}}$ bei einem $\alpha = 0.05$ signifikant sind ($p = 0.044$, bzw. $p = 0.040$).

Korrigiertes Tau

Neben der oben schon angesprochenen Möglichkeit, dass sich ohne Korrektur bei der Kontrolle von Baseline-Trends Werte größer als 1 (oder kleiner als –1) ergeben können, hängt zudem das Ausmaß der Baseline-Korrektur auf die Größe des resultierenden Koeffizienten vom Verhältnis der Länge von Baseline- und Interventionsphase ab. Tarlow (2017) schlägt deswegen eine Alternative vor: das *(baseline)korrigierte Tau* (baseline corrected Tau). Bei dieser Alternative wird der Baseline-Trend nicht über Paarvergleiche (wie in der ursprünglichen *Tau-U* Version), sondern durch die Berechnung einer robusten Regressionsgeraden ermittelt.[11] Ist der so ermittelte Baseline-Trend signifikant, wird der Vergleich von Baseline und Intervention mit den Baseline-Residualwerten durchgeführt. Ansonsten wird $Tau - U_{\text{A vs. B}}$ berechnet. Das *scan* Paket stellt hierfür die Funktion `corrected_tau` zur Verfügung.

```
corrected_tau(Brossart_1C)

  Baseline corrected tau
  Continuity correction applied
                              tau     z    p
  Baseline autocorrelation -1.00 -2.69 <.01
  Uncorrected tau           0.33  1.04  .29
  Baseline corrected tau    0.75  2.51 <.05
  Baseline correction should be applied.
```

Da in unserem Beispiel die Berechnung der robusten Regressionsgeraden ein signifikantes Ergebnis erzielt (*Baseline autocorrelation*: *tau* = –1, $z = -2.69$), wird die Korrektur durchgeführt und wir erhalten nun mit *tau* = 0.75 einen relativ hohen und signifikanten Koeffizienten.

„Metaanalyse" mit Tau-U

Wenn die Funktion `tau_u` als Argument nicht eine, sondern mehrere Datenreihen erhält, berechnet sie zusätzlich zu den Einzelergebnissen auch den mit den jeweiligen Standardfehlern gewichteten Mittelwert aller *Tau-U*s. Dabei werden diese vor ihrer

11 In der Literatur findet man auch Ansätze, die „normale" Regressionsanalyse für die Berechnung von Baseline-Trends zu verwenden. Davon ist jedoch aus vielerlei Gründen abzuraten (für eine überzeugende Illustration der Problematik siehe Parker et al., 2011b).

Mittelung in Fisher-z Werte umgerechnet (siehe *Kapitel 2.1*). Das Overall *Tau-U* ist im Grunde nichts anderes als das Ergebnis einer rudimentären Metaanalyse über alle erhältlichen *Tau-U* Werte. Sehen wir uns das anhand unseres Beispiels aus der Literatur an (siehe *Abschnitt 9.1.3*). Neben dem Overall *Tau-U* werden auch alle Einzelergebnisse ausgegeben. Wir zeigen aus Platzgründen nur zwei davon, die für den ersten Fall (Fall 11) und für den Fall 16, für den wir uns oben schon die geglätteten Werte angesehen haben.

```
tau_u_WB <- tau_u(Wellbeing_Daten)

tau_u_WB
```

```
Tau-U
Method: complete
Applied Kendall's Tau-b

Overall Tau-U
Meta-anlysis model: random effect

                          Model Tau_U     se    z        p
                         A vs. B 0.446 0.1012 4.41 1.04e-05
               A vs. B - Trend A 0.233 0.0618 3.77 1.61e-04
               A vs. B + Trend B 0.310 0.0847 3.66 2.55e-04
     A vs. B + Trend B - Trend A 0.303 0.0882 3.43 5.97e-04

Case: 11
                                 Tau SE_Tau     Z     p
A vs. B                        0.094  0.243 0.385 0.700
A vs. B - Trend A              0.053  0.104 0.513 0.608
A vs. B + Trend B              0.225  0.088 2.552 0.011
A vs. B + Trend B - Trend A 0.230  0.088 2.617 0.009
...

Case: 16
                                 Tau SE_Tau    Z     p
A vs. B                        0.453  0.155 2.93 0.003
A vs. B - Trend A              0.226  0.093 2.44 0.014
A vs. B + Trend B              0.153  0.084 1.83 0.067
A vs. B + Trend B - Trend A 0.119  0.082 1.46 0.145
```

Die Metaanalyse für $Tau - U_{\mathrm{A\ vs.\ B}}$ erzielt den höchsten Wert (0.45). Das wäre der passende Wert, wenn wir nur am Niveauunterschied zwischen Baseline- und Interventionsphase interessiert wären und in den 6 Fällen kein Baseline-Trend vorläge. Wenn man sich die Trends für alle sechs Fälle ansieht (in unserem Beispiel mit `tau_u_WB$table`) wird deutlich, dass der Baseline-Trend nur für Fall 16 bei einem konventionellen $\alpha = 0.05$ signifikant wird. Das gemittelte $Tau - U_{\mathrm{A\ vs.\ B}}$ wäre also fast das richtige Maß für die Metaanalyse – fast, weil Fall 16 angesichts des Baseline-Trends nicht mit den anderen Fällen vergleichbar ist. Nach der Logik, die auch beim korrigierten Tau verwendet wird (Baseline nur kontrollieren, wenn der Trend signifikant ist), sollte man jedoch in so einem Fall eine Vorauswahl hinsichtlich der Art der verwendeten *Tau-Us* treffen und erst dann die Effekte zusammenfassen (siehe *Abschnitt 9.5*).

9.2.3 Effektgrößenmaße im Vergleich

Wann welche Effektgröße?

Wir haben gesehen, dass sich die unterschiedlichen Effektgrößen für unser Beispiel aus Abbildung 9.9 zum Teil deutlich voneinander unterscheiden. Welche Effektgröße sollte man also verwenden? Die generelle Antwort ist, dass die Wahl von der Fragestellung abhängt. Wenn es darum geht, herauszufinden, wie stark der Trend in der Interventionsphase von dem in der Baselinephase abweicht, ist die eindeutige Empfehlung der PET. Diese Frage wird jedoch isoliert in der Forschung vermutlich relativ selten gestellt. Weit häufiger wird es darum gehen herauszufinden, ob die Intervention überhaupt eine Wirkung hat, wie ausgeprägt also der Niveauunterschied zwischen Baseline- und Interventionsphase ist. Zur Untersuchung dieser Fragestellung bieten sich die meisten oben vorgestellten Verfahren an. Angesichts seiner Robustheit kann in diesem Fall am ehesten der (neuskalierte) NAP empfohlen werden. Aber auch $Tau - U_{\text{A vs. B}}$ wäre wohl eine gute Option.

Anders sieht die Sache aus, wenn sich ein Trend in der Baselinephase zeigt (oder wenn a priori einer erwartet wird) und dieser statistisch kontrolliert werden sollte, was in dem Fall wohl fast immer Sinn macht. Hier ist auf den ersten Blick das korrigierte Tau die beste Option. Allerdings hängt in der ursprünglichen Version (Tarlow, 2017 – und offensichtlich auch im *scan* Paket) die Entscheidung für oder gegen eine Korrektur davon ab, ob der Baseline-Trend signifikant wird oder nicht. Das könnte jedoch insbesondere bei kurzen Baselines ein Problem sein (geringe Power). Eine Alternative wäre hier wieder $Tau - U_{\text{A vs. B – Trend A}}$ mit Einhaltung der Obergrenzen (Voreinstellung der Funktion `tau_u`). Bei Letzterem könnte man zusätzlich oder alternativ zum Signifikanztestergebnis einen Cut-off-Wert für das Ausmaß des Trends in der Baselinephase festlegen und die Trendkorrektur nur durchführen, wenn dieser Wert überschritten wird. Wenn jedoch auch wichtig ist, ob die Werte während der Interventionsphase ansteigen, ob es also einen Trend in der B-Phase gibt, dann bleibt von den oben beschriebenen Effektgrößenmaßen nur eines: $Tau - U_{\text{A vs. B + Trend B}}$. Der Gebrauch dieses Maßes setzt allerdings voraus, dass kein Trend in der Baselinephase vorhanden ist. Ist das doch der Fall, sollte $Tau - U_{\text{A vs. B + Trend B – Trend A}}$ berechnet werden. In der Literatur gibt es mittlerweile einige Versuche, die beste Art von Effektgrößen systematisch auszuwählen (Fingerhut et al., 2021). Für unser Beispiel (Abbildung 9.9) bieten sich dieser Argumentation zufolge angesichts des ausgeprägten Trends in der Baselinephase und des fehlenden Trends in der Interventionsphase $Tau - U_{\text{A vs. B – Trend A}}$ oder das korrigierte Tau an. In jedem Fall muss die Auswahl der Effektgröße gut begründet werden.

Die Interpretation von Effektgrößen in der Einzelfallanalyse

Es sollte deutlich geworden sein, dass die Effektgrößen in der Einzelfallanalyse nicht direkt mit den in der konventionellen Gruppenforschung verwendeten vergleichbar sind. Selbst Standardabweichungsmaße wie etwa das (modifizierte) Hedges` g[12] fallen bei Anwendung in der Einzelfallanalyse in der Regel deutlich höher aus (wegen der Abhängigkeit der Messwerte). Viele andere Maße bewegen sich zwar (mit vereinzelten Ausnahmen) in denselben Grenzen wie die übliche Korrelation (zwischen –1 und +1) oder in einem Wertebereich von 0 bis 1 (oder 0 bis 100), was aber nicht heißt, dass diese Werte direkt mit entsprechenden Ergebnissen aus Gruppenstudien verglichen werden könnten. Es liegen einige Empfehlungen für Beurteilungsmaßstäbe (benchmarks) vor (z. B. Vannest & Ninci, 2015), die jedoch nicht generell verwendbar sind, sondern in ihrem jeweiligen Kontext gesehen werden sollten (Vannest & Sallese, 2021). In den meisten Fällen sind Vergleiche von Effektgrößen aus Einzelfall- und Gruppenstudien auch nicht sehr sinnvoll. Vergleiche von Einzelfallergebnissen sind jedoch problemlos; und je mehr Ergebnisse zu einem Forschungsbereich vorliegen, desto leichter wird es sein, Kriterien dafür festzulegen, was als kleiner, mittlerer oder großer Effekt gelten kann.[13]

9.3 Resampling-Verfahren

Wie schon erwähnt, eignen sich konventionelle inferenzstatistische Verfahren nicht gut für die Analyse der Ergebnisse von Einzelfallstudien. Trotzdem kann man auch in diesem Fall Inferenzstatistik betreiben. Hierzu eignen sich insbesondere Resampling-Verfahren (siehe *Kapitel 3*), weil sie ohne für diesen Fall problematische Vorannahmen auskommen, wie etwa Verteilungsannahmen und Annahmen über Varianzhomogenität. Außerdem führen serielle Abhängigkeiten nicht dazu, dass das Ergebnis nicht mehr interpretiert werden kann.

9.3.1 Randomisierungstests

Das *scan* Paket enthält einen Randomisierungstest (Funktion `rand_test`), der sowohl für einzelne Fälle als auch für mehrere Fälle in einem Multiple-Baseline Design verwendbar ist (basierend auf Bulté & Onghena, 2009; zur Logik von Randomisierungstests siehe *Kapitel 3*). Er testet auf Mittelwertsunterschiede oder Unterschiede in den Medianen zwischen Baseline- und Interventionsphasen. Wir verwenden hier zur Demonstration die Voreinstellungen der Funktion (u. a., dass auf den Mittelwertsun-

12 Mithilfe des Pakets *scan* kann man auch Hedges` *g* berechnen. Dazu wird die Funktion `overlap` benutzt, die insgesamt 12 unterschiedliche Effektgrößen (inklusive der oben besprochenen) erzeugt:

```
ES <- overlap(Brossart_1C)
ES$overlap$Hedges_g
  0.6698502
```

13 Man sollte nicht vergessen, dass die in Gruppenstudien oft verwendeten Kriterien von Cohen (1988) auch nur Plausibilitätscharakter haben und dass die relative Größe von Effektgrößen immer in Abhängigkeit vom Fachgebiet interpretiert werden sollte.

terschied zwischen Interventions- und Baselinephase getestet wird).[14] Ein solcher Test ist natürlich nur sinnvoll, wenn man annehmen kann, dass die Daten entweder keinen Trend enthalten oder der Trend aus theoretischen Gründen keine Rolle spielt. Für den Fall 16 aus unserem Literaturbeispiel (Abbildung 9.8) wäre ein solcher Test wenig sinnvoll, weil der Trend in der Baselinephase die Interpretation eines Mittelwertsunterschiedes erschwert. Wir nehmen deswegen zur Illustration des Verfahrens den Fall 12 aus ▶*Abbildung 9.7*. Hier ist zwar auch ein leichter Trend in der Baselinephase erkennbar, jedoch in Richtung eines abnehmenden Effekts. Ein entsprechender Mittelwertsvergleich liefert in diesem Fall ein eher konservatives Ergebnis (Unterschätzung des tatsächlichen Interventionseffekts). Zusätzlich zum Signifikanztestergebnis lassen wir uns (mittels des Arguments `graph = T`) auch die entsprechende Stichprobenverteilung ausgeben (▶*Abbildung 9.10*).

```
Fall_12 <- Wellbeing_Daten$`12`

rand_test(Fall_12, graph = T)

   Randomization Test
   Comparing phase A against phase B
   Statistic:  Mean B-A
   Minimal length of each phase: A = 5 , B = 5
   Observed statistic =  0.7555233
   Warning! The assigned number of random permutations exceeds the number
   of possible permutations.
   Analysis is restricted to all possible permutations.
   Distribution based on all 54 possible combinations.
   n   =  54
   M   =  0.5251436
   SD  =  0.1761441
   Min =  0.1598039
   Max =  0.8170426
   Probability of observed statistic based on distribution:
   p   =  0.1296296
   Shapiro-Wilk Normality Test: W = 0.968; p = 0.161  (Hypothesis of
   normality maintained)
   Probabilty of observed statistic based on the assumption of normality:
   z = 1.3079, p = 0.0955 (single sided)
```

Bei einem konventionellen α von 5 % kann die Nullhypothese (die Mittelwerte von Interventions- und Baselinephase unterscheiden sich nicht) nicht verworfen werden ($p = 0.13$). Die Funktion `random_test` überprüft auch, ob sich die Stichprobenverteilung signifikant von einer Normalverteilung unterscheidet, was in diesem Fall nicht zutrifft. Wenn man die Normalverteilung als Prüfverteilung verwendete, wäre der entsprechende Test (ein z-Test) aber auch nicht signifikant ($p = 0.096$, einseitig).

14 Als Besonderheit von Einzelfallstudien wird in der Literatur auch immer wieder mal die Autokorrelation der Daten über die Zeit hinweg thematisiert. Allerdings sind die Meinungen darüber, ob Autokorrelation bei solchen Analysen eine bedeutsame Einflussgröße ist, die bei der Analyse berücksichtigt werden sollte, sehr kontrovers (z. B. Busk & Marascuilo, 1988; Huitema, 1985). Zudem deuten empirische Studien darauf hin, dass das Ausmaß von Autokorrelation in Einzelfallstudien eher vernachlässigbar ist (Shadish & Sullivan, 2011).

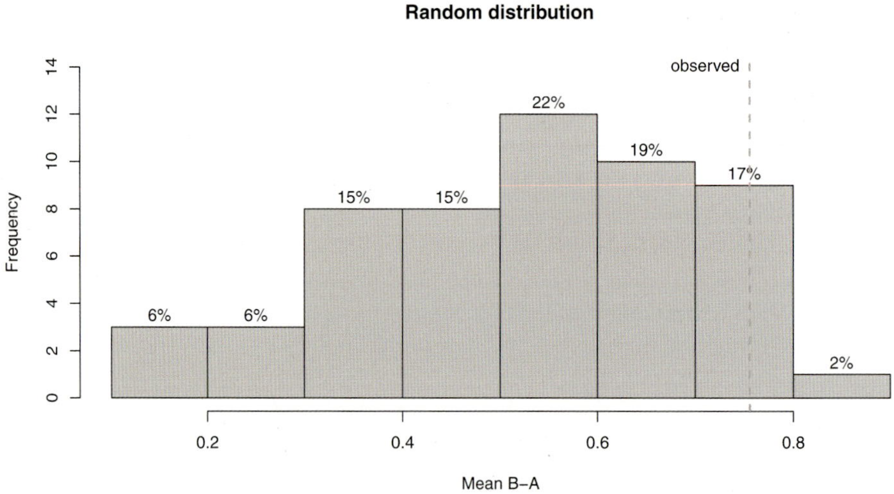

Abbildung 9.10: Stichprobenverteilung für den Randomisierungstest zu Fall 12 (Abbildung 9.8) sowie im Vergleich der empirische Wert (*observed*: dieser Wert – der *p*-Wert – schneidet rechts ungefähr 13 % der Stichprobenverteilung ab).

Die Funktion `rand_test` kann auch auf mehr als einen Fall angewendet werden. Wenn Sie das für die Fälle in ▶*Abbildung 9.7* tun, werden Sie einen ziemlich hohen *p*-Wert erhalten (probieren Sie das aus!). Das liegt daran, dass die Baseline- und Interventionsphasen aller sechs Fälle zusammengenommen betrachtet werden, was wiederum dazu führt, dass Niveauunterschiede, die in diesem Beispiel sehr ausgeprägt sind, den systematischen Effekt überdecken. Sie sollten also, wenn Sie diese Funktion benutzen, mehrere Fälle nur dann zusammenfassen, wenn das Niveau der Werte über die Fälle hinweg vergleichbar ist (oder die Werte vorher so transformieren, dass die Niveaus und vielleicht auch die Ober- und Untergrenzen vergleichbar sind). Insgesamt scheinen uns Randomisierungstests, zumindest in den bislang vorliegenden Versionen, eine eingeschränkt effektive Möglichkeit zur Analyse von Einzelfallstudien zu sein (für alternative Arten von Randomisierungstests siehe Levin et al., 2021).[15] Zur Abschätzung der Power von Randomisierungstests für Multiple-Baseline Designs siehe Bouwmeester & Jongerling (2020).

9.3.2 Bootstrap

Für die Illustration des Bootstraps zur Analyse von Einzelfallergebnissen betrachten wir wieder unseren Fall 12. Wir verwenden die Funktion `boot` (aus dem Paket *boot*), die Sie schon aus *Kapitel 3* kennen. Hierfür benötigen wir jedoch die Daten in der üblichen Form (das Paket *scan* beinhaltet keine eigene Bootstrap-Funktion). Um den Fall 12 aus dem Datensatz *Wellbeing_kurz* auszuwählen, verwenden wir die Funktion `subset`.

15 Es besteht natürlich immer die Möglichkeit, in R mit etwas Programmieraufwand eigene spezifischere Nullhypothesen zu definieren (siehe *Abschnitt 3.1.3* im *Kapitel 3*), was die Teststärke deutlich erhöhen kann.

```
Fall_12 <- subset(Wellbeing_kurz, Wellbeing_kurz$case == 12)
```

Wir brauchen nun zunächst die Funktion, die die eigentliche Arbeit macht. Sie soll für alle Bootstrapstichproben den Mittelwertsunterschied zwischen Interventions- und Baselinephase für die Variable *wellbeing* berechnen.

```
wellbeing_diff <- function(daten, i) {
  d <- daten[i, ]
  Baseline <- d$wellbeing[d$phase == 0]
  Intervention <- d$wellbeing[d$phase == 1]
  mean(Intervention, na.rm = T) -  mean(Baseline, na.rm = T)
}
```

Nun können wir die Funktion boot aufrufen. Damit Sie die Berechnung nachvollziehen können, initialisieren wir wieder den Zufallsgenerator mittels der Funktion seed.

```
library(boot)
```

```
set.seed(169)
```

```
diff_boot <- boot(Fall_12, wellbeing_diff, 10000)
```

Zu guter Letzt sehen wir uns das 95 %-Konfidenzintervall an.

```
boot.ci(diff_boot, type = "perc")
```

```
BOOTSTRAP CONFIDENCE INTERVAL CALCULATIONS
Based on 10000 bootstrap replicates
CALL :
boot.ci(boot.out = diff_boot, type = "perc")
Intervals :
Level     Percentile
95%   ( 0.3864,  1.1573 )
Calculations and Intervals on Original Scale
```

Offensichtlich war der Bootstrap in diesem Fall sensibler als der Randomisierungstest: Das Konfidenzintervall überschreitet den Wert 0 (kein Mittelwertsunterschied zwischen Interventions- und Baselinephase) nicht, entspricht somit einem signifikanten Ergebnis (bei einem zweiseitigen $\alpha = 0.05$).

Wie schon in *Kapitel 3* demonstriert, ist der Bootstrap ein sehr flexibles inferenzstatistisches Instrument und eignet sich etwa auch dazu, für beliebige Effektgrößen (wie die in *Abschnitt 9.2* beschriebenen) ohne Vorannahmen inferenzstatistische Prüfungen durchzuführen.

9.4 Mehrebenenanalyse

Mehrebenenanalysen sind zur Untersuchung von Einzelfällen dann angebracht, wenn relativ viele Ergebnisse vorliegen. Wir illustrieren eine Möglichkeit der in R verfügbaren Verfahren und beschränken uns auf den einfachsten Fall: ein Prädiktor auf Ebene 1 als fester Effekt und die Niveauunterschiede der Fälle als Zufallseffekt auf der Ebene 2 (für mehr Einzelheiten zur Mehrebenenanalyse siehe *Kapitel 6*).

Als Datengrundlage benutzen wir wieder die 6 Fälle aus ▶*Abbildung 9.7* (aus der Datei *Wellbeing_kurz*). Wir nehmen für unser Beispiel vereinfachend an, dass in der Baselinephase nichts passiert (kein systematischer Trend) und betrachten 3 einfache Hypothesen für den Verlauf der Werte in der Interventionsphase. Die erste Hypothese nennen wir „Sprunghypothese“: Die Intervention wirkt sofort, aber die Werte verändern sich dann nicht mehr. Diese Sprunghypothese ist schon in der Variable *phase* kodiert (als 0 für die Baselinephase und 1 für die Interventionsphase). Die zweite Hypothese ist die „Linearhypothese“: Die Werte in der Interventionsphase steigen linear an. Und die dritte (vielleicht plausibelste) Hypothese in diesem Beispiel ist, dass das Wohlbefinden am Anfang der Interventionsphase zunächst sehr stark ansteigt, sich der Anstieg dann aber abschwächt. Die letzte Hypothese können wir dadurch abbilden, dass wir den Logarithmus aus den Vorhersagewerten für die lineare Hypothese bilden (nur für die Werte in der Interventionsphase, weil wir der Einfachheit halber die Baseline-Werte bei 0 belassen – der Logarithmus von 0 wäre ja minus unendlich). Zunächst erstellen wir die beiden zusätzlichen Prädiktor-Variablen (*linear* und *log*).

```
Wellbeing_kurz$linear <- ifelse(
  Wellbeing_kurz$study_day <= Wellbeing_kurz$baseline, 0,
  Wellbeing_kurz$study_day - Wellbeing_kurz$baseline
  )

Wellbeing_kurz$log <- ifelse(
  Wellbeing_kurz$linear <= Wellbeing_kurz$baseline, 0,
  log(Wellbeing_kurz$linear)
  )
```

Zur Analyse benutzen wir die Funktion `lme` aus dem Paket *nlme* (für den Einsatz eines alternativen R-Pakets zur Mehrebenenanalyse siehe *Kapitel 6*). Bei nur einem Prädiktor können die standardisierten Regressionskoeffizienten als äquivalent zu Korrelationen interpretiert werden – wir hätten also automatisch eine standardisierte Effektgröße. Die bekommen wir, wenn wir die Variablen standardisieren (mit `scale`). Zunächst überprüfen wir die Sprunghypothese.

```
library(nlme)

mehrebenen_0_1_WB <- lme(scale(wellbeing) ~ scale(phase),
                         data = Wellbeing_kurz,
                         na.action = "na.omit",
                         random = ~ 1 | case)

summary(mehrebenen_0_1_WB)
```

```
Fixed effects:  scale(wellbeing) ~ scale(phase)
                     Value Std.Error  DF   t-value p-value
(Intercept)  -0.00891148 0.3525838 368 -0.025275  0.9798
scale(phase)  0.17390593 0.0315070 368  5.519592  0.0000
Number of Observations: 375
Number of Groups: 6
```

Wir haben einen Teil der Ausgabe weggelassen (zur Interpretation umfangreicherer Ausgaben von Mehrebenenanalysen siehe *Kapitel 6*) und sehen uns nur die festen Effekte (*Fixed effects*), also hier nur den Effekt für die Variable *phase* an. Der Fit zwischen Daten und Vorhersage entspricht einem korrelativen Effekt von 0.17. Nun betrachten wir die Linearhypothese.

```
mehrebenen_linear_WB <- lme(scale(wellbeing) ~ scale(linear),
                            data = Wellbeing_kurz,
                            na.action = "na.omit",
                            random = ~ 1 | case)

summary(mehrebenen_linear_WB)
```

```
Fixed effects:  scale(wellbeing) ~ scale(linear)
                      Value Std.Error  DF   t-value p-value
(Intercept)     -0.00742907 0.3479936 368 -0.021348   0.983
scale(linear)    0.22358759 0.0308565 368  7.246035   0.000
```

Der Fit für die Linearhypothese ($\approx r = 0.22$) ist etwas höher als der für die Sprunghypothese. Nun sehen wir uns auch noch die Ergebnisse für die „Logarithmushypothese" an.

```
mehrebenen_log_WB <- lme(scale(wellbeing) ~ scale(log),
                         data = Wellbeing_kurz,
                         na.action = "na.omit",
                         random = ~ 1 | case)

summary(mehrebenen_log_WB)
```

```
Fixed effects:  scale(wellbeing) ~ scale(log)
                   Value Std.Error  DF   t-value p-value
(Intercept) -0.00844885 0.3503923 368 -0.024113  0.9808
scale(log)   0.16463091 0.0325382 368  5.059622  0.0000
```

Die Logarithmushypothese scheint die Daten tendenziell weniger gut zu beschreiben ($\approx r = 0.16$) als die anderen beiden Hypothesen. Angesichts der geringen Anzahl der Fälle (nur 6 Einheiten auf Ebene 2) sind die Ergebnisse allerdings mit großer Vorsicht zu genießen.[16]

Wir haben hier nur eine rudimentäre Analyse gezeigt. Mehrebenenanalysen erlauben es natürlich auch, weitere potenzielle Einflussgrößen statistisch zu kontrollieren und beliebige Moderatoranalysen durchzuführen. Ihr Einsatz lohnt sich streng genommen jedoch erst bei relativ vielen Einzelfällen (für Hinweise zu Mindestzahlen für Messungen auf Ebene 1 und Ebene 2 siehe Maas & Hox, 2004).

9.5 Metaanalyse

Im Grunde war das, was wir in *Abschnitt 9.4* vorgestellt haben, schon eine rudimentäre Metaanalyse. Die Regressionskoeffizienten (dort interpretiert als „Korrelationen")

16 In der Originalstudie (Matko et al., 2021) wurden 42 Fälle in die (deutlich komplexeren) Analysen mit einbezogen.

sind nichts anderes als die über alle Fälle gemittelten Interventionseffekte.[17] Auch Moderatoranalysen können bequem im Rahmen von Mehrebenenanalysen durchgeführt werden (z. B. Declercq et al., 2020). Oft beginnen jedoch Metaanalysen gewissermaßen erst auf Ebene 2 mit den schon berechneten Effektgrößen. Auch diesen Fall haben wir in *Abschnitt 9.2.2* schon kennengelernt: eine rudimentäre Metaanalyse mit *Tau-U* Werten. Explorative Moderatoranalysen im weiteren Sinn, also die Suche nach Auswirkungen weiterer potenzieller Einflussfaktoren auf die Größe der Effekte, lassen sich sehr einfach mithilfe von Regressionsanalysen (mit den Effektgrößen als Kriteriumsvariable) untersuchen. Selbst bei einer moderaten Anzahl von Effektgrößen (und einer damit einhergehenden geringen Power) kann eine entsprechende explorative Regressionsanalyse sehr nützlich sein (für ein Beispiel siehe Matko et al., 2021).

Wenn man viele Effektgrößen und deren Standardfehler zur Verfügung hat, können aber natürlich auch konventionelle Metaanalysen berechnet werden (siehe *Kapitel 2*). Dazu benötigt man jedoch eben auch Schätzungen der Standardfehler (oder anderer Gewichtungen) für die entsprechenden Effektgrößen. Solche Schätzungen sind kein Problem für herkömmliche Effektgrößen wie etwa r, d oder g, die jedoch, wie schon erwähnt, nicht ohne Weiteres in der Einzelfallanalyse eingesetzt werden sollten. Standardfehler können jedoch, wie schon in *Abschnitt 9.2.2* demonstriert, auch für *Tau-Us* berechnet werden.[18] Hierzu wäre es jedoch, wie ebenfalls bereits erwähnt, angebracht, eine Vorauswahl der verschiedenen Versionen von *Tau-U* zu treffen. Man könnte, wenn es beispielsweise darum geht, Niveauunterschiede zwischen Baseline- und Interventionsphase zu quantifizieren, zunächst überprüfen, ob ein Baseline-Trend vorliegt, und den Effekt nur in diesem Fall kontrollieren. Die in der Metaanalyse eingesetzten Effektgrößen wären also beispielsweise eine Mischung aus $Tau - U_{\mathrm{A\ vs.\ B}}$ und $Tau - U_{\mathrm{A\ vs.\ B\ -\ Trend\ A}}$. Analog könnte man verfahren, wenn auch der Trend in der Interventionsphase eine Rolle spielt. Bislang existiert allerdings noch kein Konsens darüber, was die beste metaanalytische Methode für die Zusammenfassung von Effektgrößen aus Einzelfalldesigns ist. Für einen Überblick zum aktuellen Stand der Forschung zu diesem Thema siehe Chen und Pustejovsky (2021).

17 Tatsächlich benutzt auch das Paket *metaphor* (Viechtbauer, 2010) zur Metaanalyse Techniken aus der Mehrebenenanalyse (siehe auch Sedlmeier & Renkewitz, 2018, 811-812).

18 Auch für das korrigierte *Tau* schlägt Tarlow (2017, 442) eine konservative Schätzung für den Standardfehler vor.

Zusammenfassung

Welche Möglichkeiten bietet R zur Auswertung von Ergebnissen aus Einzelfallstudien? Unser Eindruck ist, dass kein anderes Statistikprogramm eine solche Flexibilität an entsprechenden Verfahren zur Verfügung stellt wie R. Wir demonstrieren diese Vielfalt zunächst anhand zahlreicher Verfahren für die visuelle Analyse und die Berechnung von Effektgrößen für die Einzelfallanalyse. Dabei konzentrieren wir uns auf das *scan* Paket. Danach zeigen wir, wie man Randomisierungstests und Bootstrap-Analysen für Einzelfallergebnisse durchführen kann, und empfehlen insbesondere den Bootstrap als inferenzstatistische Methode der Wahl. Wenn viele Einzelfallergebnisse vorliegen, können auch Mehrebenenanalysen und/oder Metaanalysen für Einzelfallergebnisse durchgeführt werden. Dazu eignen sich Verfahren, die in *Kapitel 2* und *Kapitel 6* ausführlicher beschrieben werden.

Die R-Funktionen in diesem Kapitel

In diesem Kasten stellen wir Ihnen die Funktionen, die wir in diesem Kapitel benutzt haben, noch einmal zusammen. Dabei lassen wir aus Gründen der Überschaubarkeit die Argumente weg (die Argumente der jeweiligen Funktionen und deren mögliche Belegungen erhalten Sie immer durch die Eingabe von `?funktionsname`). Wenn Funktionen nicht aus dem Standard-R stammen, dann werden sie zusammen mit dem Paket, aus dem sie stammen, aufgelistet (`Paket::Funktion`).

Funktion	Kurze Beschreibung
`scan::corrected_tau`	Berechnet (baseline)korrigiertes Tau
`scan::nap`	Berechnet NAP
`scan::plot`	Erstellt Plots für `scdf` Objekte
`scan::pand`	Berechnet PAND
`scan::pem`	Berechnet PEM
`scan::pet`	Berechnet PET
`scan::pnd`	Berechnet PND
`scan::rand_test`	Führt Randomisierungstest für Einzelfalldaten durch
`scan::readSC`	Liest Daten ein und erstellt `scdf` Objekte
`scan::scdf`	Erstellt data.frames für die Anwendung von Funktionen aus dem *scan* Paket
`scan::smooth_cases`	Berechnet geglättete Werte
`scan::style_plot`	Erstellt Formate für die Gestaltung von grafischen Ausgaben von `scdf` Objekten
`scan::tau_u`	Berechnet *Tau-U*

Ergänzende und weiterführende Literatur

Kapitel 30 in Sedlmeier, P. & Renkewitz, F. (2018). *Forschungsmethoden und Statistik: Ein Lehrbuch für Psychologen und Sozialwissenschaftler* (3. überarbeitete und erweiterte Auflage). Hallbergmoos: Pearson.

Einige Hintergrundinformationen zu den beschriebenen Verfahren

Barlow, D. H., Nock, M., & Hersen, M. (2009). *Single case experimental designs: Strategies for studying behavior change* (3rd ed). Boston: Pearson.

Profunde und leicht lesbare Einführung in das Thema

Wilbert, J. (2021). *Analyzing single-case data with R and scan. https://jazznbass.github.io/scan-Book/*

Umfangreiche Sammlung von R-Funktionen zur Analyse von Ergebnissen aus Einzelfallstudien

Monte-Carlo Simulationen

10

ÜBERBLICK

Lernziele

Nach dem Durcharbeiten dieses Kapitels sollen Sie eine Vorstellung davon haben, was Monte-Carlo Simulationen sind, welchen Zweck sie haben und wie sie im Prinzip durchgeführt werden können. Sie sollten außerdem in der Lage sein, mithilfe von R

- die illustrierten Simulationen nachzuvollziehen und zu modifizieren und
- nach etwas eigener zusätzlicher Einarbeitung selbst Monte-Carlo Simulationen zu erstellen.

Monte-Carlo Simulationen[1] sind eine Möglichkeit, die Auswirkungen von oft sehr komplexen Zufallsprozessen auf relativ einfache Weise zu untersuchen. Manchmal kann man die Auswirkungen solch komplexer Prozesse auch analytisch ableiten, aber selbst wenn das im Prinzip möglich ist, ist es oft hilfreich, zunächst Simulationen durchzuführen. Dabei muss es sich nicht unbedingt um genuine Zufallsprozesse handeln. Oft können Bestandteile komplexer Prozesse (wie etwa das Wetter, Börsenkurse oder die Ausbreitung eines pandemischen Virus) in guter Annäherung als Zufallsprozesse betrachtet werden. Häufig befassen sich Monte-Carlo Simulationen damit, was passiert, wenn bestimmte wichtige Kenngrößen geändert werden. Wie ändert sich das Klima, wenn der CO_2-Ausstoß in den nächsten 10 Jahren um einen festgelegten Anteil sinkt? Wie verhalten sich Aktienkurse, wenn die wirtschaftliche Entwicklung in eine bestimmte Richtung geht? Wie stark steigen die Inzidenzen von Virusinfektionen, wenn Vorsichtsmaßnahmen in unterschiedlichen Ausmaßen eingehalten werden? Um solche Simulationen sinnvoll durchführen zu können, ist natürlich eine profunde Kenntnis des jeweiligen Sachgebiets notwendig.

In diesem Kapitel befassen wir uns ausschließlich mit Monte-Carlo Simulationen zu statistischen Sachverhalten, aber was Sie hier lernen, können Sie natürlich auch als Rüstzeug für komplexere Simulationen benutzen (siehe dazu beispielsweise Robert & Casella, 2010). Wenn Sie in der psychologischen Literatur nach Monte-Carlo Simulationen suchen, finden Sie die nicht immer unter dieser Bezeichnung. Tatsächlich werden Monte-Carlo Simulationen aber in vielen Fachzeitschriften beschrieben, insbesondere solchen mit methodischen Bezügen. Hier nur einige wenige willkürlich ausgewählte Beispiele: Schon früh konnte beispielsweise Boneau (1960) mithilfe von Simulationen feststellen, dass der *t*-Test relativ robust auf die Verletzung von Verteilungsannahmen (Normalverteilung in der Population) reagiert, dass also das tatsächliche Signifikanzniveau (α, oder der Fehler 1. Art) meist nahe an den theoretisch zu erwartenden ist. Snook und Gorsuch (1989) untersuchten, wie gut zwei Verfahren der explorativen Faktorenanalyse (siehe dazu Sedlmeier & Burkhardt, 2021) latente

1 Der Name hängt natürlich mit der berühmten Spielbank in Monte Carlo zusammen und wurde als Codename für ein geheimes Projekt im Zusammenhang mit der Entwicklung der ersten Atombombe „erfunden“, weil der Onkel eines der Beteiligten (Stan Ulam) immer zum Spielen nach Monte Carlo ging (Metropolis, 1987, 127).

Variablen in der Population reproduzieren, Mewhort (2005) verglich den *F*-Test für Mittelwertsunterschiede mit einem entsprechenden Randomisierungstest (siehe *Kapitel 3*) bei nicht symmetrischen Werteverteilungen, Bishara & Hittner (2012) benutzten Monte-Carlo Simulationen, um die Güte unterschiedlicher Arten von Korrelationskoeffizienten zu vergleichen, und McShane et al. (2016) untersuchten die Brauchbarkeit von Methoden, die den Publikationsbias in Metaanalysen ausgleichen sollen.

Generell dienen Monte-Carlo Simulationen zur Modellierung und damit zum Verständnis komplexer zufallsbasierter Prozesse, zur Generierung von Vorhersagen, und zur Bewertung statistischer Verfahren. Sie können aber auch sehr gewinnbringend als Lehr-Lernmethode zum Verständnis statistischer Gesetzmäßigkeiten eingesetzt werden. Unser erstes Beispiel befasst sich mit einer solchen Gesetzmäßigkeit. Ihre Aussagekraft gewinnen Monte-Carlo Simulationen dadurch, dass sie nicht die Ergebnisse einzelner, sondern aggregierter Ergebnisse aus Zufallsprozessen beschreiben. Ein triviales Beispiel: Das Ergebnis eines einzelnen Münzwurfs kann nicht vorhergesagt werden (natürlich abgesehen davon, dass man weiß, dass es entweder Kopf oder Zahl sein wird), aber wenn viele Münzwürfe durchgeführt werden, kann man (bei steigender Sicherheit mit steigender Anzahl der Würfe) vorhersagen, dass die Münze in etwa der Hälfte der Würfe auf „Zahl" fallen wird.

10.1 Beispiel 1: Empirische *t*-Verteilungen

Sie kennen sicher die *t*-Verteilung und haben möglicherweise auch schon mal von nichtzentralen *t*-Verteilungen gehört. Man kann solche Verteilungen mathematisch ableiten und beschreiben. Hier probieren wir einfach mal aus, was passiert, wenn man das „Rezept" für die Entstehung von *t*-Verteilungen anwendet. Wir benutzen hierfür den Fall von Mittelwertsunterschieden für zwei unabhängige Stichproben (für die konventionelle Behandlung von *t*-Verteilungen mit R siehe Sedlmeier & Burkhardt, 2021).

10.1.1 Zentrale empirische *t*-Verteilungen

Zunächst generieren wir eine sogenannte *zentrale* *t*-Verteilung, wie Sie sie aus Statistikbüchern (vor allem von den Tabellen zum Signifikanztesten) kennen. Sie ist symmetrisch um ihren Mittelwert von 0 verteilt und hat eine Standardabweichung, die etwas größer ist als die der Standardnormalverteilung (die ist 1, wie Sie sicher wissen). Um wie viel größer die Standardabweichung der zentralen *t*-Verteilung ist, hängt von der Stichprobengröße ab. Diesen Einfluss der Stichprobengröße auf die Form von *t*-Verteilungen werden wir uns gleich ansehen.

Im Fall des Mittelwertsvergleichs zweier unabhängiger Stichproben entsteht die *t*-Verteilung aus unendlich vielen *t*-Werten, die aus jeweils zwei Stichproben aus zwei Normalverteilungen berechnet werden, je eine für die Population A und eine für die Population B:

$$t = \frac{\bar{x}_A - \bar{x}_B}{\hat{\sigma}_{\bar{x}_A - \bar{x}_B}}$$

Wir beschränken uns hier auf den Fall zweier gleich großer Stichproben ($n_A = n_B = n$), für den gilt:

$$\hat{\sigma}_{\bar{x}_A - \bar{x}_B} = \sqrt{\frac{\hat{\sigma}_A^2 + \hat{\sigma}_B^2}{n}}$$

Aus diesem „Rezept" für die *t*-Verteilung erstellen wir die Funktion `t.wert_unabh`. Bei Monte-Carlo Simulationen „wissen" wir – im Gegensatz zu Resampling-Verfahren (siehe *Kapitel 3*) – immer schon, wie die Kennwerte in der Population oder den Populationen aussehen, wir geben also in unserem Fall den Unterschied zwischen den Populationsmittelwerten vor. Für die Simulation benutzen wir Standardnormalverteilungen, aus denen wir mit der Funktion `rnorm` im Prinzip beliebig viele Werte zufällig ziehen können. Damit können wir den vorgegebenen Populationseffekt sehr einfach als standardisierten Mittelwertsunterschied definieren – wir nennen das entsprechende Argument `delta`.[2] (Eine kurze Einführung in das Erstellen von R-Funktionen finden Sie in *Kapitel 3, Abschnitt 3.1.1*)

```
t.wert_unabh <- function(n, delta = 0) {
  A <- rnorm(n)
  # Ziehung aus einer Standardnormalverteilung (mu = 0)
  B <- rnorm(n, delta)
  # Ziehung aus einer Normalverteilung mit mu = delta und sigma = 1
  se <- sqrt((var(A) + var(B)) / n)
  (mean(B) - mean(A)) / se
}
```

Es lohnt sich oft, sofort zu überprüfen, ob Funktionen auch plausible Werte liefern. Wenn kein Unterschied zwischen den zwei Populationen besteht, sollte der Mittelwert der *t*-Werte 0 sein (unabhängig von *n*) und die Standardabweichung der Werte sollte mit steigendem *n* kleiner werden.[3] Wir benutzen für diesen Check die Funktion `replicate`, die die Funktion `t.wert_unabh` wiederholt (hier 10.000 Mal) aufruft.

```
t_check_10 <- replicate(10000, (t.wert_unabh(10)))

t_check_200 <- replicate(10000, t.wert_unabh(200))

mean(t_check_10)

   -0.002293587

mean(t_check_200)

   0.006577114

sd(t_check_10)

   1.052563
```

2 Wenn man einem Argument bei der Funktionsdefinition einen Wert zuweist (wie `delta = 0` in unserem Fall), dann wird dieser Wert automatisch benutzt, wenn man das Argument bei der Eingabe nicht spezifiziert

3 Sie erinnern sich vermutlich an den zentralen Grenzwertsatz: Mit steigender Stichprobengröße nähert sich jede gebräuchliche Stichprobenverteilung der Normalverteilung an. Bei standardisierten Stichprobenverteilungen ist das die Standardnormalverteilung mit einer Standardabweichung von 1.

```
sd(t_check_200)
```

```
  1.008101
```

Das sieht also schon mal ganz vernünftig aus. Wir könnten in diesem Beispiel bei der Funktion `replicate` bleiben, um Werte für unterschiedliche *t*-Verteilungen zu sammeln, aber bei komplexeren Simulationen kann diese Funktion etwas sperrig sein. Deswegen erstellen wir gleich eine eigene Funktion, die die *t*-Werte sammelt. Wir verwenden hierfür die `for`-*Schleife*, die Sie schon in *Kapitel 3* kennengelernt haben. Wie Sie sich sicher erinnern, benutzt die `for`-*Schleife* eine „Laufvariable“ (*i*): `for (i in 1 : k)`, was bedeutet, dass die nachfolgende(n) Aktion(en) *k*-mal durchgeführt werden. Die Ergebnisse eines Durchführungsschrittes können in einer oder mehreren Variablen gespeichert werden, wenn die Laufvariable `[i]` an den Variablennamen angehängt wird.

```
t_sammler <- function(k, n, d) {
  sammler <- c()
  # die Variable sammler muss erst mal initialisiert werden
  # am Anfang sollte das eine leere Liste sein
  for (i in 1 : k) {
    sammler[i] <- t.wert_unabh(n, d)
    # hier könnten noch beliebig viele andere Anweisungen stehen
  }
  sammler
  # Ergebnis der Funktion (da sind die t-Werte drin)
}
```

Wir ziehen nun jeweils 100.000 Stichproben für zentrale *t*-Verteilungen (`delta = 0`) mit Gruppengrößen von 5 und von 500 und zeichnen die beiden empirischen Stichprobenverteilungen (▶*Abbildung 10.1*).[4]

```
par(mfrow = c(2, 1))

t_zentrl_5 <- t_sammler(100000, 5, 0)

t_zentrl_500 <- t_sammler(100000, 500, 0)

Intervalle <- seq((min(c(t_zentrl_5, t_zentrl_500)) - 0.1),
                  (max(c(t_zentrl_5, t_zentrl_500)) + 0.1), by = 0.05)

# die t-Werte werden in Schritten von 0,05 Einheiten gezeichnet

# t und n werden in der Überschrift kursiv gesetzt

hist(t_zentrl_5, xlim = c(-4, 4), breaks = Intervalle, xlab = "t-Werte",
     ylab = "Häufigkeiten", main = expression(
       paste("Zentrale ", italic("t"), "-Verteilung mit ", italic("n"),
             "= 5")))

abline(v = c(-2, 2))
```

4 Sie wissen sicher, dass *t*-Verteilungen üblicherweise nicht mit *n*, sondern mit Freiheitsgraden (*df*) angegeben werden. Die Freiheitsgrade werden für die theoretische Herleitung der *t*-Verteilung benutzt. Wir leiten diese Verteilung hier aber gewissermaßen praktisch durch Simulation ab und können so tun, als ob wir noch nie etwas von Freiheitsgraden gehört hätten.

```
hist(t_zentrl_500, xlim = c(-4, 4), breaks = Intervalle, xlab = "t-Werte",
     ylab = "Häufigkeiten", main = expression(
       paste("Zentrale ", italic("t"), "-Verteilung mit ", italic("n"),
             " = 500")))

abline(v = c(-2, 2))
```

Wenn Sie genau hinsehen, werden Sie bemerken, dass die untere empirische Stichprobenverteilung in ▶*Abbildung 10.1* stärker zentriert ist als die obere – die vertikalen Linien, die wir mit `abline(v = c(-2, 2)` eingezeichnet haben, sollten bei diesem Vergleich helfen. Die Unterschiede sehen Sie am leichtesten, wenn Sie die Ränder der Verteilungen vergleichen.

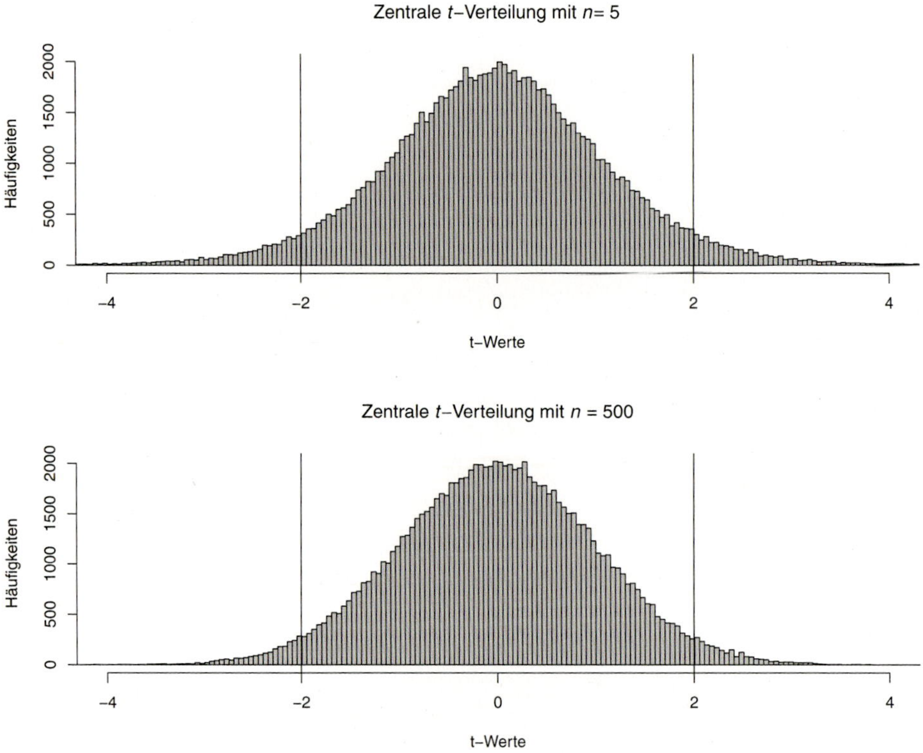

Abbildung 10.1: Empirische zentrale t-Verteilungen mit $n = 5$ pro Gruppe (oben) und $n = 500$ pro Gruppe (unten).

Sehen wir uns einmal an, ab welchem t-Wert bei diesen beiden simulierten Stichprobenverteilungen ein empirisches Ergebnis signifikant wäre (bei einem einseitigen α = 5 %). Das geht mit der Funktion `quantile`, die in unserem Beispiel die oberen 5 % der Verteilung abschneidet und den entsprechenden t-Wert liefert.

```
quantile(t_zentrl_5, 0.95)

   1.865955
```

```
quantile(t_zentrl_500, 0.95)

  1.64745
```

Hier wird deutlich, dass bei höherem n schon ein viel kleinerer t-Wert für ein signifikantes Ergebnis genügt – Sie wissen ja: je größer die Stichprobe, desto höher die Teststärke (Power).

10.1.2 Nichtzentrale empirische *t*-Verteilungen

Was passiert, wenn der Populationseffekt nicht mehr 0 ist? Das können wir nun ohne weitere zusätzliche Funktionen ausprobieren. Zur Illustration verwenden wir zwei unterschiedliche Populationseffekte (*delta*) und Stichprobengrößen. Für die Verteilung oben in ▶*Abbildung 10.2* haben wir *delta* = 2 und $n = 5$ benutzt und für die untere Verteilung *delta* = 0.7 und $n = 50$.

```
t_nichtzentrl_5 <- t_sammler(100000, 5, 2)

t_nichtzentrl_50 <- t_sammler(100000, 50, 0.7)

Intervalle <- seq((min(c(t_nichtzentrl_5, t_nichtzentrl_50)) - 0.1),
              (max(c(t_nichtzentrl_5, t_nichtzentrl_50)) + 0.1), by = 0.05)

# die t-Werte werden in Schritten von 0,05 Einheiten gezeichnet

hist(t_nichtzentrl_5, xlim = c(-3, 10), breaks = Intervalle, xlab = "t-Werte",
     ylab = "Häufigkeiten", main = expression(
       paste("Nichtzentrale ", italic("t"), "-Verteilung mit ", italic("n"),
             " = 5")))

# t und df werden in der Überschrift kursiv gesetzt

hist(t_nichtzentrl_50, xlim = c(-3, 10), breaks = Intervalle, xlab = "t-Werte",
     ylab = "Häufigkeiten", main = expression(
       paste("Nichtzentrale ", italic("t"), "-Verteilung mit ", italic("n"),
             " = 50")))

par(mfrow = c(1, 1))
```

Wie Sie sehen, ist die obere Verteilung nun deutlich asymmetrisch (rechtsschief). Alle nichtzentralen t-Verteilungen sind asymmetrisch, aber bei einigen sieht man es mit bloßem Auge nicht mehr. Das Ausmaß der Asymmetrie hängt von der Größe des Populationseffekts ab (je größer, desto asymmetrischer) und von der Stichprobengröße (je kleiner, desto asymmetrischer). Wir haben in ▶*Abbildung 10.2* beide Kenngrößen zusammen variiert.

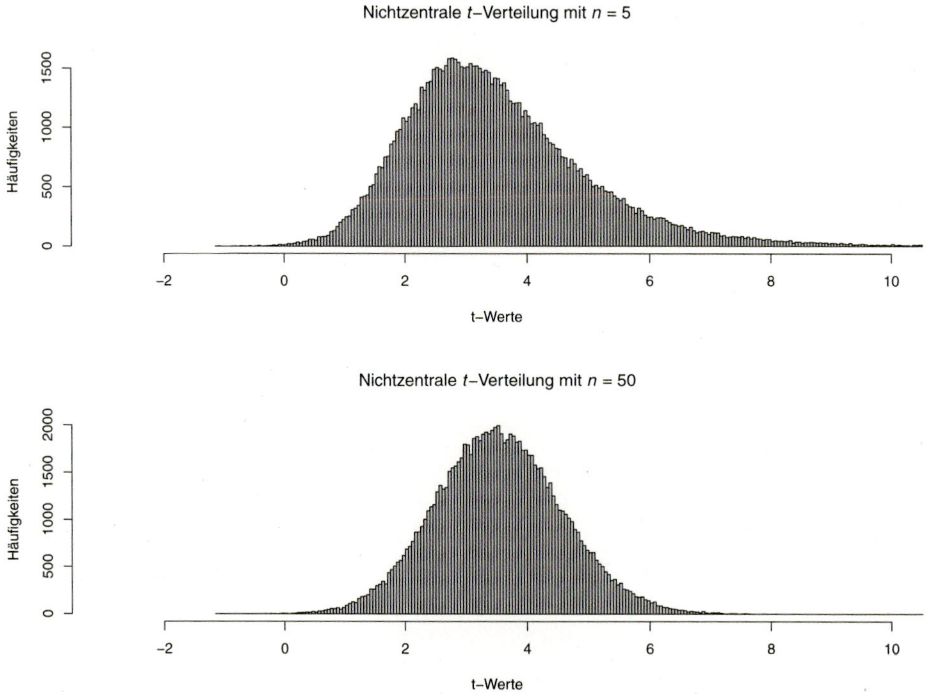

Abbildung 10.2: Empirische nichtzentrale t-Verteilungen mit $n = 5$ pro Gruppe sowie *delta* = 2 (oben) und $n = 50$ pro Gruppe sowie *delta* = 0.7 (unten).

Für dieses Beispiel haben wir mit *n* und *delta* so lange „per Hand herumprobiert", bis die mittleren *t*-Werte einigermaßen vergleichbar waren.

```
round(mean(t_nichtzentrl_5), 3)
```

```
3.506
```

```
round(mean(t_nichtzentrl_50), 3)
```

```
3.529
```

In der Funktion `t.wert_unabh`, die wir oben verwendet haben, werden für die Simulation zum Schätzen des *t*-Werts zwei Kennwerte festgelegt: *n* (Stichprobengröße einer Gruppe) und *delta* (Populationseffekt in Standardabweichungseinheiten). Wenn wir einen der beiden Kennwerte konstant halten und einen bestimmten *t*-Wert vorgeben, müssten wir den anderen Kennwert so lange verändern, bis wir das passende Ergebnis haben. Eine solche Suche nach einem passenden Wert ist in Monte-Carlo Simulationen nicht selten und es gibt viele Möglichkeiten dafür. Wir demonstrieren diese *iterative* Suche unter Verwendung einer sogenannten `while`-*Schleife*. Diese Schleife hat die Form `while(Test){Anweisungen}`: Solange das Ergebnis von *Test* zutrifft, werden die *Anweisungen* ausgeführt. Wir behandeln hier nur den einfachsten Fall: Zunächst wird ein Kennwert festgelegt (*delta*), und dann variieren wir den anderen (*n*), bis der in den Simulationen gefundene mittlere *t*-Wert dem vorgegebenen *t*-Wert entspricht. Die Funktion `n_finder` hat als Argumente den vorgegebenen *t*-Wert (*t_vorgabe*), die Effektgröße in Standardabweichungseinheiten (*delta*) und gewissermaßen einen ersten Rateversuch für das Ergebnis (*n_anfang*).[5]

```
n_finder <- function(t_vorgabe, delta, n_anfang) {
  kriterium <- .01
  k <- 10000
  schrittgroesse <- 1
  # für eine höhere Flexibilität können diese drei Kenngrößen  alternativ
  # auch als Funktionsargumente eingefügt werden
  n <- n_anfang
  t_emp <- mean(t_sammler(k, n_anfang, delta))
  if (t_emp > (t_vorgabe + kriterium)) {
    # wenn der gefundene t-Wert um mehr als das Kriterium größer ist als der
    # vorgegebene t-Wert muss das n verkleinert werden
    while (t_emp > (t_vorgabe + kriterium)) {
      n <- n - schrittgroesse
      t_emp <- mean(t_sammler(k, n, delta))
    }
  }
  else if (t_emp < (t_vorgabe - kriterium)) {
    #im umgekehrten Fall muss das n vergrößert werden
    while (t_emp < (t_vorgabe - kriterium)) {
      n <- n + schrittgroesse
      t_emp <- mean(t_sammler(k, n, delta))
    }
  }
  else{
    # wenn gleich das richtige n vorgegeben wurde wird das verwendet
    n
  }
  # ansonsten ist das zuletzt benutzte n der Wert der Funktion
  n
}
```

Nehmen wir nun an, wir suchten nach der Stichprobengröße fur eine Gruppe (zwei gleich große Gruppengrößen), um bei einem Populationseffekt von *delta* = 0.8 einen *t*-Wert von 2.1 zu erhalten. Als erste Schätzung verwenden wir *n_anfang* = 50.[6]

```
n_finder(2.1, .8, 50)
```

13

Nun noch mal mit einem anderen Anfangsschätzwert für *n*:

```
n_finder(2.1, .8, 10)
```

13

5 Für ein größer angelegtes Simulationsprojekt müsste diese Funktion noch weiter optimiert werden, um alle möglichen Fehlermöglichkeiten abzufangen. Versuchen Sie doch mal, die Funktion zum „Abstürzen“ zu bringen!

6 Bitte beachten Sie, dass rein durch Zufall bei allen hier beschriebenen Simulationen ab und zu auch abweichende Werte auftreten können, weil Funktionen, wie etwa `n-finder`, weitere Funktionen aufrufen (wie etwa – über `t_sammler` – die Funktion `t.wert_unabh`), die immer wieder neue Zufallsziehungen durchführen.

Um einen t-Wert von 2.1 zu erhalten, schlägt die Funktion `n_finder` also eine Stichprobengröße pro Gruppe von $n = 13$ vor. Ob das stimmt, können wir mittels der oben erstellten Funktion `t_sammler` überprüfen, die uns die Werte für die empirische t-Verteilung liefert. Wenn wir den Mittelwert daraus berechnen, sollte der nicht um mehr als etwa 0.01 von 2.1 abweichen:

```
mean(t_sammler(10000, 13, 0.8))

   2.106893
```

Wie schon eingangs erwähnt, hätten wir alle Resultate, die wir hier durch Monte-Carlo Simulationen erhalten haben, auch analytisch mithilfe entsprechender R-Funktionen finden können. Für das nächste Beispiel wäre das deutlich schwieriger.

10.2 Beispiel 2: Wiederholte Befragungen bei Randomized-Response Verfahren für Anteile

Es gibt Fragen, bei denen man erwarten kann, dass viele Menschen sie ungern wahrheitsgemäß beantworten. Wenn Sie die Dozentin fragt, ob sie bei der letzten Klausur abgeschrieben haben (und sie haben das tatsächlich getan), sind Sie vielleicht zurückhaltend mit der Antwort „Ja". Oder wenn ein Spitzensportler gefragt wird, ob er beim letzten Wettkampf gedopt hat, kann man auch nicht unbedingt davon ausgehen, dass ein „Nein" wirklich nein bedeutet. Es könnte auch sein, dass ein Politiker, gefragt nach seinen Nebeneinkünften, diese etwas nach unten „rundet". Wenn man nun entsprechende Anteile oder Mittelwerte über viele Personen schätzen möchte, könnten diese aufgrund der „Sensibilität" solcher Fragen deutlich verfälscht sein. Doch es gibt eine gute Abhilfe: *Randomized-Response* Verfahren (für einen schnellen Überblick siehe Sedlmeier & Renkewitz, 2018, Kapitel 29). Bei Randomized-Response Verfahren werden die ursprünglichen (wahrheitsgemäßen) Antworten durch Zufallsprozesse so verändert, dass man aus der Antwort eines oder einer Einzelnen den ursprünglichen Wert (z. B. „Ja" oder „51.320 Euro") nicht ersehen kann. Trotzdem kann man, weil der Zufallsprozess bekannt ist, aus den aggregierten Werten Anteile oder Mittelwerte schätzen.

Die Zufallsprozesse in Randomized-Response Verfahren lösen zwar das Problem der fehlenden Anonymität, schaffen aber potenziell ein neues: Die Schätzungen werden durch das zusätzliche „Zufallsrauschen" ungenauer. Dieses Problem ist jedoch im Prinzip mit größeren Stichproben leicht lösbar. Manchmal sind Stichproben allerdings nicht beliebig vergrößerbar. In diesen Fällen könnte man als Alternative ins Auge fassen, die Erhebung in einer Stichprobe nicht einmal, sondern mehrfach hintereinander durchzuführen und den gemittelten Anteil oder Mittelwert als Schätzwert zu verwenden. Wie viel gewinnt man an Schätzgenauigkeit, wenn man statt einer einmaligen Schätzung den Durchschnitt aus 2 Schätzungen benutzt? Das ist die Frage hinter den Monte-Carlo Simulationen, die wir uns gleich anhand eines Beispiels ansehen werden.[7]

7 Das Folgende sind modifizierte und erweiterte Ausschnitte aus einer studentischen Seminararbeit (Keusch et al., 2020) im Rahmen eines Seminars zu *Monte-Carlo Simulationen mit R* an der TU Chemnitz.

10.2.1 Die Warner-Methode zum Schätzen von Anteilen

Wir benutzen zur Illustration die Methode, die Warner (1965) vorgeschlagen hat. Bei dieser Methode werden die Teilnehmenden beispielsweise gefragt: „Haben Sie in der letzten Klausur abgeschrieben?" Das Besondere ist nun, dass diese Frage mit Wahrscheinlichkeit p wahrheitsgemäß beantwortet werden soll und mit der Komplementärwahrscheinlichkeit $(1 - p)$ sollen die Befragten das Gegenteil sagen, also lügen. Wenn nun jemand „Ja" sagt, gibt es zwei Möglichkeiten: a) tatsächlich abgeschrieben und die Wahrheit gesagt und b) nicht abgeschrieben und gelogen (bei „Nein" ist es umgekehrt). Für die Befragenden ist es jedoch unmöglich, herauszufinden, ob die Person abgeschrieben hat oder nicht. Es geht bei dieser Methode auch nicht darum, herauszufinden, was bei einer einzelnen Person der Fall ist, sondern darum, den Anteil (π) der Studierenden, die in der Klausur abgeschrieben haben, gut zu schätzen. Man kann leicht zeigen, dass die folgende Formel so eine Schätzung liefert ($\hat{\pi}$ ist die Schätzung von π).

$$\hat{\pi} = \frac{(n_1 / N) + p - 1}{2p - 1},$$

Dabei steht n_1 für die Anzahl der „Ja"-Antworten und N für die Anzahl aller Antworten (also die Stichprobengröße). Ein Blick auf den Nenner der Formel zeigt, dass ein bestimmtes p tabu ist: $p = 0.5$ (Teilen durch 0). Aber wie bestimmt man das p? Eine Methode wäre, zweimal eine Münze zu werfen. Dabei gibt es vier mögliche Ergebnisse: Kopf-Kopf, Kopf Zahl, Zahl-Kopf, Zahl-Zahl. Nun könnten alle Studienteilnehmer*innen eine dieser Kombinationen auswählen (ohne dass die anderen mitbekommen welche) und immer die Wahrheit sagen, wenn diese Kombination auftritt, ansonsten aber lügen. Damit wäre $p = 0.25$ und $1 - p = 0.75$. Man könnte für das Festlegen von p aber auch einen Zufallsgenerator aus einem Computerprogramm (wie R) nutzen.

Nun übersetzen wir die Formel in eine R-Funktion.

```
pi_dach <- function(n1, n, p) {
  zaehler <- (n1 / n) + p - 1
  nenner <- 2 * p - 1
  zaehler / nenner
}
```

Wir benötigen jetzt noch die Werte für die Argumente der Funktion. Und hier wird deutlich, dass es sich wieder um eine Monte-Carlo Simulation handelt. Diesmal geht es jedoch nicht um Mittelwerte, sondern um Anteile. Wir müssten also Zufallsziehungen aus einer Binomialverteilung mit einem vorgegebenen Populationsanteil durchführen. Nehmen wir an, der wahre Anteil von „Betrüger*innen" in der spezifischen Population von Studierenden, um die es hier geht, sei 20 %. Wenn wir nun eine Zufallsstichprobe von 38 Klausurteilnehmenden hätten: Wie viele von ihnen könnten bei dem vorgegebenen Populationsanteil von 20 % abgeschrieben haben? Die Antwort darauf erhalten wir mittels der Funktion `rbinom`, mit den Argumenten `n` (Stichprobengröße), `size` (Anzahl der Ziehungen) und `prob` (Populationsanteil).

```
rbinom(n = 38, size = 1, prob = 0.2)
```

```
0 0 1 0 0 0 0 1 0 0 0 0 0 0 0 1 0 0 0 0 0 0 0 0 1 0 0 0 0 0 0 0 0 1 0
1 0 1
```

Wenn wir die 1en aufsummieren, erhalten wir 7 Personen (von 38), die abgeschrieben haben, was 18.4 % entspricht. Wenn wir diesen Prozess wiederholen, wird die Anzahl der 1en rein zufällig variieren, wie immer, wenn wir Zufallsstichproben aus einer Population ziehen.

```
sum(rbinom(38, 1, 0.2))
```

```
8
```

```
sum(rbinom(38, 1, 0.2))
```

```
6
```

Nun fehlt natürlich noch etwas. Nehmen wir an, von den 38 Personen hätten tatsächlich 7 abgeschrieben. Einige von ihnen würden jedoch nicht mit „Ja“ antworten, weil sie durch den Randomized-Response Prozess lügen müssten. Dafür würden einige von den verbleibenden 31 Personen wahrheitswidrig mit „Ja“ antworten. Wir müssen also noch einen weiteren Zufallsprozess berücksichtigen, nämlich den, der festlegt, ob eine Person die Wahrheit sagen soll (kodieren wir mit 1) oder nicht (kodieren wir mit 0). Das lässt sich mit der Funktion `sample` bewerkstelligen. Das ist eine sehr flexible Funktion zur Durchführung vieler Arten von Zufallsprozessen. Sie hat die Argumente `x` (mögliche Ereignisse), `size` (Stichprobengröße), `replace` (bei `TRUE` wird Ziehen mit Zurücklegen durchgeführt, bei `FALSE` ohne Zurücklegen) und `prob` (Wahrscheinlichkeiten, mit denen die möglichen Ereignisse gezogen werden). Wenn wir alle 38 Personen mit einer Wahrscheinlichkeit von $p = 0.25$ die Wahrheit sagen lassen wollen, könnte sich Folgendes ergeben.

```
sample(x = c(1, 0), size = 38, replace = T, prob = c(0.25, 0.75))
```

```
0 0 1 0 0 0 0 1 0 0 0 0 0 1 0 0 0 0 1 1 0 1 1 0 0 1 0 0 0 0 0 0 1 0 0 0
0 0 0
```

Die ersten zwei Personen sollten also nicht die Wahrheit sagen (0), die dritte schon (1), die nächsten vier wieder nicht (0) usw. Nun müssen wir die zwei Zufallsprozesse noch miteinander verbinden. Wir demonstrieren das der Übersichtlichkeit halber mit nur 10 Personen und beginnen mit den „tatsächlichen Abschreiber*innen“.

```
Tatsaechlich_ja <- rbinom(10, 1, 0.2)
```

```
Tatsaechlich_ja
```

```
0 0 1 0 1 0 0 0 1 0
```

Dann erzeugen wir die „Vorschrift“ für die Teilnehmenden.

```
Wahrheit_sagen <- sample(c(1, 0), 10, T, c(0.25, 0.75))
```

```
Wahrheit_sagen
```

```
0 0 1 1 1 0 1 0 0 0
```

Und schließlich ermitteln wir die tatsächlichen „Ja"-Antworten (1 = Ja).

```
Ja_sagen <- ifelse((Tatsaechlich_ja == Wahrheit_sagen), 1, 0)
Ja_sagen
  1 1 1 0 1 1 0 1 0 1
```

Werfen wir noch einen kurzen Blick auf die Ergebnisse: Die erste Person hat nicht abgeschrieben (0) und soll nicht die Wahrheit sagen (0), sagt also „Ja" (1). Bei der zweiten Person ist es genauso. Die dritte Person hat abgeschrieben (1) und soll die Wahrheit sagen (1) und sagt deswegen auch „Ja" usw. Immer wenn also die Zahlen für *Tatsächlich_ja* und *Wahrheit_sagen* übereinstimmen, sagen die Personen „Ja", ansonsten „Nein". Nun könnten wir überprüfen, wie gut unsere Schätzung des Populationsanteils ($\pi = 0.2$) anhand der vorliegenden Stichprobe wäre.

```
pi_dach(7, 10, 0.25)
  0.1
```

Angesichts der kleinen Stichprobe von nur 10 Personen ist diese Schätzung gar nicht mal so schlecht. (Wenn Sie selbst einige Durchgänge ausprobieren, werden Sie bemerken, dass die Schätzungen deutlich weiter danebenliegen können).[8]

10.2.2 Schätzgenauigkeit bei einfacher und zweifacher Befragung

Nun können wir uns der eigentlichen Fragestellung widmen: Wie viel gewinnen wir, wenn wir statt einer Befragung zwei hintereinander durchführen und die zwei Ergebnisse mitteln? Bleiben wir bei unserem Beispiel: Der Anteil der Studierenden, die tatsächlich in der Klausur abgeschrieben haben, ändert sich bei der zweiten Befragung natürlich nicht. Was sich potenziell ändert, ist das Ergebnis des zweiten hier involvierten Zufallsprozesses. Die zwei Zufallsprozesse sind jedoch völlig unabhängig voneinander. Man kann also auch bei zweimaliger Befragung keine Schlüsse auf die „wahre" Antwort einer Person ziehen.[9]

Bevor wir eine entsprechende Funktion erstellen, gibt es noch ein anderes Problem zu lösen. Wie kann man „Schätzgenauigkeit" definieren? Eine nahe liegende Möglichkeit bestünde darin, die Varianzen oder Standardabweichungen der Schätzwerte bei ein- und zweimaliger Befragung miteinander zu vergleichen. Wir könnten auch jeweils Bootstrap-Konfidenzintervalle (siehe *Kapitel 3*) erstellen und berechnen, um wie viel kürzer diese durch eine doppelte Befragung werden. Allerdings muss man hierbei beachten, dass für eine bestimmte simulierte Person die Abweichung in der ersten Befragung positiv und in der zweiten negativ sein könnte (oder umgekehrt), sodass man diese Abweichungen nicht einfach aufsummieren (und durch 2 teilen) kann, um den Schätzwert für die zweimalige Befragung zu erhalten.[10]

8 Auch negative Werte (oder Werte über 1) sind bei dieser Methode nicht ausgeschlossen. Die übliche Vorgehensweise ist, diese Werte als einen Anteil von 0 (oder 1) zu interpretieren.

9 Wenn sich beispielsweise die Antwort ändert (z. B. erst „Ja" und dann „Nein" oder umgekehrt) weiß man lediglich, dass diese Person einmal die Wahrheit gesagt und einmal gelogen hat, aber nicht, wann was der Fall war.

10 Sonst könnte sich beispielsweise bei der Summe von zwei Abweichungen der Wert 0 ergeben, was natürlich keinen Sinn machen würde.

Wir haben uns hier für eine einfachere, aber doch aussagekräftige Möglichkeit entschieden: Wir berechnen die mittleren absoluten Abweichungen (MAA) der Simulationswerte vom tatsächlichen Anteil, den wir ja vorgeben, und sehen uns dann an, um wie viel Prozent kleiner die Mittelwerte der beiden MAAs aus erster und zweiter Messung im Vergleich zu den MAAs aus der einfachen Messung sind.

Interessant ist natürlich, ob und wie das Ausmaß des Zugewinns an Schätzgenauigkeit von drei anderen Kenngrößen abhängt: a) dem Anteil in der Population, b) der vorgegebenen Wahrscheinlichkeit für eine wahrheitsgemäße Antwort und c) der Stichprobengröße. Wir werden eine Auswahl von Werten für alle drei Kenngrößen verwenden. Fangen wir an mit einer Funktion, die uns Schätzgenauigkeiten und Zugewinn in MAAs für eine spezifische Konstellation dieser Kenngrößen und eine vorgegebene Anzahl von Simulationsdurchgängen (k) ermittelt. Die Funktion `genau_MAA` ermittelt für vorgegebene Werte für Populationsanteil (*pi* in der Funktion), Stichprobengröße (n) und Wahrheit-sagen-Wahrscheinlichkeit (p) aus k Durchgängen Schätzungen für die MAA bei *einer* Befragung (*MAA1*), für die durchschnittliche MAA bei *zwei* Befragungen (*MAA2*) und für den Zuwachs an Schätzgenauigkeit in Prozent (*Zuwachs*).

```
genau_MAA <- function(k, pi, n, p) {
  Abs_Abw1 <- c()
  Abs_Abw2 <- c()
  for (i in 1 : k) {
    Ja_tatsaechlich <- rbinom(n, size = 1, pi)
    # Sachverhalt in der Stichprobe
    Wahrheit_sagen1 <- sample(c(1, 0), n, T, c(p, 1 - p))
    # Zuweisung der Antwortstrategie für erste Befragung
    Wahrheit_sagen2 <- sample(c(1, 0), n, T, c(p, 1 - p))
    # Zuweisung der Antwortstrategie für zweite Befragung
    Ja_sagen1 <- ifelse((Ja_tatsaechlich == Wahrheit_sagen1), 1, 0)
    # Ja-Antworten bei erster Befragung
    Ja_sagen2 <- ifelse((Ja_tatsaechlich == Wahrheit_sagen2), 1, 0)
    # Ja-Antworten bei zweiter Befragung
    pi_dach1 <- pi_dach(sum(Ja_sagen1), n, p)
    # Schätzung bei erster Befragung
    pi_dach2 <- pi_dach(sum(Ja_sagen2), n, p)
    # Schätzung bei zweiter Befragung
    Abs_Abw1[i] <- abs(pi_dach1 - pi)
    # Absolute Abweichung für erste Befragung
    Abs_Abw2[i] <- abs((pi_dach1 + pi_dach2) / 2 - pi)
    # Über die zwei Befragungen gemittelte absolute Abweichung
  }
  MAA1 <- mean(Abs_Abw1)
  MAA2 <- mean(Abs_Abw2)
  Zuwachs <- (1 - (MAA2 / MAA1)) * 100
  c(MAA1, MAA2, Zuwachs)
}
```

Sehen wir uns ein Beispiel an.

```
genau_MAA(10000, .5, 20, .25)

   0.177320  0.141225 20.355854
```

Wir sehen, dass bei einem Populationsanteil von $\pi = 0.5$, einer Wahrheitswahrscheinlichkeit von $p = 0.25$ und einer Stichprobengröße von 20 der MAA |0.18| beträgt (absoluter Abstand von $\pi = 0.5$) und die Schätzung aus dem Mittel der ersten und der zweiten Befragung um |0.14|. Der Zuwachs an Schätzgenauigkeit durch eine doppelte Befragung beträgt somit 20.4 %.

Wie genau sind die Schätzungen?

Um die Genauigkeit der Schätzungen zu vergleichen, verwenden wir wieder die MAAs für die Ergebnisse einer einmaligen Befragung und für das gemittelte Ergebnis zweier Befragungen. Die Genauigkeit der Schätzungen sollte natürlich mit steigender Stichprobengröße höher werden. Wir sehen uns deswegen auch an, wie sich die Stichprobengröße auswirkt. Dazu benutzen wir einige ausgewählte Werte für *n*. Bei dieser Gelegenheit demonstrieren wir, wie man eine Liste von Werten mit einer `for`-Schleife abarbeiten kann. Die Funktion `genau_MAA_ueber_ns` benutzt die oben definierte Funktion `genau_MAA`. Sie berechnet für die im Argument `n_liste` enthaltenen Stichprobengrößen, einem vorgegebenen Populationsanteil (*pi*) und einer bestimmten Wahrheitswahrscheinlichkeit (*p*) die entsprechenden Schätzwerte bei einmaliger und zweimaliger Befragung (*MAA1_ns* und *MAA2_ns*). Darüber hinaus ermittelt sie auch den Zuwachs an Genauigkeit, dem wir uns im nächsten Abschnitt widmen werden.

```
genau_MAA_ueber_ns <- function(k, n_liste, pi, p) {
  n_list <- n_liste
  MAA1_ns <- c()
  MAA2_ns <- c()
  MAA_prozent_ns <- c()
  for (i in 1:length(n_list)) {
    gesamt <- genau_MAA(k, pi, n_list[i], p)
    MAA1_ns[i] <- gesamt[1]
    MAA2_ns[i] <- gesamt[2]
    MAA_prozent_ns[i] <- gesamt[3]
  }
  cbind(n_list, MAA1_ns, MAA2_ns, MAA_prozent_ns)
}
```

Betrachten wir eine Beispielberechnung: Wie entwickelt sich die Schätzgenauigkeit über n = 20, 40, 60, 80, 100, 150, 200, 300 und 500 Befragungen hinweg, wenn der Populationsanteil $\pi = 0.8$ beträgt und die Wahrheitswahrscheinlichkeit $p = 0.25$ (bei je k = 10.000 Durchgängen pro Schätzung)? Damit nicht zu viele Nachkommastellen in der Ergebnistabelle stehen, grenzen wir sie mit der Funktion `options` auf drei „signifikante Ziffern“ ein.

```
options(digits = 3)

n_liste <- c(20, 40, 60, 80, 100, 150, 200, 300, 500)

genau_MAA_ueber_ns(10000, n_liste, .8, .25)
```

```
      n_list MAA1_ns MAA2_ns MAA_prozent_ns
 [1,]     20  0.1666  0.1297           22.2
 [2,]     40  0.1200  0.0928           22.7
 [3,]     60  0.0973  0.0741           23.9
 [4,]     80  0.0849  0.0648           23.7
 [5,]    100  0.0762  0.0581           23.8
 [6,]    150  0.0616  0.0471           23.5
 [7,]    200  0.0533  0.0413           22.5
 [8,]    300  0.0438  0.0334           23.7
 [9,]    500  0.0344  0.0267           22.6
```

Wir sehen, dass bei einer Stichprobe von 20 Befragten der Fehler (MAA) bei einer Befragung noch |0.17| beträgt, aber bei zwei Befragungen auf |0.13| sinkt. Mit steigenden Stichprobengrößen werden die Befragungsergebnisse (sowohl bei ein- als auch zweimaliger Befragung) immer genauer. Bei einer Stichprobe von 500 sind die Abweichungen sehr klein und unterscheiden sich auch kaum mehr voneinander (0.034 versus 0.026). Am interessantesten ist aber wohl die letzte Spalte, auf die wir im nächsten Absatz eingehen werden.

In Monte-Carlo Simulationen werden meist sehr viele Zahlen produziert und Sie wissen ja: Eine Abbildung sagt oft mehr als 1000 Zahlen! Deswegen werden Sie in publizierten Monte-Carlo Studien meist viele Abbildungen finden. Wir erzeugen jetzt unter Zuhilfenahme der Funktion `genau_MAA_ueber_ns` eine Abbildung, die für verschiedene Stichprobengrößen die Genauigkeit bei einer und zwei Befragungen anhand der MAAs miteinander vergleicht. Da wir die Zeichnung für unterschiedliche Werte für Populationsanteile (*pi*) und Wahrheitswahrscheinlichkeiten (*p*) machen, ersparen wir uns Schreibarbeit, wenn wir eine eigene Funktion (`errbar_zeichner`) zum Zeichnen erstellen. Diese Funktion verwendet die Funktion `errbar` aus dem Paket *Hmisc* (Harrell et al., 2021).

```
library(Hmisc)

errbar_zeichner <- function(k, n_liste, pi, p) {
  MAA_erg <- genau_MAA_ueber_ns(k, n_liste, pi, p)
  n_s <- MAA_erg[, 1]
  n <- length(n_s)
  mittel <- rep(pi, n)
  # die Mittelwerte der Fehlerbalken bleiben gleich und dienen als "Merkhilfe"
  # dazu, um welchen Populationsanteil es sich gerade handelt
  OG <- mittel + MAA_erg[, 2]
  UG <- mittel - MAA_erg[, 2]
  errbar(n_s - 2, mittel, OG, UG, ylim = c(0, 1), ylab = "Anteil",
         xlab = "Stichprobengröße")
  title(paste("Wahrheitswahrscheinlichkeit =", p))
  OG <- mittel + MAA_erg[, 3]
  UG <- mittel -  MAA_erg[, 3]
  errbar(n_s + 2, mittel, OG, UG, add  = T, col = "red",
         errbar.col = "red", lty = 2)
}
```

Ein Beispiel: Wie genau sind die Schätzungen aus einmaliger und zweifacher Befragung für einen Populationsanteil von 0.5 und eine Wahrheitswahrscheinlichkeit von 0.25? Wir sehen uns das für Stichprobengrößen an, die in 20er-Schritten von 20 bis 500 steigen.

```
errbar_zeichner(10000, seq(20, 500, by = 20), 0.5, 0.25)
```

▶*Abbildung 10.3* zeigt (wie auch das Ergebnis von oben), dass die zweifache Befragung einen merklichen Zugewinn an Schätzgenauigkeit bringt, dass aber insgesamt der absolute Zugewinn an Schätzgenauigkeit mit steigender Stichprobengröße asymptotisch abnimmt. (Der Populationsanteil ist in dieser und den folgenden Abbildungen als „Merkhilfe" eingezeichnet und die Fehlerbalken bilden jeweils eine MAA nach oben und unten ab.). Die Abbildung verdeutlicht, dass es sich in diesem Fall kaum lohnt, falls man eine Stichprobengröße von 200 zur Verfügung hat, zu versuchen, diese noch auf 500 zu erhöhen.

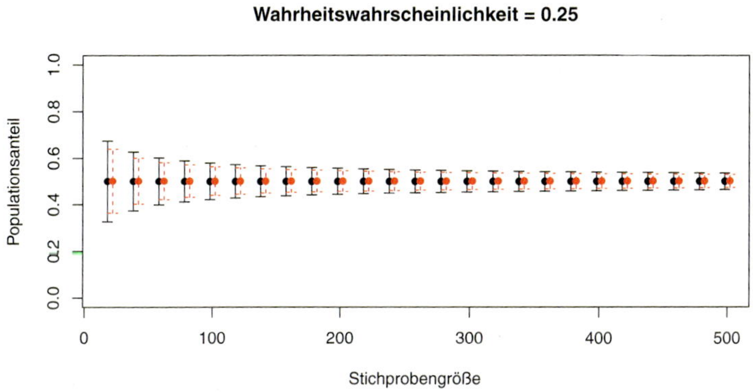

Abbildung 10.3: Genauigkeit der Schätzungen (MAA) eines Populationsanteils von $\pi = 0.5$ für unterschiedliche Stichprobengrößen und einfache (durchgezogene Linien) versus zweifache (gestrichelte Linien) Befragung bei p = 0.25.

Nun sehen wir uns an, welche Auswirkungen es hat, wenn wir die Wahrheitswahrscheinlichkeit systematisch variieren. Wir vergleichen vier Fälle: $p = 1$ (immer die Wahrheit sagen, also gewissermaßen der üblicherweise angenommene Standardfall), 0.9, 0.75 und 0.55. Der letzte Wert ist nahe am kritischen Wert von 0.5 (bei $p = 0.5$ funktioniert die Formel nicht).

```
par(mfrow = c(2, 2))
errbar_zeichner(10000, seq(20, 300, by = 20), 0.5, 1)
errbar_zeichner(10000, seq(20, 300, by = 20), 0.5, 0.9)
errbar_zeichner(10000, seq(20, 300, by = 20), 0.5, 0.75)
errbar_zeichner(10000, seq(20, 300, by = 20), 0.5, 0.55)
```

▶*Abbildung 10.4* macht deutlich, dass die Wahrheitswahrscheinlichkeit einen ganz entscheidenden Einfluss auf die Schätzgenauigkeit hat. Im Vergleich zum Idealfall (alle Personen sagen die Wahrheit) ist der Verlust an Schätzgenauigkeit bei $p = 0.9$ noch recht klein, wird aber mit steigender Distanz von 1 immer größer. Bei $p = 0.55$ gehen die MAAs bei den kleinen Stichproben schon über die möglichen Werte für Populationsanteile (> 1 und < 0). Gleichzeitig wird deutlich, dass eine zweite Befragung von höheren Abweichungen der *ps* von 1 einen deutlichen Zugewinn erbringt, während der Zugewinn im Idealfall wie zu erwarten 0 ist (Fehlerbalken für einmalige und zweimalige Schätzungen sind gleich lang – siehe ▶*Abbildung 10.4* links oben). Wenn Sie die spiegelbildlichen Wahrheitswahrscheinlichkeiten verwenden (0, 0.1, 0.25 und 0.45), werden Sie bemerken, dass die Abbildungen genauso aussehen (probieren Sie es aus!).

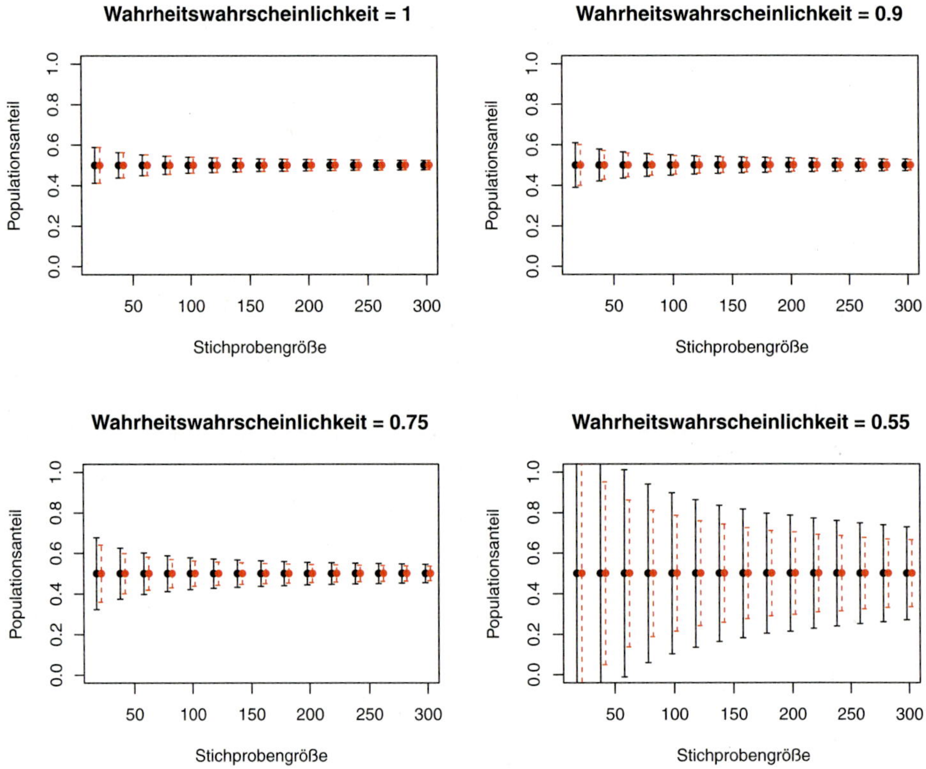

Abbildung 10.4: Genauigkeit der Schätzungen (MAA) eines Populationsanteils von $\pi = 0.5$ für unterschiedliche Stichprobengrößen und einfache (durchgezogene Linien) versus zweifache Befragung (gestrichelte Linien). Die vier Teilabbildungen zeigen die Auswirkung der Variation der Wahrheitswahrscheinlichkeit (p).

Nun sehen wir uns noch an, was passiert, wenn sich der Populationsanteil verändert. Wir benutzen für diesen Vergleich eine Wahrheitswahrscheinlichkeit von $p = 0.3$ und Populationsanteile von 0.9, 0.7, 0.5 und 0.3.

```
errbar_zeichner(10000, seq(20, 300, by = 20), 0.9, 0.3)
errbar_zeichner(10000, seq(20, 300, by = 20), 0.7, 0.3)
errbar_zeichner(10000, seq(20, 300, by = 20), 0.5, 0.3)
errbar_zeichner(10000, seq(20, 300, by = 20), 0.3, 0.3)
par(mfrow = c(1, 1))
```

Die Ergebnisse in ▶*Abbildung 10.5* legen nahe, dass es keinen Unterschied bei den Schätzungen macht, wie groß der Anteil in der Population ist, abgesehen davon, dass bei extremen Populationsanteilen die Fehlerbalken bei kleinen Stichproben über die tatsächlichen Werte hinausgehen (siehe ▶*Abbildung 10.5* links oben).

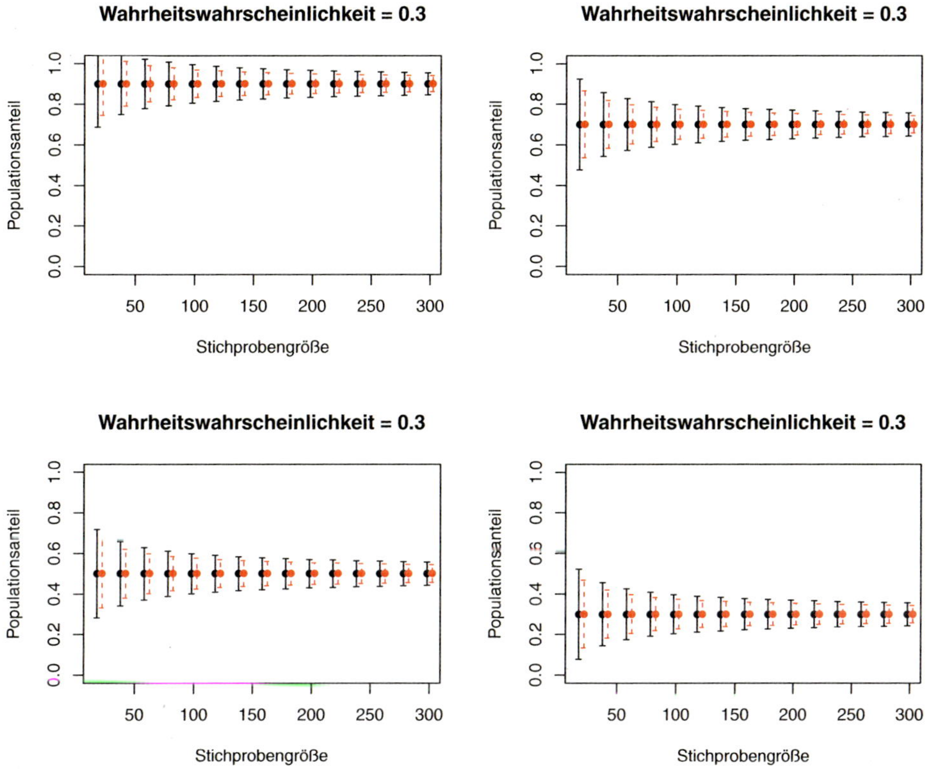

Abbildung 10.5: Genauigkeit der Schätzungen (MAA) von vier unterschiedlichen Populationsanteilen (0.9, 0.7, 0.5 und 0.3) für unterschiedliche Stichprobengrößen und Ergebnisse aus einmaligen (durchgezogene Linien) versus zweimaligen (gestrichelte Linien) Befragungen. Die Wahrheitswahrscheinlichkeit (*p*) beträgt konstant 0.3.

Um wie viel genauer ist die kombinierte Schätzung?

Nun wieder zurück zu unserer Ausgangsfrage: Wie viel gewinnen wir durch eine Schätzung, die wir aus den Ergebnissen zweier Befragungen kombinieren? Und wie hängt dieser Zugewinn von der Stichprobengröße, dem Anteil in der Population und den Wahrheitswahrscheinlichkeiten ab? Die Funktion für die notwendigen Berechnungen existiert schon (`genau_MAA_ueber_ns`). Außerdem deuten die damit oben berechneten Beispielergebnisse darauf hin, dass die Stichprobengröße keine Auswirkungen auf das Ausmaß des Zugewinns hat. Wir sehen uns das nun mittels der Funktion `zugewinn_zeichner` etwas genauer an.

```
zugewinn_zeichner <- function(k, n_liste, pi, p_liste) {
  MAA_erg <- genau_MAA_ueber_ns(k, n_liste, pi, p_liste[1])
```

```
    # um Stichprobengrößen zu extrahieren und um den Rahmenplot zu zeichnen
    n_s <- MAA_erg[, 1]
    plot(n_s, MAA_erg[, 4], type = "n", ylim = c(0, 60),
         xlab = "Stichprobengröße", ylab = "Zugewinn in Prozent",
         main = paste("Anteil in Population = ", pi))
    # type = "n" bewirkt, dass keine Punkte gezeichnet werden
    title(paste("Anteil in Population = ", pi))
    for (i in 1 : length(p_liste)) {
      Zugewinn <- genau_MAA_ueber_ns(k, n_liste, pi, p_liste[i])
      lines(n_s, Zugewinn[, 4], type = "o", lty = i, col = i)
    }
    legend("topright", legend = rev(p_liste), lty = rev(seq(1, i)),
           col = rev(seq(1, i)), bty = "n")
}
```

Die Funktion `zugewinn_zeichner` zeichnet für einen festgelegten Anteil in der Population (*pi*) für alle Stichprobengrößen in *n_liste* und alle Wahrheitswahrscheinlichkeiten in *p_liste* den prozentualen Zugewinn, der durch eine zweifache Befragung erzielt wird. Wir zeichnen vier Abbildungen mit vier unterschiedlichen Populationsanteilen (0.95, 0.8, 0.65 und 0.5).[11]

```
par(mfrow = c(2, 2))
zugewinn_zeichner(10000, seq(20, 300, by = 20), 0.95, c(1, .9, .8, .7, .55))
zugewinn_zeichner(10000, seq(20, 300, by = 20), 0.8, c(1, .9, .8, .7, .55))
zugewinn_zeichner(10000, seq(20, 300, by = 20), 0.65, c(1, .9, .8, .7, .55))
zugewinn_zeichner(10000, seq(20, 300, by = 20), 0.5, c(1, .9, .8, .7, .55))
```

Was haben wir nun herausgefunden? Das Erstaunlichste ist vielleicht, dass der Zugewinn nicht von der Stichprobengröße abhängt – alle Linien in ▶*Abbildung 10.6* verlaufen parallel zur *x*-Achse. Wir sehen auch, dass sowohl die Wahrheitswahrscheinlichkeiten als auch die Höhe des Populationsanteils Auswirkungen auf die Höhe des Zugewinns haben. Wenn die Befragten immer die Wahrheit sagen ($p = 1$, jeweils die unterste Linie), hilft natürlich die zweite Befragung nicht: Die Werte müssen ja identisch sein. Ansonsten ist der prozentuale Zugewinn umso höher, je weiter die Wahrheitswahrscheinlichkeit von 1 (und auch von 0 – wir haben es hier wieder mit symmetrischen Ergebnissen zu tun – prüfen Sie es nach!) entfernt ist. Bei $p = 0.9$ ist der prozentuale Zugewinn jeweils am geringsten und bei $p = 0.55$ ist er am höchsten. Während jedoch der Zugewinn von etwa 30 % für $p = 0.55$ unabhängig vom Populationsanteil zu sein scheint, gilt das nicht für Werte von *p*, die näher an den Extremwerten sind. Wenn die Populationsanteile selbst extrem sind (wie z. B. in ▶*Abbildung 10.6* links oben), dann führen schon kleine Abweichungen von $p = 1$ zu einer deutlichen prozentualen Verbesserung der Schätzung (ungefähr 20 % bei $p = 0.9$). Dieser Effekt wird mit zunehmender Abweichung des Populationseffekts von 1 (oder von 0) kleiner. Aber generell führen verminderte Wahrheitswahrscheinlichkeiten zu stärkeren prozentualen Verbesserungen in der Schätzgenauigkeit durch zweimalige im Vergleich zu einer einmaligen Befragung.

11 Wir haben der Genauigkeit halber immer $k = 10.000$ Durchgänge genommen. Zum Nachprobieren empfiehlt es sich aus Zeitgründen, die Anzahl der Durchgänge deutlich zu verringern.

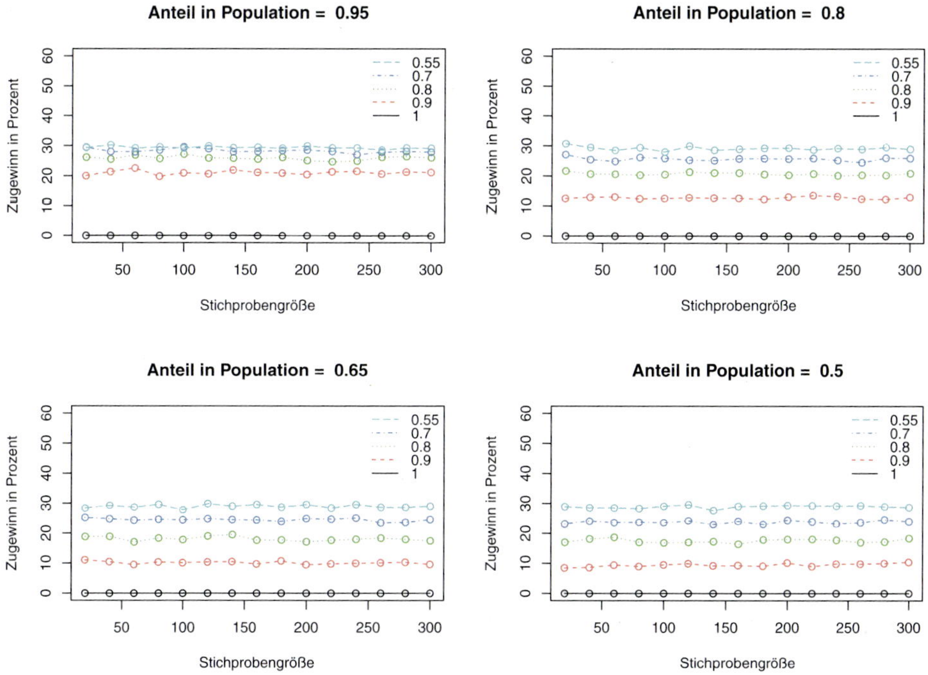

Abbildung 10.6: Prozentuale Zugewinne in der Schätzgenauigkeit durch zweimalige im Vergleich zu einmaligen Befragungen für vier unterschiedliche Populationsanteile und fünf Wahrheitswahrscheinlichkeiten.

10.2.3 Was können wir aus der Simulation lernen und wie könnte es weitergehen?

Was bedeuten die Effekte, die wir mittels Monte-Carlo Simulation gefunden haben, für die Praxis? Zunächst einmal lohnt es sich tatsächlich, eine zweifache Befragung durchzuführen: Der prozentuale Zugewinn in der Genauigkeit kann bis zu 30 % betragen (▶*Abbildung 10.6*). Der prozentuale Zugewinn ist dabei unabhängig von der Stichprobengröße, nicht jedoch der absolute Zugewinn. Dieser ist deutlich höher bei kleineren Stichprobengrößen (siehe z. B. ▶*Abbildung 10.3*). Zudem hängt die Schätzgenauigkeit von der Wahrheitswahrscheinlichkeit p ab. Je näher p an den extremen Werten (1 oder 0), desto genauer ist die Schätzung (siehe ▶*Abbildung 10.4*). Sehr hohe oder sehr niedrige Wahrheitswahrscheinlichkeiten haben jedoch einen pragmatischen Nachteil. Sie bedeuten ja, dass fast alle Personen die Wahrheit sagen (oder lügen) müssten. Dadurch könnte der eigentliche Vorteil von Randomized-Response Verfahren, die gewährleistete Anonymität, gefährdet sein. Wenn eine Befragungsteilnehmerin denkt, dass ein „Ja" mit hoher Wahrscheinlichkeit von den anderen als tatsächliches Ja betrachtet wird (oder ein „Nein" als Nein), sinkt möglicherweise die Bereitschaft, wirklich wahrheitsgemäß zu antworten. Somit ist die vermutlich plausibelste Empfehlung aus den bisherigen Simulationsergebnissen, eine mittlere Wahrheitswahrscheinlichkeit (z. B. p = 0.25 oder 0.75) zu wählen und eine zweifache Befragung durchzuführen. Ersteres führt zwar potenziell zu größeren Abweichungen der Schätzungen, aber das wird dann zumindest teilweise wieder kompensiert durch einen größeren Zugewinn bei der zweifachen Befragung. Dies gilt vor allem bei den in der Psychologie und den Sozialwissenschaften oft doch recht kleinen Stichproben.

Nicht selten treten bei Monte-Carlo Simulationen Fragen auf, an die man vorher überhaupt nicht gedacht hatte. Wir könnten uns nun die Sache mit der Kompensation noch genauer ansehen (wie viel gewinnen wir durch eine zweifache Befragung wieder zurück, wenn wir das p weniger extrem machen?). Außerdem könnten wir die Ergebnisse für die Warner-Methode mit den zahlreichen anderen Maßen zum Schätzen von Populationsanteilen vergleichen (für eine Übersicht zu solchen Maßen siehe Quatember, 2009). Und man könnte natürlich auch auf die Idee kommen nachzuprüfen, wie sich eine zweifache Befragung beim Schätzen von Mittelwerten auswirkt (für eine Übersicht zu Randomized-Response Verfahren zum Schätzen von Mittelwerten siehe Arcos et al., 2014).

10.3 Die generelle Vorgehensweise

Viele Monte-Carlo Simulationen befassen sich naturgemäß mit nicht trivialen Fragen oder Problemen (sonst wären sie nicht notwendig). Bei allen diesen Fragen spielen Wahrscheinlichkeitsprozesse eine zentrale Rolle. In unseren zwei Beispielen bestanden diese Wahrscheinlichkeitsprozesse darin, aus Normalverteilungen (1. Beispiel) oder Binomialverteilungen (2. Beispiel) zu ziehen. Beim zweiten Beispiel spielte auch noch ein weiterer Wahrscheinlichkeitsprozess eine Rolle: die probabilistische Zuordnung, die Wahrheit zu sagen oder nicht.

Manche der Fragen, die in Monte-Carlo Simulationen behandelt werden, könnten auch ohne größeren Aufwand analytisch beantwortet werden (etwa wie sich die Form der t-Verteilung mit der Größe des Populationseffekts ändert). Aber auch bei solchen Fragestellungen lohnt es sich nicht selten, entsprechende Simulationen durchzuführen, und sei es nur aus didaktischen Zwecken oder um die Auswirkungen entsprechender Zufallsprozesse eher intuitiv zu verstehen. Bei anderen Fragen (etwa wie sich eine zweifache Befragung auf den Zugewinn in der Schätzgenauigkeit von Populationsanteilen auswirkt) kann eine analytische Lösung im Prinzip auch möglich sein, ist aber häufig sehr schwierig und aufwendig. Bei manchen Fragen sehen selbst Expert*innen spontan keine analytische Lösungsmöglichkeit. Egal, ob Monte-Carlo Simulationen aus didaktischen Zwecken (zum Verständnis komplexer zufallsbasierter Prozesse), zur Generierung von Vorhersagen oder zur Bewertung statistischer Verfahren oder anderer Prozesse eingesetzt werden – sie folgen in der Regel einem bestimmten Ablauf, der im Folgenden kurz skizziert wird.

10.3.1 Theoretisches Modell

Die Ausgangsbasis einer Monte-Carlo Simulation ist immer ein theoretisches Modell (oder zumindest eine aus theoretischen Überlegungen motivierte Fragestellung), das Annahmen über probabilistische Prozesse beinhaltet. Dabei kann es sich um sehr einfache Modelle oder, wie eingangs schon erwähnt, um sehr komplexe Modelle handeln, wie etwa die Ausbreitung eines Virus. Solche Modelle enthalten anfangs oft noch zahlreiche spekulative Annahmen und erfordern deswegen umfangreiche empirische Überprüfungen. Bei statistischen Modellen, wie sie den beiden oben skizzierten Beispielen zugrunde liegen, sind solche spekulativen Annahmen meist nicht notwendig. Allerdings könnte beispielsweise durch wiederholte empirische Beobachtungen deutlich werden, dass Grundannahmen (wie z. B. die Annahme, dass die Ursprungswerte aus einer Normalverteilung stammen) nicht stimmen können.

10.3.2 Wahl geeigneter Analyse-Tools

Als Nächstes steht die Wahl geeigneter Analyse-Tools an. R bietet Funktionen für eine Vielzahl von Wahrscheinlichkeitsverteilungen an und zudem die sehr flexible Funktion `sample`, mit deren Hilfe beliebige Wahrscheinlichkeitsprozesse modellierbar sind. Man wird in der Regel jedoch nicht umhinkönnen, eigene Funktionen zu erstellen, und sei es nur, um den Ablauf bei den in Monte-Carlo Simulationen typischen zahlreichen Wiederholungen von Zufallsprozessen zu vereinfachen. Die Auswahl oder Konstruktion der entsprechenden Funktionen sollte dabei die aus theoretischen Überlegungen postulierten Prozesse abbilden.

10.3.3 Grafische Ergebnisaufbereitung

Üblicherweise produzieren Monte-Carlo Simulationen eine Flut von Zahlen. Diese können sicherlich manchmal in Tabellen zusammengefasst werden. Für einen schnellen Überblick, aber oft auch für genauere Analysen bietet es sich fast immer an, die Simulationsergebnisse grafisch aufzubereiten. Hierzu stellt R eine Vielzahl von Möglichkeiten zur Verfügung. In diesem Kapitel haben wir nur eine kleine Auswahl von Grafikfunktionen und Möglichkeiten illustriert. Auch die grafische Ergebnisaufbereitung sollte sich natürlich an der Fragestellung orientieren.

10.3.4 Revisionen

Der vielleicht interessanteste Aspekt von Monte-Carlo Simulationen besteht darin, dass unerwartete oder überraschende Ergebnisse auftreten können. Solche Ergebnisse können zu neuen Einsichten führen, was dann auch bedeutet, dass der Prozess wieder von vorne beginnt (Theoretisches Modell → Analysetools → (grafische) Ergebnisaufbereitung).

10.3.5 Implikationen

Zu guter Letzt sollte man nicht vergessen, dass die Ergebnisse von Monte-Carlo Simulationen oft bedeutsame praktische Konsequenzen haben können. Die Ergebnisse für unser Randomized-Response Beispiel legen beispielsweise nahe, für das Schätzen von Populationsanteilen, insbesondere bei kleinen Stichproben, entsprechende Befragungen nicht nur einmal durchzuführen (sondern beispielsweise zweimal), da man dadurch deutlich genauere Schätzungen erhält.

Zusammenfassung

Monte-Carlo Simulationen sind eine bedeutsame statistische Methode, um Gedankenexperimente durchzuführen. Ausgehend von theoretischen Annahmen, die Zufallsprozesse (egal ob genuin oder nicht) beinhalten, probiert man gewissermaßen aus, was unter bestimmen Vorannahmen und Voraussetzungen passieren würde. Dieses Kapitel illustriert anhand zweier Beispiele, wie Monte-Carlo Simulationen in der Statistik eingesetzt werden können. Zunächst wird illustriert, wie zentrale und nichtzentrale (asymmetrische) t-Verteilungen entstehen, und dann wird untersucht, ob es sich lohnt, bei Randomized-Response Verfahren zum Schätzen von Populationsanteilen eine zweifache anstelle einer einfachen Befragung durchzuführen. R eignet sich hervorragend zur Durchführung von Monte-Carlo Simulationen, da hier zusätzlich zu einer umfangreichen und stetig wachsenden Anzahl von Statistikfunktionen eine große Auswahl von Funktionen zu Zufallsziehungen aus beliebigen Verteilungen und Prozessen zur Verfügung steht. Außerdem bietet R eine große Vielfalt von Möglichkeiten zur Visualisierung von Ergebnissen, was angesichts der üblicherweise riesigen Datenfülle bei Monte-Carlo Methoden sehr wichtig ist. Wir haben aus dem großen Fundus von R-Techniken nur wenige illustriert, hoffen aber, zumindest bei manchen Leser*innen die Lust zum Durchführen von Monte-Carlo Simulationen geweckt zu haben.

Ergänzende und weiterführende Literatur

Robert, C. P. & Casella, G. (2010). *Introducing Monte Carlo methods with R.* New York: Springer.

Einführung in komplexere Formen der Monte-Carlo Simulation mit R

Literaturverzeichnis

A

Afshartous, D., & Preston, R. A. (2011). Key Results of Interaction Models with Centoring. *Journal of Statistics Education, 19*(3), 1. *https://doi.org/gf65jd*

Arcos, A., del Mar Rueda, M. & Singh, S. (2014). A generalized approach to randomised response for quantitative variables. *Quality & Quantity, 49*, 1239-1256. *https://doi.org/10.1007/s11135-014-0046-3*

B

Backhaus, K., Erichson, B., Plinke, W., & Weiber, R. (2016). *Multivariate Analysemethoden: Eine anwendungsorientierte Einführung* (14th ed.). Gabler Verlag. *https://doi.org/10.1007/978-3-662-46076-4*

Baguley, T. (2009). Standardized or simple effect size: What should be reported? *British Journal of Psychology, 100*, 603–617. *https://doi.org/10.1348/000712608X377117*

Ballings, M., & Van den Poel, D. (2015). *dummy: Automatic Creation of Dummies with Support for Predictive Modeling.* R package version 0.1.3. *https://CRAN.R-project.org/package=dummy*

Barlow, D. H., Nock, M., & Hersen, M. (2009). *Single case experimental designs: Strategies for studying behavior change* (3rd ed). Boston: Pearson.

Baron, R. M., & Kenny, D. A. (1986). The moderator–mediator variable distinction in social psychological research: Conceptual, strategic, and statistical considerations. *Journal of personality and social psychology, 51*(6), 1173.

Bates, D., Maechler, M., & Bolker, B. (2020). *mlmRev: Examples from multilevel modelling software review.* R package version 1.0-8. *https://CRAN.R-project.org/package=mlmRev*

Bates, D., Maechler, M., Bolker, B., & Walker, S. (2021). *lme4: Linear mixed-effects models using eigen and S4.* R package version 1.1-27.1. *https://github.com/lme4/lme4/*

Bates, D., Mächler, M., Bolker, B., & Walker, S. (2015). Fitting linear mixed-effects models using lme4. *Journal of Statistical Software, 67*(1), 1–48. *https://doi.org/10.18637/jss.v067.i01*

Behrendt, S. (2014). *lm.beta: Add Standardized Regression Coefficients to lm-Objects.* R package version 1.5-1. *https://CRAN.R-project.org/package=lm.beta*

Bilsky, W., Wentura, D. & Gollan, T. (2008). Kriminalität aus der Sicht von Laien und Experten. *Forensische Psychiatrie, Psychologie, Kriminologie 2*(4), 263–270.

Bin, W. (2021). *bda: Binned Data Analysis.* R package version 15.2.2. *https://CRAN.R-project.org/package=bda*

Bishara, A. J., & Hittner, J. B. (2012). Testing the significance of a correlation with non-normal data: comparison of Pearson, Spearman, transformation, and resampling approaches. *Psychological Methods, 17*, 399–417.

Boneau, C. A. (1960). The effects of violations of assumptions underlying the t test. *Psychological Bulletin, 57*, 49–64.

Borenstein, M., Hedges, L. V., Higgins, J. P., & Rothstein, H. R. (2010). A basic introduction to fixed-effect and random-effects models for meta-analysis. *Research synthesis methods, 1*(2), 97–111.

Borg, I., Groenen, P. J. F., and Mair, P. (2018). *Applied Multidimensional Scaling and Unfolding, 2nd ed.* New York, NY: Springer Science & Business Media. *https://doi: 10.1007/978-3-319-73471-2*

Borg, I. & Staufenbihl, T. (2007) *Theorien und Methoden der Skalierung.* Huber: Bern.

Bortz, J., & Döring, N. (1995). Populationsbeschreibende Untersuchungen. *Forschungsmethoden und Evaluation,* 369–457

Bouwmeester, S., & Jongerling, J. (2020). Power of a randomization test in a single case multiple baseline AB design. *PLoS ONE 15*(2): 0228355. *https://doi.org/10.1371/journalpone.0228355*

Brossart, D. F., Laird, V. C., & Armstrong, T. W. (2018). Interpreting Kendall's Tau and Tau-U for single-case experimental designs. *Cogent Psychology, 5*(1), *https://www.tandfonline.com/doi/full/10.1080/23311908.2018.1518687.*

Bulté, I., & Onghena, P. (2009). Randomization tests for multiple-baseline designs: An extension of the SCRT-R package. *Behavior Research Methods, 41*, 477-485

Bulté, I., & Onghena, P. (2013). The single-case data analysis package: Analysing single-case experiments with R software. *Journal of Modern Applied Statistical Methods, 12*(2), 28. *DOI: 10.22237/jmasm/1383280020*

Bulte, I., De, T. K., & Onghena, P. (2020). *SCRT: Single-case randomization tests.* R package version 1.3.1. *https://CRAN.R-project.org/package=SCRT*

Bulte, I., & Onghena, P. (2008). An R package for single-case randomization tests. *Behavior Research Methods, 40*, 467–478.

Bulte, I., & Onghena, P. (2009). Randomization tests for multiple baseline designs: An extensionof the SCRT-R package. *Behavior Research Methods, 41*, 477–485

Bürkner, P.-C. (2021). *Brms: Bayesian regression models using stan.* R package version 2.16.0. *https://CRAN.R-project.org/package=brms*

Busk, P. L., & Marascuilo, L. A. (1988). Autocorrelation in single-subject research: A counterargument to the myth of no autocorrelation. *Behavioral Assessment, 10*(3), 229–242.

C

Canty, A. J. (2002). Resampling methods in R: The boot package. *R News, 2/3*, 2–7.

Canty, A., & Ripley, B. (2021). *boot: Bootstrap R (S-Plus) functions.* R package version 1.3-28.

Carney, D. R., Cuddy, A. J., & Yap, A. J. (2010). Power posing: Brief nonverbal displays affect neuroendocrine levels and risk tolerance. *Psychological Science, 21*(10), 1363–1368.

Chen, M., & Pustejovsky, J. E. (2021). *Multi-level meta-analysis of single-case experimental designs using robust variance estimation. https://psyarxiv.com/59h32/*

Cohen, J. (1988). *Statistical power analysis for the behavioral sciences* (2nd ed.). Hillsdale, NJ: Lawrence Erlbaum Associates.

Csárdi, G. (2019). *Cranlogs: Download logs from the RStudio 'CRAN' mirror.* R package version 2.1.1. *https://CRAN.R-project.org/package=cranlogs*

D

Dahlke, J. A., & Wiernik, B. M. (2019). psychmeta: An R package for psychometric meta-analysis. *Applied Psychological Measurement, 43*(5), 415–416.

Davison, A. C. & Hinkley, D. V. (1997). *Bootstrap methods and their applications.* Cambridge University Press, Cambridge.

Declercq, L., Cools, W., Beretvas, S. N., Moeyaert, M., Ferron, J. M., & Van den Noortgate, W. (2020). MultiSCED: A tool for (meta-) analyzing single-case experimental data with multilevel modeling. Behavior *Research Methods, 52*, 177–192.

Del Re, A., C. (2013). *compute.es: Compute Effect Sizes.* R package version 0.2-2. *https://cran.r-project.org/package=compute.es*

DerSimonian, R., & Laird, N. (1986). Meta-analysis in clinical trials. *Controlled clinical trials, 7*(3), 177–188.

DiCiccio, T.J. and Efron B. (1996). Bootstrap confidence intervals (with Discussion). *Statistical Science, 11*, 189–228

Dowle, M., & Srinivasan, A. (2021). *Data.table: Extension of 'data.frame'.* R package version 1.14.0. *https://CRAN.R-project.org/package=data.table*

Duval, S., & Tweedie, R. (2000). Trim and fill: a simple funnel-plot–based method of testing and adjusting for publication bias in meta-analysis. *Biometrics, 56*(2), 455–463.

E

Egger, M., Smith, G. D., Schneider, M., & Minder, C. (1997). Bias in meta-analysis detected by a simple, graphical test. *Bmj, 315*(7109), 629–634.

Elkjær, E., Mikkelsen, M. B., Michalak, J., Mennin, D. S., & O'Toole, M. S. (2020). Expansive and contractive postures and movement: A systematic review and meta-analysis of the effect of motor displays on affective and behavioral responses. *Perspectives on Psychological Science*, 1745691620919358.

Enders, C. K., & Tofighi, D. (2007). Centering predictor variables in cross-sectional multilevel models: A new look at an old issue. *Psychological Methods, 12*(2), 121–138. *https://doi.org/b2jz57*

Epskamp, S. (2019). *semPlot: Path Diagrams and Visual Analysis of Various SEM Packages' Output.* R package version 1.1.2. *https://CRAN.R-project.org/package=semPlot*

F

Fingerhut, J., Xu, X., & Moeayert, M. (2021). Selecting the proper Tu-U measure for single-case experimental designs: Development and application of a decision flowchart. *Evidence-Based Communication Assessment and Intervention. https://doi.org/10.1080/17489539.2021.1937851*

Flora, D. B., & Curran, P. J. (2004). An empirical evaluation of alternative methods of estimation for confirmatory factor analysis with ordinal data. *Psychological Methods, 9*(4), 466.

Fox, J., & Weisberg, S. (2019). *An {R} Companion to Applied Regression* (3rd ed). Thousand Oaks CA: Sage. *https://socialsciences.mcmaster.ca/jfox/Books/Companion/*

G

Gabry, J., & Goodrich, B. (2020). *Rstanarm: Bayesian applied regression modeling via stan.* R package version 2.21.1. *https://CRAN.R-project.org/package=rstanarm*

Gelman, A. (2005). Analysis of variance why it is more important than ever. *The Annals of Statistics, 33*(1). *https://doi.org/bhbx6s*

Goldstein, H., Rasbash, J., Yang, M., Woodhouse, G., Pan, H., Nuttall, D., & Thomas, S. (1993). A multilevel analysis of school examination results. *Oxford Review of Education, 19*, 425–433. *https://doi.org/10.1080/0305498930190401*

Good, P. I. (2006). *Resampling methods.* Boston: Birkhäuser.

Goulet-Pelletier, J. C., & Cousineau, D. (2018). A review of effect sizes and their confidence intervals, Part I: The Cohen'sd family. *The Quantitative Methods for Psychology, 14*(4), 242–265.

Gries, S., Th. (2015). The most under-used statistical method in corpus linguistics: Multi-level (and mixed-effects) models. *Corpora, 10*, 95–125. *https://doi.org/10.3366/cor.2015.0068*

H

Hadfield, J. (2021). *MCMCglmm: MCMC generalised linear mixed models.* R package version 2.32. *https://CRAN.R-project.org/package=MCMCglmm*

Hainmueller, J., Hopkins, D. J., & Yamamoto, T. (2014). Causal Inference in Conjoint Analysis: Understanding Multidimensional Choices via Stated Preference Experiments. *Political Analysis, 22*(1), 1–30. *https://doi.org/f5qzwp*

Harrell, F. Jr., Dupont, C., et. al., (2021). *Hmisc: Harrell Miscellaneous.* R package version 4.5-0. https://CRAN.R-project.org/package=Hmisc

Harrington, M., & Velicer, W. F. (2015). Comparing visual and statistical analysis in single-case studies using published studies. *Multivariate Behavioral Research, 50*(2), 162–183.

Harrison, E., Drake, T., & Ots, R. (2020). *finalfit: Quickly Create Elegant Regression Results Tables and Plots when Modelling.* R package version 1.0.2. *https://CRAN.R-project.org/package=finalfit*

Hayes, A. F. (2009). Beyond Baron and Kenny: Statistical mediation analysis in the new millennium. *Communication monographs, 76*(4), 408–420.

Hedges, L. V., & Olkin, I. (1985). *Statistical methods for meta-analysis.* Academic press.

Hengartner, M. P., & Plöderl, M. (2018). Statistically significant antidepressant-placebo differences on subjective symptom-rating scales do not prove that the drugs work: Effect size and method bias matter! *Frontiers in Psychiatry, 9. https://doi.org/10.3389/fpsyt.2018.00517*

Henze, N., & Zirkler, B. (1990). A class of invariant consistent tests for multivariate normality. Communications in statistics-Theory and Methods, 19(10), 3595-3617.

Hothorn, T., Hornik, K., van de Wiel, M. A, & Zeileis, A. (2006). A Lego system for conditional inference. *The American Statistician, 60*, 257–263.

Hothorn, T., Hornik, K., van de Wiel, M. A, & Zeileis, A. (2008). Implementing a class of permutation tests: The coin package. *Journal of Statistical Software, 28*, 1–23. *https://doi.org/10.18637/jss.v028.i0*

Hothorn, T., Winell, H., Hornik, K., van de Wiel, M., and Zeileis, A. (2021). *coin: Conditional inference procedures in a permutation test framework.* R package version 1.4-1. *https://cran.r-project.org/web/packages/coin/coin.pdf*

Hu, L. T., & Bentler, P. M. (1999). Cutoff criteria for fit indexes in covariance structure analysis: Conventional criteria versus new alternatives. *Structural equation modeling: a multidisciplinary journal, 6*(1), 1–55.

Huitema, B. E. (1985). Autocorrelation in applied behavior analysis: A myth. *Behavioral Assessment, 7* (2), 107–118.

Hunter, J. E., & Schmidt, F. L. (2004). *Methods of meta-analysis: Correcting error and bias in research findings.* Sage.

Hurtado-Parrado, C., & López-López, W. (2015). Single-case research methods: history and suitability for a psychological science in need of alternatives. *Integrative Psychological and Behavioral Science, 49*, 323–349.

I

Iacobucci, D., Schneider, M. J., Popovich, D. L., & Bakamitsos, G. A. (2016). Mean centering helps alleviate „micro" but not „macro" multicollinearity. *Behavior Research Methods, 48*(4), 1308–1317. *https://doi.org/f9pgv5*

J

Jackson, D. L. (2001). Sample size and number of parameter estimates in maximum likelihood confirmatory factor analysis: A Monte Carlo investigation. *Structural Equation Modeling, 8*(2), 205–223

Jorgensen, T. D., Pornprasertmanit, S., Schoemann, A. M., & Rosseel, Y. (2021). *semTools: Useful tools for structural equation modeling.* R package version 0.5-5. *https://CRAN.R-project.org/package=semTools*

K

Kabacoff, R. L. (2015). *R in action: Data analysis and graphics with R* (2nd ed). Shelter Island: Manning.

Kazdin, A. E. (2021). Single-case experimental designs: Characteristics, changes, and challenges. *Journal of the Experimental Analysis of Behavior, 115*, 56–85.

Karch, J. D. (2021). Psychologists should use Brunner-Munzel's instead of Mann-Whitney's U test as the default nonparametric procedure. *Advances in Methods and Practices in Psychological Science, 4*(2). *https://doi.org/10.1177/2515245921999602*

Kelley, K. (2020). *MBESS: The MBESS R Package.* R package version 4.8.0. *https://CRAN.R-project.org/package=MBESS*

Kelley, K. (2017). *MBESS* (Version 4.0.0 and higher) [computer software and manual]. Accessible from *http://cran.r-project.org*

Kenny, D. A. (2020). *Measuring Fit Model. http://www.davidakenny.net/cm/fit.htm*

Keusch, L., Reker, V. & Wernecke, T. (2020). *„Frag' doch einfach nochmal." ⊠ Optimale Stichprobengröße für Randomized-Response-Techniken mit multiplem Fragen.* Unveröffentlichte Seminararbeit, TU Chemnitz.

Korkmaz, S., Goksuluk, D., & Zararsiz, G. (2014). MVN: an R package for assessing multivariate normality. *R J., 6*(2), 151.

Kowarik, A., & Templ, M. (2016). Imputation with the R Package VIM. *Journal of Statistical Software, 74*(7), 1–16.

Kruskal, J. B. (1964). Multidimensional scaling by optimizing goodness of fit to a nonmetric hypothesis. *Psychometrika, 29*(1), 1–27.

L

Leeuw, J. de, Hornik, K., & Mair, P. (2009). Isotone Optimization in *R*: Pool-Adjacent-Violators Algorithm (PAVA) and Active Set Methods. *Journal of Statistical Software, 32*(5). *https://doi.org/gmv538*

Levin, J. R., Ferron, J. M., & Gafurov, B. S. (2021). Investigation of single-case multiple-baseline randomization tests of trend and variability. *Educational Psychology Review, 33*, 713–737.

Little, R. J., & Rubin, D. B. (2019). *Statistical analysis with missing data* (Vol. 793). John Wiley & Sons.

Lüdecke, D. (2021). *sjPlot: Data visualization for statistics in social science.* R package version 2.8.9. *https://strengejacke.github.io/sjPlot/*

Lüdecke, D. (2019). *esc: Effect Size Computation for Meta Analysis.* R package version 0.5.1. *https://CRAN.R-project.org/package=esc*

Lüdecke, D., Makowski, D., Ben-Shachar, M. S., Patil, I., Waggoner, P., & Wiernik, B. M. (2021). *Performance: Assessment of regression models performance.* R package version 0.7.3. *https://easystats.github.io/performance/*

M

Maas, C. J. M., & Hox, J. J. (2004). Robustness issues in multilevel regression analysis. *Statistica Neerlandica, 58*, 127–137.

Macaskill, P., Walter, S. D., & Irwig, L. (2001). A comparison of methods to detect publication bias in meta-analysis. *Statistics in medicine, 20*(4), 641–654.

MacCallum, R. C., Browne, M. W., & Sugawara, H. M. (1996). Power analysis and determination of sample size for covariance structure modeling. *Psychological Methods, 1*(2), 130.

MacLean, S., & Gray, K. (1998). Structural equation modelling in market research. *Journal of the Australian market research society, 6*(1), 17–32.

Maggin, D. M., Swaminathan, H., Rogers, H. J., O'Keeffe, B. V., Sugai, G., & Horner, R. H. (2011). A generalized least squares regression approach for computing effect sizes in single-case research: Application examples. *Journal of School Psychology, 49*(3), 301–321.

Mair, P., Groenen, P. J., & de Leeuw, J. (2019). More on multidimensional scaling and unfolding in R: smacof version 2. *J. Stat. Softw.*

Manly, B. F. (2018). *Randomization, bootstrap and Monte Carlo methods in biology.* Boca Raton: Chapman & Hall/CRC.

Manolov, R., & Moeyaert, M. (2017). Recommendations for choosing single-case data analytical techniques. *Behavior Therapy, 48*(1), 97–114.

Manolov, R., Moeyaert, M., & Fingerhut, J. E. (2021). A priori justification for effect measures in single-case experimental designs. *Perspectives on Behavior Science. https://doi.org/10.1007/s40614-021-00282-2*

Matko, K., Sedlmeier, P., & Bringmann, H. C. (2021). Differential effects of ethical education, physical hatha yoga, and mantra meditation on well-being and stress in healthy participants – an experimental single-case study. *Frontiers in Psychology. https://doi.org/10.3389/fpsyg.2021.672301*

McGill, R. J. (2017). Single-case design and evaluation in R: An introduction and tutorial for school psychologists. *International Journal of School & Educational Psychology, 5*, 39–51.

McShane, B. B., Böckenholt, U., & Hansen, K. T. (2016). Adjusting for publication bias in meta-analysis: An evaluation of selection methods and some cautionary notes. *Perspectives on Psychological Science, 11*, 730–749.

Metropolis, N. (1987). The beginning of the Monte Carlo method. *Los Alamos Science* (Special Issue 1987), 125–130. *https://fas.org/sgp/othergov/doe/lanl/pubs/00326866.pdf*

Mewhort, D. J. (2005). A comparison of the randomization test with the F test when error is skewed. *Behavior Research Methods, 37*, 426–435.

Müller, M. (2018). *Power-Posing in (Inter-)Aktion: Eine Untersuchung zur Auswirkung von Power-Posing auf die Führungswahrnehmung bei Teamarbeit.* [Unveröffentlichte Masterarbeit]. TU Chemnitz.

N

Nijs, V. (2021). *Radiant: Business analytics using r and shiny.* R package version 1.4.0. *https://github.com/radiant-rstats/radiant*

Nuttall, D. L., Goldstein, H., Prosser, R., & Rasbash, J. (1989). Differential school effectiveness. *International Journal of Educational Research, 13*, 769–776. *https://doi.org/10.1016/0883-0355(89)90027-X*

P

Parker, R. I, Vannest, K. J, & Davis, J. L. (2011a). Effect size in single-case research: a review of nine nonoverlap techniques. *Behavior Modification, 35*, 303–322.

Parker, R. I., Vannest, K. J., Davis, J. L., & Sauber, S. B. (2011b). Combining nonoverlap and trend for single-case research: Tau-U. *Behavior Therapy, 42*, 284–299.

Pinheiro, J., Bates, D., & R-core. (2021). *Nlme: Linear and nonlinear mixed effects models.* R package version 3.1-152. *https://svn.r-project.org/R-packages/trunk/nlme/*

Preacher, K. J., & Kelley, K. (2011). Effect size measures for mediation models: quantitative strategies for communicating indirect effects. *Psychological Methods, 16*(2), 93.

Pustejovsky, J. E. (2019). Procedural sensitivities of effect sizes for single-case designs with directly observed behavioral outcome measures. *Psychological Methods, 24*(2), 217.

Pustejovsky, J. E. (2014). Converting from d to r to z when the design uses extreme groups, dichotomization, or experimental control. *Psychological Methods, 19*(1), 92.

Pustejovsky, J., E., Chen, M., & Swan, D. M. (2021). *SingleCaseES: A Calculator for Single-Case Effect Sizes.* R package version 0.5.0. *https://CRAN.R-project.org/package=SingleCaseES*

Pustejovsky, J. E. Hedges, L. V., & Shadish, W. R. (2014). Design-comparable effect sizes in multiple baseline designs: A general modeling framework. *Journal of Educational and Behavioral Statistics, 39*, 368–393.

Q

Quatember, A. (2009). A standardization of randomized response strategies. *Survey Methodology, 35*, 143–152.

Quintans, D. (2021). *librarian: Install, Update, Load Packages from CRAN, 'GitHub', and 'Bioconductor' in One Step.* R package version 1.8.1. *https://CRAN.R-project.org/package=librarian*

R

Reimer K. (2007) Bootstrapping und andere Resampling-Methoden. In: Albers S., Klapper D., Konradt U., Walter A., Wolf J. (Hrsg.). *Methodik der empirischen Forschung* (2. Aufl.) S. 391–406. Wiesbaden: Gabler.

Revelle, W. (2021). *Psych: Procedures for Personality and Psychological Research*, Northwestern University, Evanston, Illinois, USA, *https://cran.r-project.org/web/packages/psych*

Revelle, W. (2021). *Psych: Procedures for Psychological, Psychometric, and Personality Research.* R package version 2.1.9. *https://personality-project.org/r/psych/ https://personality-project.org/r/psych-manual.pdf*

Rockel, T. (2020). *missMethods: Methods for Missing Data.* R package version 0.2.0. *https://CRAN.R-project.org/package=missMethods*

Rodgers, J. L. (1999). The bootstrap, the jackknife, and the randomization test: A sampling taxonomy. *Multivariate Behavioral Research*, *34*, 441–456.

Rosseel, Y. (2021). Lavaan. Latent varaible analysis. *https://lavaan.ugent.be/*

Rosseel, Y. (2012). Lavaan: An R package for structural equation modeling and more. Version 0.5–12 (BETA). *Journal of statistical software, 48*(2), 1-36. *https://www.jstatsoft.org/v48/i02/*

S

Schafer, J. L. (1997). *Analysis of incomplete multivariate data.* CRC press.

Scott, D. W. (1979). On optimal and data-based histograms. *Biometrika, 66*, 605–610. *doi: 10.2307/2335182.*

Sedlmeier, P., & Burkhardt, M. (2021). *Datenanalyse mit R: Beschreiben, Explorieren, Schätzen und Testen.* München: Pearson.

Sedlmeier, P., Loße, C., & Quasten, L. C. (2018). Psychological effects of meditation for healthy practitioners: An update. *Mindfulness, 9*, 371–387.

Sedlmeier, P. & Renkewitz, F. (2018). *Forschungsmethoden und Statistik: Ein Lehrbuch für Psychologen und Sozialwissenschaftler* (3. überarbeitete und erweiterte Auflage). Hallbergmoos: Pearson.

Shadish, W. R., & Sullivan, K. J. (2011). Characteristics of single-case designs used to assess intervention effects in 2008. *Behavior Research Methods, 43*(4), 971–980.

Snook, S. C., & Gorsuch, R. L. (1989). Component analysis versus common factor analysis: A Monte Carlo study. *Psychological Bulletin, 106*, 148–154.

Solomon, B. G., Howard, T. K., & Stein, B. L. (2015). Critical assumptions and distribution features pertaining to contemporary single-case effect sizes. *Journal of Behavioral Education, 24*, 438–458.

T

Tanious, R., & Onghena, P. (2021). A systematic review of applied single-case research published between 2016 and 2018: Study designs, randomization, data aspects, and data analysis. *Behavior Research Methods, 53*, 1371–1384.

Tarlow, K. R. (2017). An improved rank correlation effect size statistic for single-case designs: Baseline corrected Tau. *Behavior modification, 41*, 427–467.

Templ, M., Kowarik, A., Alfons, A., de Cillia, G., Prantner, B., & Rannetbauer W. (2001). *VIM: Visualization and Imputation of Missing Values. https://cran.r-project.org/package=VIM*

Tingley, D., Yamamoto, T., Hirose, K., Keele, L., & Imai, K. (2014). mediation: R package for causal mediation analysis. *Journal of Statistical Software, 59*(5), 1-38. *http://www.jstatsoft.org/v59/i05/*

Titz, J. (2020). Mimosa: A modern graphical user interface for 2-level mixed models. *Journal of Open Source Software, 5*(49), 2116. *https://doi.org/10.21105/joss.02116*

Torgerson, W. S. (1952). Multidimensional scaling: I. Theory and method. *Psychometrika, 17*(4), 401–419.

U

Urban, D., & Mayerl, J. (2014). *Strukturgleichungsmodellierung: ein Ratgeber für die Praxis*. Springer-Verlag.

V

Van Aert, R., & Van Assen, M. A. (2020). Correcting for publication bias in a meta-analysis with the p-uniform* method. *BITSS Preprints, 10*.

Van Assen, M. A., van Aert, R., & Wicherts, J. M. (2015). Meta-analysis using effect size distributions of only statistically significant studies. *Psychological Methods, 20*(3), 293.

van Buuren, S., & Groothuis-Oudshoorn, K. (2011). mice: Multivariate imputation by chained equations in R. *Journal of statistical software*, 1–68.

Vannest, K. J., & Ninci, J. (2015). Evaluating intervention effects in singlecase research designs. *Journal of Counseling & Development, 93*, 403-411.

Vannest, K. J., & Sallese, M. R. (2021). Benchmarking effect sizes in single-case experimental designs. Evidence-Based Communication Assessment and Intervention. *https://doi.org/10.1080/17489539.2021.1886412*

Viechtbauer, W. (2021). *Metafor: Meta-analysis package for r.* R package version 3.0-2. *https://CRAN.R-project.org/package=metafor*

Viechtbauer, W. (2010). Conducting meta-analyses in R with the metafor package. *Journal of statistical software, 36*(3), 1–48.

Viechtbauer, W., López-López, J. A., Sánchez-Meca, J., & Marín-Martínez, F. (2015). *A comparison of procedures to test for moderators in mixed-effects meta-regression models* (Vol. 20, No. 3, p. 360). American Psychological Association.

Vink, G., Frank, L. E., Pannekoek, J., & Van Buuren, S. (2014). Predictive mean matching imputation of semicontinuous variables. *Statistica Neerlandica, 68*(1), 61–90.

W

Wang, Y. A., & Rhemtulla, M. (2021). Power analysis for parameter estimation in structural equation modeling: A discussion and tutorial. *Advances in Methods and Practices in Psychological Science, 4*(1).

Warner, S. L. (1965). Randomized response: A survey technique for eliminating evasive answer bias. *Journal of the American Statistical Association, 60*, 63–69.

Watson, P. (2016). *The Sobel Test and other mediation models. https://imaging.mrc-cbu.cam.ac.uk/statswiki/FAQ/SobelTest*

Wen, Z., & Fan, X. (2015). Monotonicity of effect sizes: Questioning kappa-squared as mediation effect size measure. *Psychological Methods, 20*(2), 193.

Wheeler, B. & Torchiano, M. (2016). *lmPerm: Permutation tests for linear models.* R package version 2.1.0. *https://CRAN.R-project.org/package=lmPerm*

Wickham, H. (2020). *Plyr: Tools for splitting, applying and combining data.* R package version 1.8.6. *https://CRAN.R-project.org/package=plyr*

Wickham, H., François, R., Henry, L., & Müller, K. (2021). *Dplyr: A grammar of data manipulation.* R package version 1.0.7. *https://CRAN.R-project.org/package=dplyr*

Wickham, H., Hester, J., & Chang, W. (2021). *Devtools: Tools to make developing r packages easier.* R package version 2.4.2. *https://CRAN.R-project.org/package=devtools*

Wilbert, J. (2019). Analyzing single-case data with R and scan. *https://jazznbass.github.io/scan-Book/index.html*

Wilbert, J., & Lueke, T. (2021). scan: Single-case data analyses for single and multiple baseline designs. R package version 0.51. *https://CRAN.R-project.org/package=scan*

Y

Yanagida, T. (2021). *Misty: Miscellaneous functions t. yanagida.* R package version 0.4.2. *https://CRAN.R-project.org/package=misty*

Young, F. W. (2013). *Multidimensional scaling: History, theory, and applications.* Psychology Press.

Index

K

L

M

N

P

R

S

T

V

W

Z